对接世界技能大赛技术标准创新系列教材

技工院校一体化课程教学改革数控加工专业教材

零件普通车床加工教师用书

人力资源社会保障部教材办公室　组织编写

中国劳动社会保障出版社

内容简介

本套教材为对接世赛标准深化一体化专业课程改革数控加工专业教材，对接世赛数控车、数控铣项目，学习目标融入世赛要求，学习内容对接世赛技能标准，考核评价方法参照世赛评分方案，并设置了世赛知识栏目。

本书为《零件普通车床加工》的配套教师用书，在《零件普通车床加工》的基础上增加了引导问题的参考答案（教学建议），并给出了学习任务设计方案和教学活动策划表，内容丰富、实用，有助于教师更好地开展一体化教学。

图书在版编目（CIP）数据

零件普通车床加工教师用书 / 人力资源社会保障部教材办公室组织编写 . -- 北京：中国劳动社会保障出版社，2022

对接世界技能大赛技术标准创新系列教材　技工院校一体化课程教学改革数控加工专业教材

ISBN 978-7-5167-4861-9

Ⅰ. ①零…　Ⅱ. ①人…　Ⅲ. ①车削 – 技工学校 – 教学参考资料　Ⅳ. ①TG510.6

中国版本图书馆 CIP 数据核字（2022）第 004454 号

中国劳动社会保障出版社出版发行

（北京市惠新东街 1 号　邮政编码：100029）

*

北京市艺辉印刷有限公司印刷装订　新华书店经销

880 毫米 ×1230 毫米　16 开本　19.75 印张　463 千字

2022 年 2 月第 1 版　2024 年12月第 2 次印刷

定价：56.00 元

营销中心电话：400-606-6496

出版社网址：http://www.class.com.cn

http://jg.class.com.cn

对接世界技能大赛技术标准创新系列教材

编审委员会

主　任：刘　康

副主任：张　斌　王晓君　刘新昌　冯　政

委　员：王　飞　翟　涛　杨　奕　张　伟　赵庆鹏
姜华平　杜庚星　王鸿飞

数控加工专业课程改革工作小组

课 改 校：江苏省常州技师学院　广东省机械技师学院
宁波技师学院　开封技师学院　襄阳技师学院
江苏省盐城技师学院　东莞技师学院　江门技师学院
西安技师学院　杭州技师学院　临沂技师学院

技术指导：宋放之

编　　辑：闫宪新

本书编审人员

主　编：张　良

副主编：张炳培　王宏辉

参　编：叶振祥　王志远　陈晓鸿　孙喜兵　臧强鑫　金玉峰
王　盛　谭寿江　司徒文聪　伍杰荣

主　审：崔兆华

序

世界技能大赛由世界技能组织每两年举办一届，是迄今全球地位最高、规模最大、影响力最广的职业技能竞赛，被誉为“世界技能奥林匹克”。我国于2010年加入世界技能组织，先后参加了五届世界技能大赛，累计取得36金、29银、20铜和58个优胜奖的优异成绩。第46届世界技能大赛将在我国上海举办。2019年9月，习近平总书记对我国选手在第45届世界技能大赛上取得佳绩作出重要指示，并强调，劳动者素质对一个国家、一个民族发展至关重要。技术工人队伍是支撑中国制造、中国创造的重要基础，对推动经济高质量发展具有重要作用。要健全技能人才培养、使用、评价、激励制度，大力发展技工教育，大规模开展职业技能培训，加快培养大批高素质劳动者和技术技能人才。要在全社会弘扬精益求精的工匠精神，激励广大青年走技能成才、技能报国之路。

为充分借鉴世界技能大赛先进理念、技术标准和评价体系，突出“高、精、尖、缺”导向，促进技工教育与世界先进标准接轨，完善我国技能人才培养模式，全面提升技能人才培养质量，人力资源社会保障部于2019年4月启动了世界技能大赛成果转化工作。根据成果转化工作方案，成立了由世界技能大赛中国集训基地、一体化课改学校，以及竞赛项目中国技术指导专家、企业专家、出版集团资深编辑组成的对接世界技能大赛技术标准深化专业课程改革工作小组，按照创新开发新专业、升级改造传统专业、深化一体化专业课程改革三种对接转化原则，以专业培养目标对接职业描述、专业课程对接世界技能标准、课程考核与评价对接评分方案等多种操作模式和路径，同时融入健康与安全、绿色与环保及可持续发展理念，开发与世界技能大赛项目对接的专业人才培养方案、教材及配套教学资源。首批对接 19 个世界技能大赛项目共 12 个专业的成果将于 2020—2021 年陆续出版，主要用于技工院校日常专业教学工作中，充分发挥世界技能大赛成果转化对技工院校技能人才的引领示范作用。在总结经验及调研的基础上选择新的对接项目，陆续启动第二批等世界技能大赛成果转化工作。

希望全国技工院校将对接世界技能大赛技术标准创新系列教材，作为深化专业课程建设、创新人才培养模式、提高人才培养质量的重要抓手，进一步推动教学改革，坚持高端引领，促进内涵发展，提升办学质量，为加快培养高水平的技能人才作出新的更大贡献！

2020年11月

目　　录

学习任务一　支承轴的普通车加工

学习目标

1. 能在班组长等相关人员指导下，正确阅读支承轴生产任务单，明确工作时间、加工数量等要求，叙述所加工零件的用途、功能和分类。

2. 能借助技术手册，查阅支承轴的材料牌号、热处理要求和几何公差等，理解技术手册在生产中的重要性。

3. 能识读支承轴零件图和加工工艺卡，明确加工技术要求和加工工艺。

4. 能识别常用刀具材料（如高速钢、硬质合金等），根据零件材料和形状特征，通过查阅技术手册合理选择刀具。

5. 能熟悉车间和工作区的范围及限制，理解企业对环境、安全、卫生和事故预防的标准。

6. 能检查工作区、设备、工具、材料的状况和功能，并对车床进行点检操作。

7. 能根据现场条件，查阅技术手册，确定符合支承轴零件加工技术要求的工具、量具、夹具、刃具、辅具及切削液。

8. 能应用刀具角度知识，说明车刀角度参数的含义、表示方法及对切削性能的影响；能在刀具几何角度示意图中用规范的标识符号标注出相应角度，并在实物中判别其位置。

9. 能根据刀具材料选择合适的砂轮，规范刃磨车刀。

10. 能根据支承轴零件材料、刀具材料、加工性质等因素，查阅技术手册确定切削速度、进给量和背吃刀量，并能运用切削速度计算公式，计算相应的转速。

11. 能按支承轴零件图要求，明确零件材料类型，测量毛坯外形尺寸，并判断毛坯是否有足够的加工余量。

12. 能正确装夹工件和车刀。

13. 能严格遵守车床操作规程，根据切削状态调整切削用量，保证正常切削；适时检测，保证加工精度。

14. 能进行自检，判断零件是否合格。

15. 能按产品加工工艺流程和车间要求，进行产品交接并规范填写交接班记录表。

16. 能总结工作经验，优化加工策略。

17. 能在作业过程中严格执行企业操作规范、安全生产制度、环保管理制度以及“6S”管理规定，严格遵守从业人员的职业道德，树立吃苦耐劳、爱岗敬业的工作态度和职业责任感。

18. 能与班组长、工具管理员等相关人员进行有效的沟通与合作，理解有效沟通和团队合作的重要性。

建议学时

60 学时。

工作情境描述

某企业接到一批支承轴零件（图 1–1）的加工订单，数量为 50 件，材料为 45 钢，工期为 5 天，来料加工。现生产部门安排车工加工组完成此任务的车削加工。

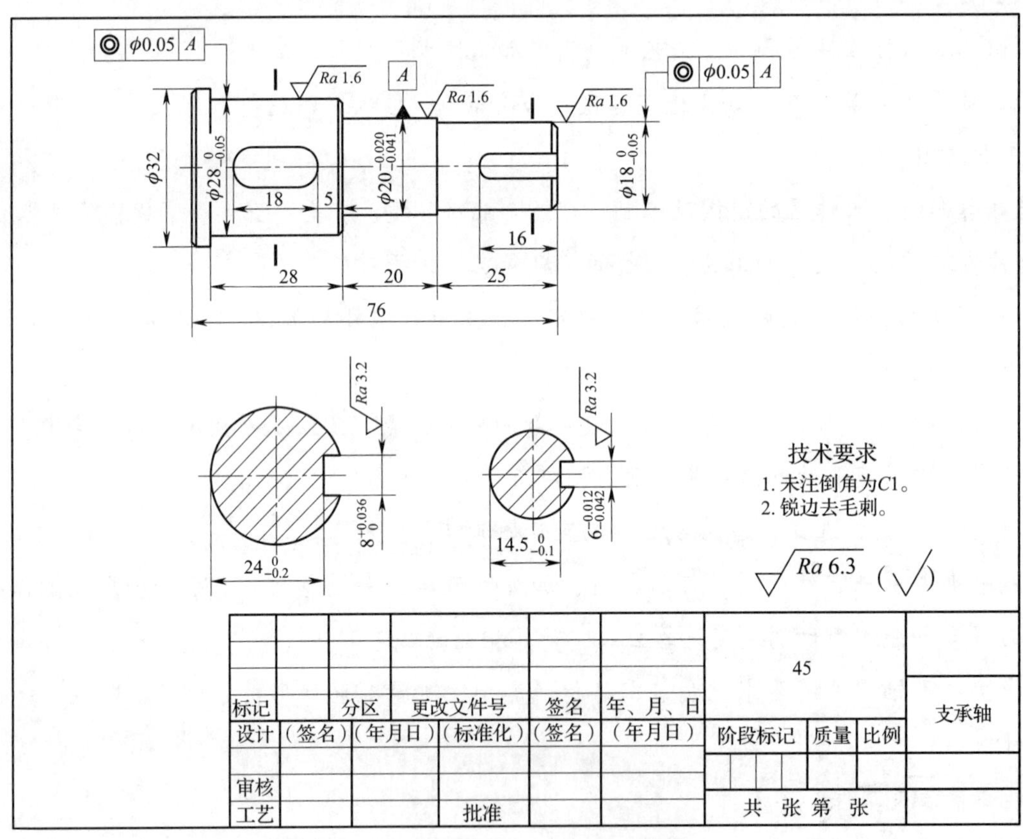

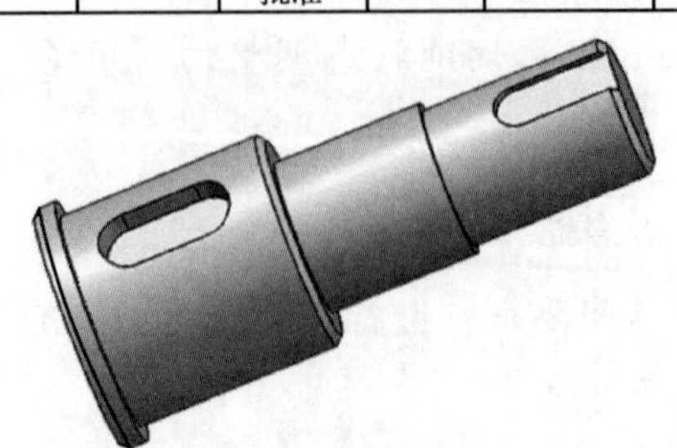

图 1–1　支承轴零件图

工作流程与活动

1．支承轴的加工工艺分析（12 学时）

2．工具、量具、夹具、刃具的准备（18 学时）

3．支承轴的加工（20 学时）

4．支承轴的测量及误差分析（6 学时）

5．工作总结与评价（4 学时）

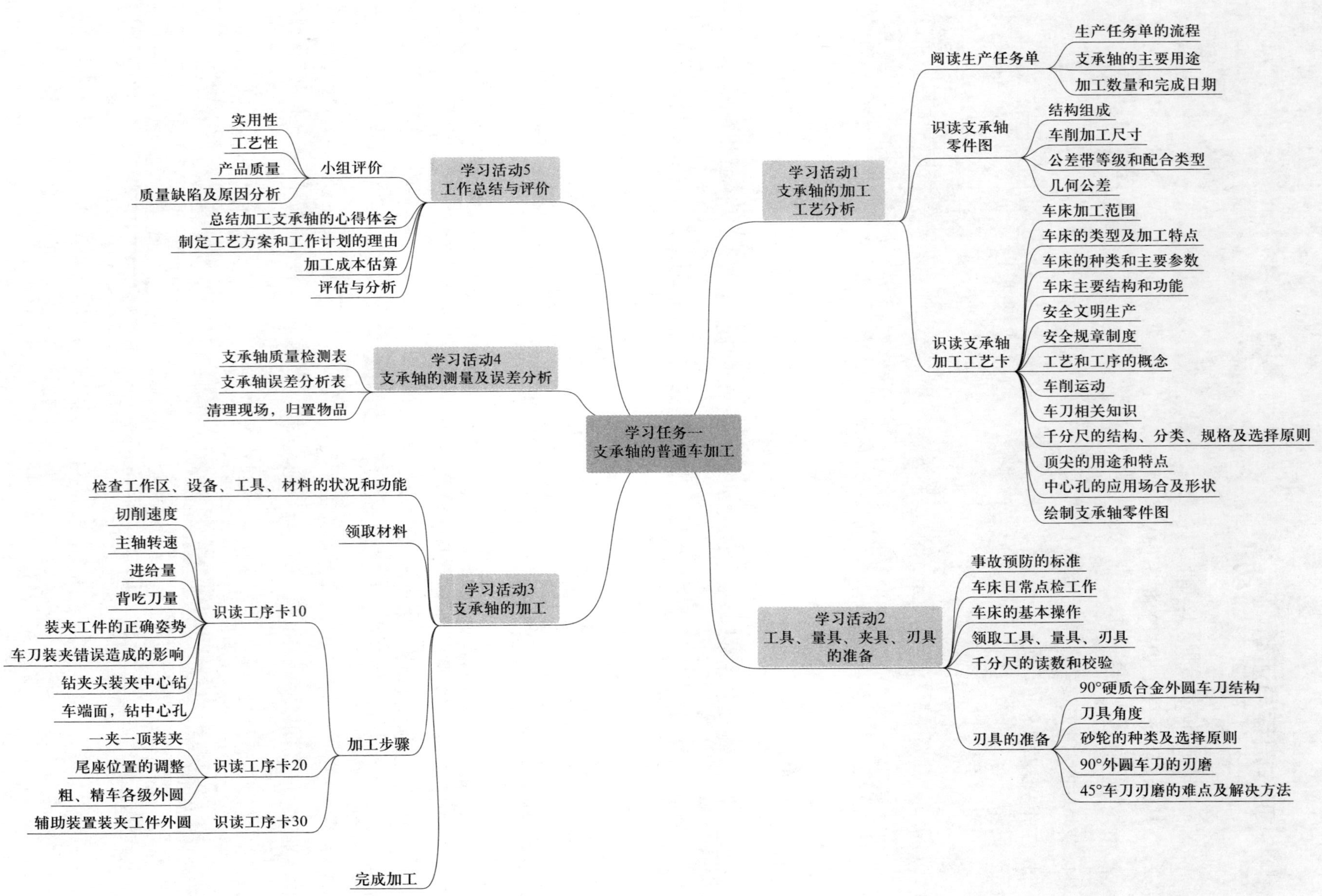
学习任务一 支承轴的普通车加工
学习活动1 支承轴的加工工艺分析
阅读生产任务单
生产任务单的流程
支承轴的主要用途
加工数量和完成日期
识读支承轴零件图
结构组成
车削加工尺寸
公差带等级和配合类型
几何公差
识读支承轴加工工艺卡
车床加工范围
车床的类型及加工特点
车床的种类和主要参数
车床主要结构和功能
安全文明生产
安全规章制度
工艺和工序的概念
车削运动
车刀相关知识
千分尺的结构、分类、规格及选择原则
顶尖的用途和特点
中心孔的应用场合及形状
绘制支承轴零件图
学习活动2 工具、量具、夹具、刃具的准备
事故预防的标准
车床日常点检工作
车床的基本操作
领取工具、量具、刃具
千分尺的读数和校验
刃具的准备
90°硬质合金外圆车刀结构
刃具角度
砂轮的种类及选择原则
90°外圆车刀的刃磨
45°车刀刃磨的难点及解决方法
学习活动3 支承轴的加工
检查工作区、设备、工具、材料的状况和功能
领取材料
加工步骤
识读工序卡10
切削速度
主轴转速
进给量
背吃刀量
装夹工件的正确姿势
车刀装夹错误造成的影响
钻夹头装夹中心钻
车端面，钻中心孔
识读工序卡20
一夹一顶装夹
尾座位置的调整
粗、精车各级外圆
识读工序卡30
辅助装置装夹工件外圆
完成加工
学习活动4 支承轴的测量及误差分析
支承轴质量检测表
支承轴误差分析表
清理现场，归置物品
学习活动5 工作总结与评价
小组评价
实用性
工艺性
产品质量
质量缺陷及原因分析
总结加工支承轴的心得体会
制定工艺方案和工作计划的理由
加工成本估算
评估与分析

学习活动 1　支承轴的加工工艺分析

学习目标

1. 能在班组长等相关人员指导下，正确阅读支承轴生产任务单，明确工作时间、加工数量等要求，叙述所加工零件的用途、功能和分类。

2. 能借助技术手册，查阅支承轴的材料牌号、热处理要求和几何公差等，理解技术手册在生产中的重要性。

3. 能识读支承轴零件图，明确加工技术要求，包括结构特点、材料、几何公差等。

4. 能识读支承轴加工工艺卡，明确加工工艺。

5. 能按要求正确、规范地完成本次学习活动工作页的填写。

建议学时：12 学时。

学习过程

一、阅读生产任务单（表 1–1）

表 1–1　　生产任务单

需方单位名称				完成日期	年　月　日	
序号	产品名称	材料	数量	技术标准、质量要求		
1	支承轴	45 钢	50 件	按图样要求		
2						
生产批准时间		年　月　日	批准人			
通知任务时间		年　月　日	发单人			
接单时间		年　月　日	接单人		生产班组	车工组

1．根据表 1–1 生产任务单，明确支承轴的加工数量和完成日期，填写在下面的横线上。

支承轴的加工数量：<u>50</u>件

支承轴的完成日期：________

2．简述接受生产任务单的流程。

业务部——生产部长——车间主任——生产员工（建议教师根据不同企业采用不同流程，角色扮演的目的是培养学生的表达能力和行为习惯）。

3．如图 1–2 所示，简述支承轴常应用在什么场合。借助技术手册，查阅支承轴的主要用途。

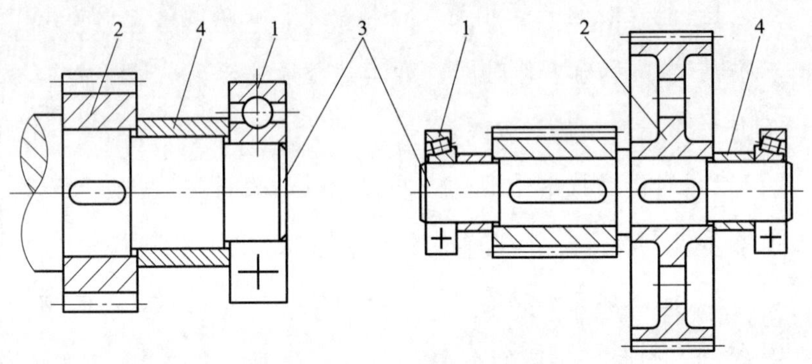

图 1–2　支承轴的用途

1—轴承　2—齿轮　3—支承轴　4—定位套

在生活中，支承轴常用于摩托车、汽车、单车、高空作业车等，其主要用途是支承旋转零件（如带轮、齿轮），传递运动和转矩。

二、识读支承轴零件图

分析图 1–1 所示支承轴零件图，查阅技术手册或询问班组长等技术人员，理解支承轴的结构、材料、配合类型、几何公差等相关知识，并完成下列问题。

1．分析图 1–1 所示支承轴零件图，写出支承轴的结构组成。

支承轴主要由外圆、端面、倒角和键槽等组成。

2．分析图 1–1 所示支承轴零件图，写出支承轴的车削加工尺寸。

支承轴的车削加工尺寸有 $\phi 18_{-0.05}^{0}$ mm × 25 mm、$\phi 20_{-0.041}^{-0.020}$ mm × 20 mm、$\phi 28_{-0.05}^{0}$ mm × 28 mm、$\phi 32$ mm、总长 76 mm 以及倒角 $C1$ mm。

3．支承轴零件加工材料为 45 钢，45 钢属于什么材料？含碳量为多少？

45 钢是塑性材料，属于优质碳素结构钢，含碳量为 0.42% ~ 0.50%。

4．如果 $\phi\,20^{-0.020}_{-0.041}$ mm 外圆与轴承配合使用，根据公差与配合的选用，查阅资料写出公差带等级和配合类型。

外圆 ϕ20 mm 公差带等级为 f7，为间隙配合。

5．支承轴零件图中有哪些几何公差？应采取哪些措施保证几何公差的精度？

几何公差有 |◎|ϕ0.05|A|。采用一夹一顶装夹，一次完成三级外圆的加工，保证同轴度要求，批量大时可采用软爪定位或专用夹具装夹。

三、识读支承轴加工工艺卡（表 1–2）

表 1–2　　支承轴加工工艺卡

<table>
<tr><td colspan="2" rowspan="2">（单位名称）</td><td rowspan="2">加工
工艺卡</td><td>产品名称</td><td colspan="2"></td><td>图号</td><td colspan="4"></td></tr>
<tr><td>零件名称</td><td colspan="2">支承轴</td><td>数量</td><td colspan="2">50</td><td colspan="2">第 1 页</td></tr>
<tr><td>材料种类</td><td>中碳钢</td><td>材料成分</td><td>45</td><td colspan="2">毛坯尺寸</td><td colspan="3">ϕ35 mm × 81 mm</td><td colspan="2">共 1 页</td></tr>
<tr><td>工序号</td><td colspan="3">工序内容</td><td>车间</td><td>设备</td><td>夹具</td><td>量具</td><td>刃具</td><td>计划工时</td><td>实际工时</td></tr>
<tr><td>01</td><td colspan="3">下料，ϕ35 mm × 81 mm 圆棒料</td><td>下料</td><td>锯床</td><td>机用虎钳</td><td>钢直尺</td><td>锯条</td><td>20 min</td><td></td></tr>
<tr><td>10</td><td colspan="3">车端面，钻中心孔</td><td>车</td><td>车床</td><td rowspan="2">三爪自定心卡盘</td><td rowspan="2">千分尺、游标卡尺等</td><td rowspan="2">外圆车刀、中心钻</td><td>10 min</td><td></td></tr>
<tr><td>20</td><td colspan="3">粗、精车各级外圆</td><td>车</td><td>车床</td><td>30 min</td><td></td></tr>
<tr><td>30</td><td colspan="3">掉头，车端面；倒角，取总长</td><td>车</td><td>车床</td><td>三爪自定心卡盘</td><td>游标卡尺</td><td>外圆车刀</td><td>10 min</td><td></td></tr>
<tr><td>40</td><td colspan="3">铣键槽</td><td>铣</td><td>铣床</td><td>机用虎钳</td><td>千分尺、游标卡尺等</td><td>铣刀</td><td>30 min</td><td></td></tr>
<tr><td>50</td><td colspan="3">热处理</td><td>热</td><td>高频机</td><td></td><td></td><td></td><td></td><td></td></tr>
</table>

续表

工序号	工序内容	车间	设备	夹具	量具	刃具	计划工时	实际工时
60	检验	检验室		平板、跳动量仪	游标卡尺、千分尺、百分表、磁性表座			
更改号		拟定		校正	审核		批准	
更改者								
日　期								

1．分析表 1–2 支承轴加工工艺卡，学习车削和车床的相关知识，完成下列问题。

（1）简述车床的加工范围。

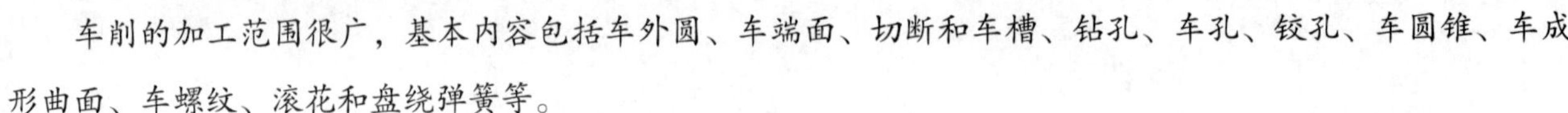

车削的加工范围很广，基本内容包括车外圆、车端面、切断和车槽、钻孔、车孔、铰孔、车圆锥、车成形曲面、车螺纹、滚花和盘绕弹簧等。

（2）简述车削基本概念。

车削就是在车床上利用工件的旋转运动和刀具的直线运动（或曲线运动）来改变毛坯的形状和尺寸，将毛坯加工成符合图样要求的工件。

（3）车床分为立式车床和卧式车床，查阅资料，简述如图 1–3 所示两种车床的类型及加工特点。

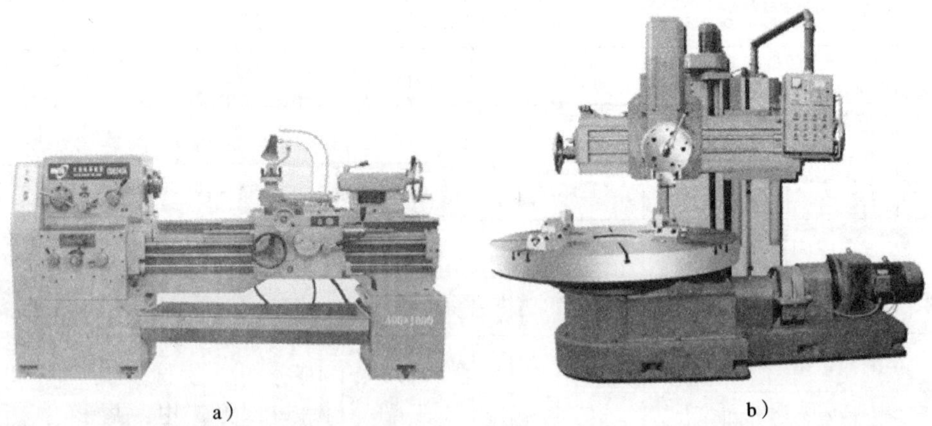

a）　　b）

图 1–3　两种车床

图 1–3a 所示车床的类型：卧式车床。

加工特点：加工直径较小，长度较长的工件。

图 1–3b 所示车床的类型：立式车床。

加工特点：加工直径较大，长度较短的盘类工件、套类工件、环形工件及薄壁工件。

（4）车床的型号是车床的代号，根据车床型号可知车床的种类和主要参数。查阅资料，说明车床代号 CA6140 的含义。

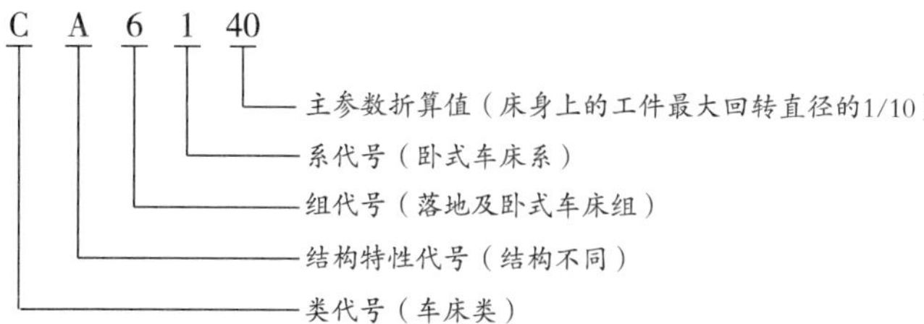

（5）查阅资料，结合图 1–4 所示 CA6140 型车床结构，在表 1–3 中填写其主要结构和功能。

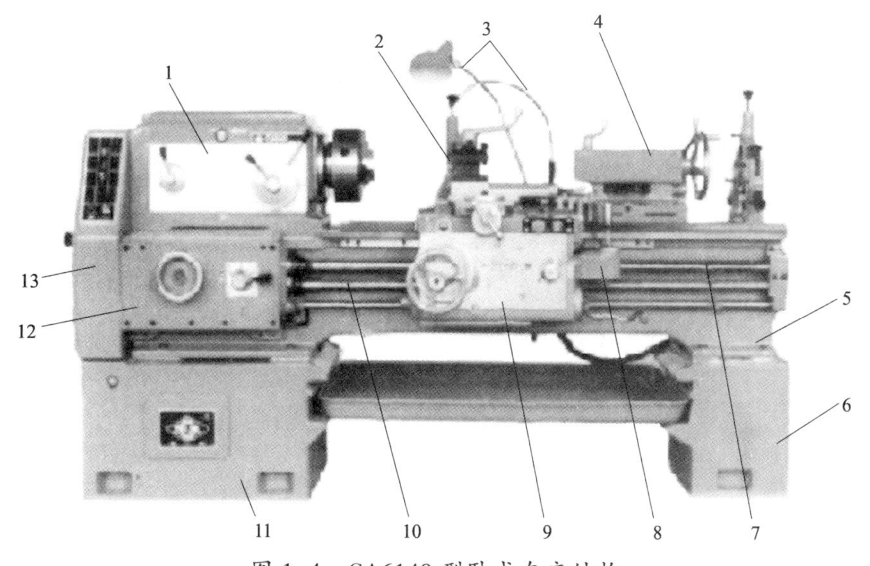

图 1–4　CA6140 型卧式车床结构

1—主轴箱　2—刀架　3—冷却、照明装置　4—尾座　5—床身　6、11—床脚　7—丝杠　8—操纵杆　9—溜板箱　10—光杠　12—进给箱　13—交换齿轮箱

表 1–3　CA6140 型车床主要结构和功能

结构	归属哪个主要部分	功能
主轴箱	主轴箱	用于带动车床主轴及卡盘转动，起变换转速的作用
卡盘		用于装夹工件，带动工件转动
刀架、床鞍、操纵杆	溜板箱	刀架：用于安装车刀 床鞍：用于将大、中、小滑板按要求连接在一起，实现车刀的前进和后退功能 操纵杆：启动、停止车床
中心架、跟刀架	附件	车较长工件时，用于支承工件、增加工件刚度，防止工件变形或发生安全事故

续表

结构	归属哪个主要部分	功能
尾座	尾座	用于支承较长工件，还可以用于装夹各种成形刀具，如钻头、中心钻、铰刀等
床身	床身	用于支承车床各个部分
丝杠、光杠	进给箱	丝杠：常用于加工螺纹 光杠：用于将进给箱的进给运动传递给溜板箱
交换齿轮箱	交换齿轮箱	用于将主轴的转动传递给进给箱或车螺纹时用于配对不同的螺距

（6）学习车间管理规定和车工操作规程或查阅资料，指出表 1-4 生产现场中都存在哪些安全文明生产方面的问题。

表 1-4　生产现场中的安全问题

生产现场	存在问题
	卡盘钥匙、刀架钥匙、矿泉水瓶等未正确放置
	未拔下卡盘钥匙和刀架钥匙
	量具、工具未规范摆放
	环境清洁（拖把）用具未摆放整齐

续表

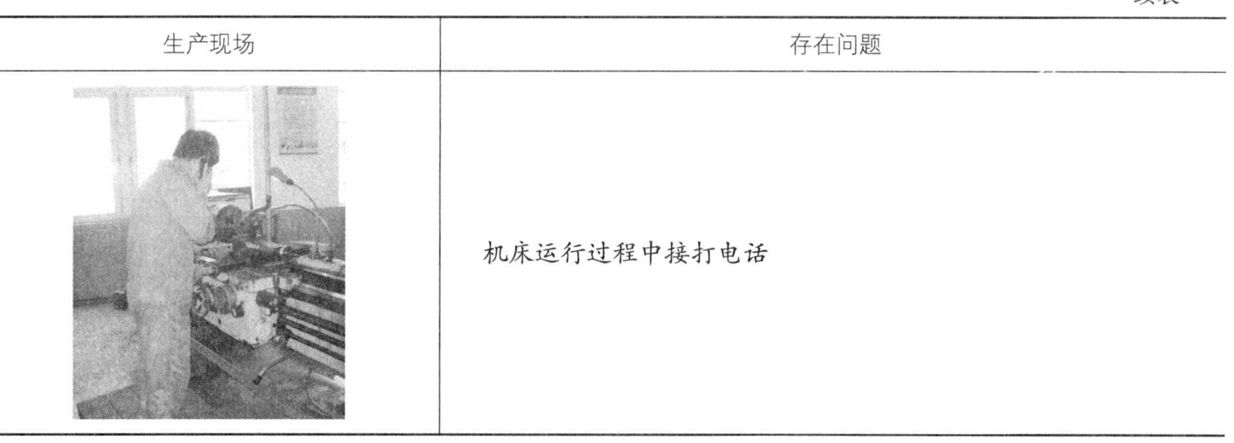

生产现场	存在问题
	机床运行过程中接打电话

（7）学习车工操作规程，结合图 1–5 所示，说明操作者在现场时的着装要求。

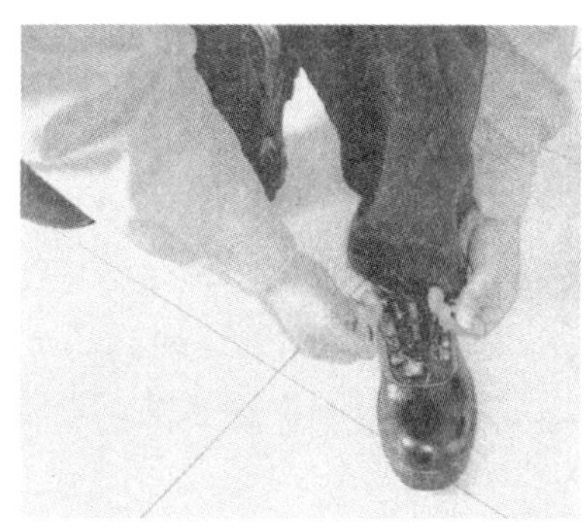

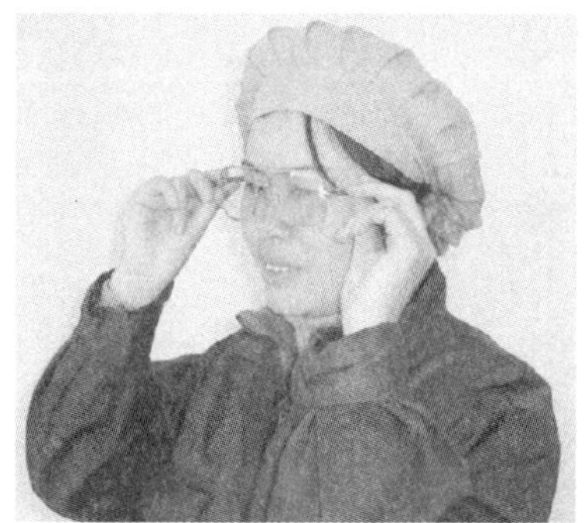

图 1–5　着装要求

袖口：工作服袖口束紧，防止衣袖卷入卡盘、工件或鸡心夹头中，从而发生安全事故。

领口：领口衣扣要扣紧，防止切屑飞入。

鞋：穿防护鞋，防止切屑飞入。

防护帽：把长头发束在防护帽中，防止头发卷入卡盘或工件中。

防护镜：进车间要戴好防护镜，防止切屑入眼。

（8）列出5条生产车间里的安全规章制度。

2．从表1–2支承轴加工工艺卡中可以看出，支承轴从下料到完成共有7个加工工序，查阅资料，简述什么是工艺，什么是工序。

采用机械加工的方法，直接改变原材料或毛坯的形状、尺寸和表面质量等，使之变成半成品或成品的过程称为机械加工工艺过程。机械加工工艺过程由多个或若干个按顺序排列的工序组成。一个或一组工人，在一个工作地，对同一个（或同时对几个）工件所连续完成的那部分加工过程称为工序，工序又可分为安装、工位、工步和行程。毛坯通过加工工序被加工成为成品。

3．结合表1–2支承轴加工工艺卡和前面所学知识，分析哪些工序需要在车床上完成。

由表1–2可得，在车床上完成的工序有10、20、30。

4．表1–2支承轴加工工艺卡的工序20为粗、精车各级外圆，分析图1–6所示的外圆车削加工示意图，回答什么运动是主运动，什么运动是进给运动。

主运动：工件的旋转运动是机床的主运动，它消耗机床的主要动力。

进给运动：刀具直线移动，是使工件的多余材料不断被去除的切削运动。

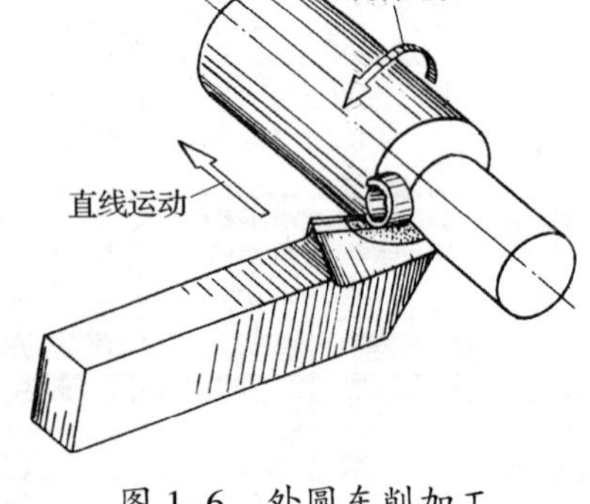

图1–6　外圆车削加工

5．分析表1–2支承轴加工工艺卡，学习车刀的相关知识，完成下列问题。

（1）填写表1–5中刀具的用途。

表1–5　刀具的用途

名称	简图	用途
90°车刀		车外圆、车端面、车台阶

续表

名称	简图	用途
45° 车刀		车外圆、车端面、车倒角

（2）车刀材料的性能决定了其车削加工的零件类型，查阅资料，说明车刀材料分为哪几类。简述如何识别车刀的材料。

车刀材料分为高速钢和硬质合金。可以通过观察颜色、车削方式、磨削方式等方法识别这两类车刀材料。

6．表 1–2 支承轴加工工艺卡中使用千分尺作为量具，查阅资料并完成下列问题。

（1）查阅资料，结合图 1–7 所示，说明千分尺的结构并正确填写各部分名称。

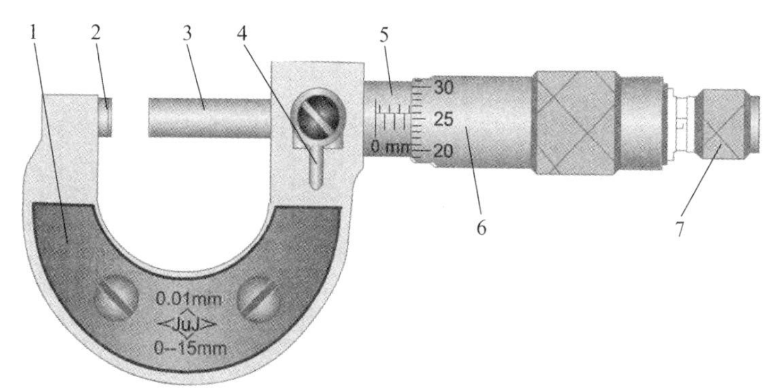

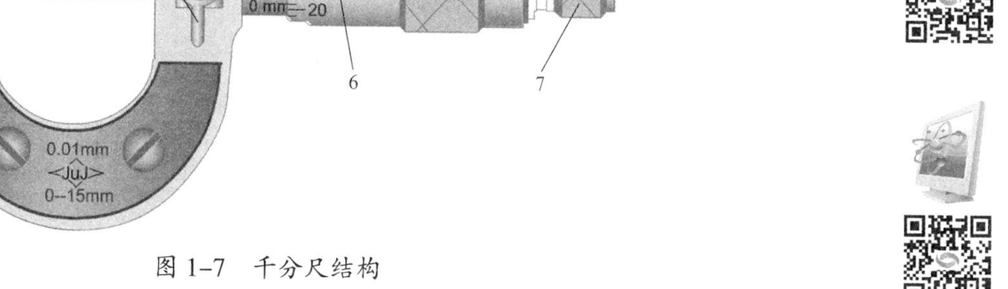

图 1–7　千分尺结构

1—尺架；2—固定测砧；3—测微螺杆；4—锁紧装置；5—固定套筒；6—微分筒；7—测力装置。

（2）千分尺按用途可分为哪几类?

千分尺按用途可分为外径千分尺、尖头千分尺、螺纹千分尺、小测头千分尺、公法线千分尺、板厚千分尺、内测千分尺等。

（3）千分尺的测量精度是多少？按测量范围分哪几种规格？如何选取千分尺？

千分尺的测量精度可以精确到 0.01 mm。千分尺每 25 mm 为一个规格，如 0 ~ 25 mm、25 ~ 50 mm、50 ~ 75 mm 等。根据被测尺寸的大小，在规格尺寸范围内选择，如被测尺寸为 30 mm，则选择规格为 25 ~ 50 mm 的千分尺。

7．填写表 1–6，说明顶尖的用途和特点。

表 1–6　顶尖的用途和特点

名称		简图	用途和特点
顶尖	回转顶尖		用途：支承被加工工件 特点：安装、操作方便，自动找正，定心精度高等
	固定顶尖		

8．查阅资料，填写表 1–7，说明中心孔的应用场合及中心孔形状。

表 1–7　中心孔的应用场合及中心孔形状

名称	简图	应用场合	中心孔形状
A 型中心孔		用于不需要多次安装或不保留中心孔的零件	由圆柱部分和圆锥部分组成，圆锥孔锥角为 60°
B 型中心孔		用于多次装夹且精度要求较高的零件	在 A 型中心孔的端部多一个 120° 的圆锥孔

续表

名称	简图	应用场合	中心孔形状
C 型中心孔	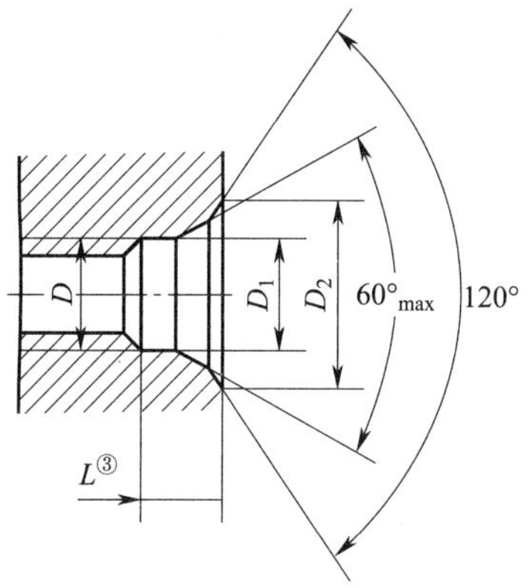 D　D_1　D_2　$60°_{max}$　$120°$　L[③]	用于工件之间的紧固连接	在 B 型中心孔的基础上加工一有内螺纹的圆柱孔
R 型中心孔	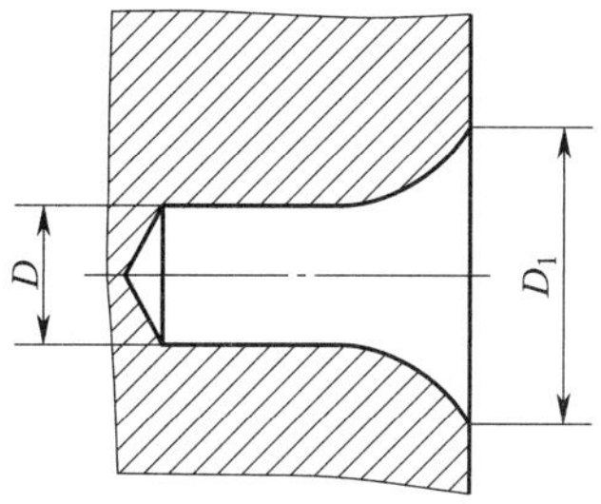 D　D_1	用于轻型和高精度零件，适合采用偏移尾座车削锥体	在 A 型中心孔的基础上，将圆锥部分改为圆弧

①尺寸 t 见国家标准《机械制图　中心孔表示法》（GB/T 4459.5—1999）中附录 A。

②尺寸 l 取决于中心钻的长度，不能小于 t。

③尺寸 L 取决于零件的功能要求。

9．绘制支承轴零件图

注意：（1）选择合适的比例。（2）布局合理。（3）线型和尺寸标注符合国家标准。（4）满足制图的其他规范和标准。

学习活动 2　工具、量具、夹具、刀具的准备

学习目标

1. 能熟悉车间和工作区的范围及限制，理解企业对环境、安全、卫生和事故预防的标准。

2. 能检查工作区、设备、工具、材料的状况和功能，并对车床进行点检操作。

3. 能根据现场条件，查阅技术手册，确定符合支承轴零件加工技术要求的工具、量具、夹具、刀具、辅具及切削液。

4. 能识别常用刀具材料（如高速钢、硬质合金），根据零件材料和形状特征，通过查阅技术手册合理选择刀具。

5. 能应用刀具角度知识，说明车刀角度参数的含义、表示方法及对切削性能的影响；能在刀具几何角度示意图中用规范的标识符号标注出相应角度，并在实物中判别其位置。

6. 能根据刀具材料选择合适的砂轮，规范刃磨车刀。

7. 能按要求正确、规范地完成本次学习活动工作页的填写。

建议学时：18 学时。

学习过程

一、车间现场条件

根据车间现场条件，简述企业对车间工作环境、安全、卫生和事故预防的标准。

二、车床相关知识

1．车床日常点检工作有哪些？

传动系统无异常响声；手柄操作灵活，定位可靠；主轴正反转及刹车性能良好；各变速箱油量正常；光杠、丝杠、操纵杆表面无拉伤变形；各导轨面润滑良好，无拉伤；冷却系统正常；油孔、油杯无堵塞，不缺油；零件无缺损；床身无切屑等杂物；安全防护装置良好；检查已加工产品、未加工产品和毛坯的数量；检查量具、附件是否正常。

2．车床的基本操作

（1）根据表 1–8 进行车床的启动操作练习。

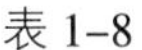

表 1–8　车床的启动操作

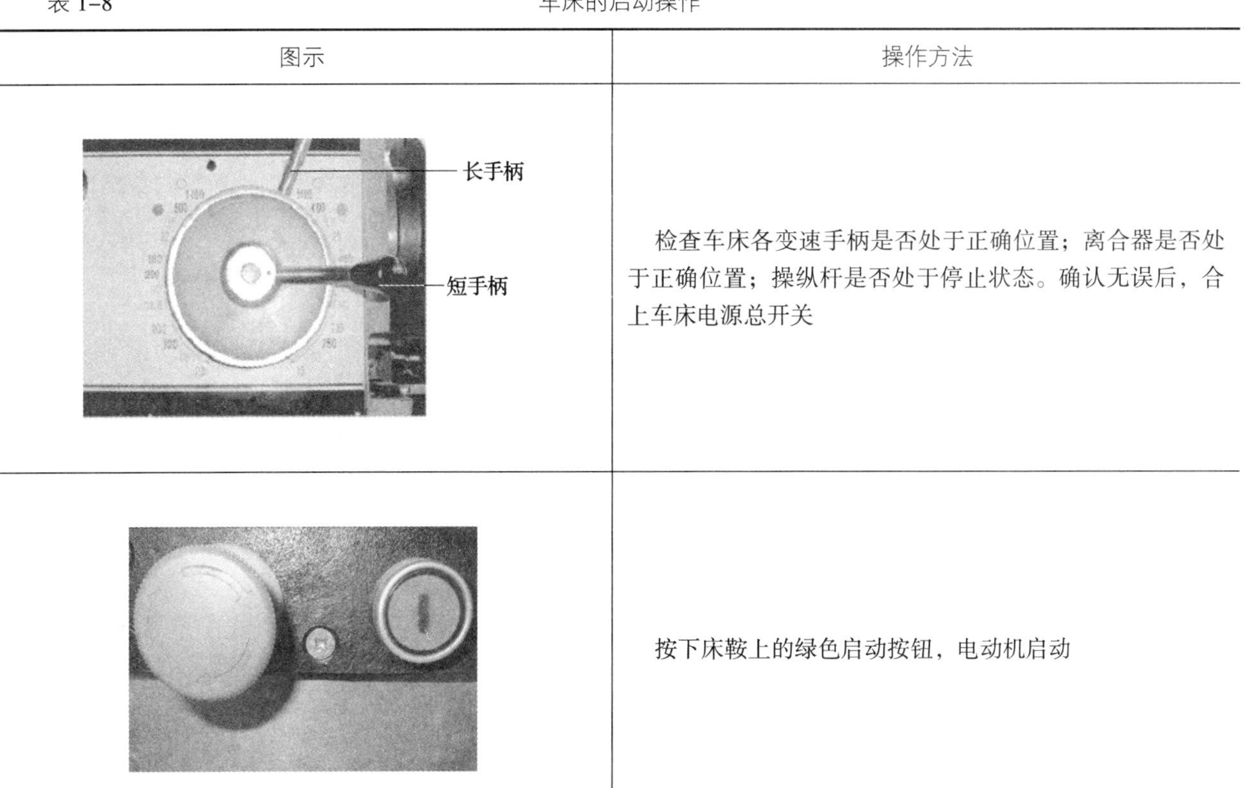

图示	操作方法
长手柄 短手柄	检查车床各变速手柄是否处于正确位置；离合器是否处于正确位置；操纵杆是否处于停止状态。确认无误后，合上车床电源总开关
	按下床鞍上的绿色启动按钮，电动机启动

续表

图示	操作方法
	向上提起溜板箱右侧的操纵杆手柄，主轴正转；操纵杆手柄回到中间位置，主轴停止转动；操纵杆手柄下压，主轴反转 主轴正、反转的转换要在其停止转动后进行，避免因连续转换操作使瞬间电流过大而发生电气故障
	按下床鞍上的红色停止按钮，电动机停止工作

（2）进给箱的变速操作

CA6140 型车床进给箱正面左侧有一个手轮，手轮有 8 个挡位；进给箱右侧有前、后叠装的两个手柄，前面的手柄是丝杠、光杠变换手柄，后面的手柄有Ⅰ、Ⅱ、Ⅲ、Ⅳ 4 个挡位，用来与手轮配合，调整螺距和进给量。根据加工要求调整所需螺距和进给量时，可通过查找油池盖上的进给量调配表来确定手轮和手柄的具体位置。

调整纵向进给量为 0.1 mm/r，确定各手柄、手轮的位置并填入表 1-9 中。

表 1-9　　纵向进给量的调整

图示	各手柄、手轮位置
	名称：加大螺距及左右螺纹变换手柄 手柄作用：通过不同位置，使移动齿轮相互啮合，把动力传到挂轮箱 手柄位置：1/1

续表

图示	各手柄、手轮位置
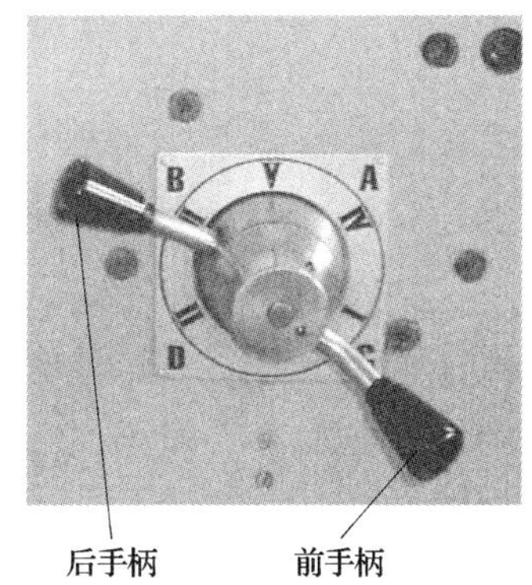 后手柄　前手柄	名称：螺距及进给量调整手柄、丝杠或光杠变换手柄 手柄作用：调整进给量、螺距；传递动力给丝杠或光杠 后手柄位置：Ⅱ 前手柄位置：A
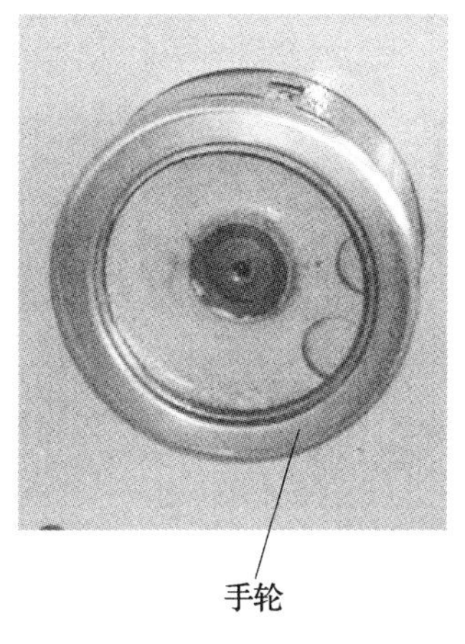 手轮	名称：螺距及进给量调整手轮 手轮作用：调整螺距和进给量 手轮位置：3

（3）溜板部分的手动操作

床鞍及溜板箱的纵向移动由溜板箱正面左侧的大手轮控制。顺时针方向转动手轮时，床鞍及溜板箱向右运动；逆时针方向转动手轮时，床鞍及溜板箱向左运动。手轮轴上的刻度盘圆周等分 300 格，手轮每转过 1 格，床鞍及溜板箱纵向移动 1 mm。

中滑板的横向移动由中滑板手柄控制。顺时针方向转动手柄时，中滑板向远离操作者方向运动（即横向进刀）；逆时针方向转动手柄时，中滑板向靠近操作者方向运动（即横向退刀）。中滑板丝杆上的刻度盘圆周等分 100 格，手柄每转过 1 格，中滑板移动 0.05 mm。

小滑板在小滑板手柄控制下可做短距离的纵向移动。小滑板手柄顺时针方向转动时，小滑板向左运动；小滑板手柄逆时针方向转动时，小滑板向右运动。小滑板丝杆上的刻度盘圆周等分 100 格，手柄每转过 1 格，小滑板移动 0.05 mm。

根据表 1-10 写出床鞍刻度盘、中滑板刻度盘和小滑板刻度盘的调整方法。

表 1-10　　床鞍刻度盘、中滑板刻度盘和小滑板刻度盘的调整方法

图示	调整方法
	床鞍向左纵向进给 100 mm，床鞍刻度盘逆时针方向转过 <u>100</u> 格
	中滑板横向进给 1 mm，中滑板刻度盘顺时针方向转过 <u>20</u> 格
	小滑板向左纵向进给 1 mm，小滑板刻度盘顺时针方向转过 <u>20</u> 格

（4）根据表 1-11 完成三爪自定心卡盘卡爪的拆装，并填写拆装技术要点。

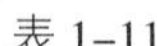

表 1-11　　三爪自定心卡盘卡爪的拆装

拆装过程	
→ → 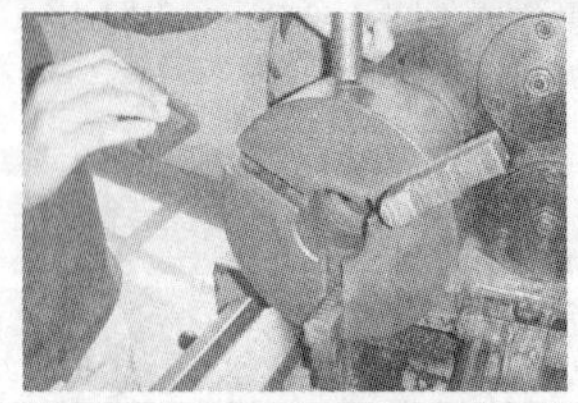 →  → 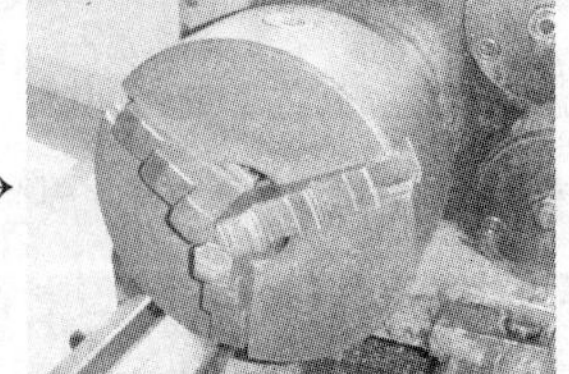	
拆装技术要点	1. 卡盘钥匙逆时针方向转动，卡爪松开，卡爪离开卡盘主体时，在下方用手接住卡爪 2. 安装时，三个卡爪按同一方向摆放整齐，观察卡爪装入卡盘方向的三个台阶的长短，先安装短台阶一侧，依顺序安装 3. 安装卡爪时，卡爪之间不能让卡盘钥匙转动超过一圈再装入导槽中 4. 将卡爪安装到卡盘中间位置，观察三个卡爪安装是否正确

三、领取工具、量具、刃具

查阅技术手册，确定符合加工技术要求的工具、量具、夹具、刃具、辅具及切削液，领取并检查工具、量具、刃具的状况及功能，完成下列问题。

1．查阅资料，填写表 1–12 各种工具的用途及应用场合。

表 1–12　　各种工具的用途及应用场合

名称	实物图	用途及应用场合
划线盘		主要用于划线或校正工件的加工位置
呆扳手		主要用于机械检修、设备安装、汽车修理等，本任务中主要用于拧紧或松开鸡心夹头
胶锤	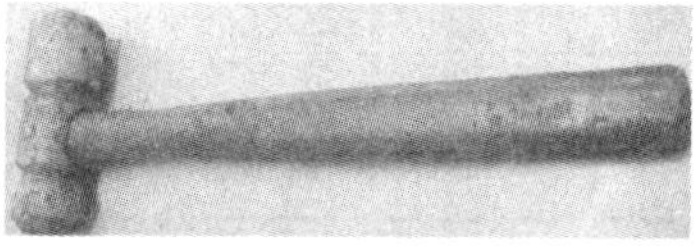	主要用于敲击工件表面，来校正工件的加工位置
莫氏锥柄夹头		在车床上一般用于装夹中心钻、麻花钻等刃具
垫片	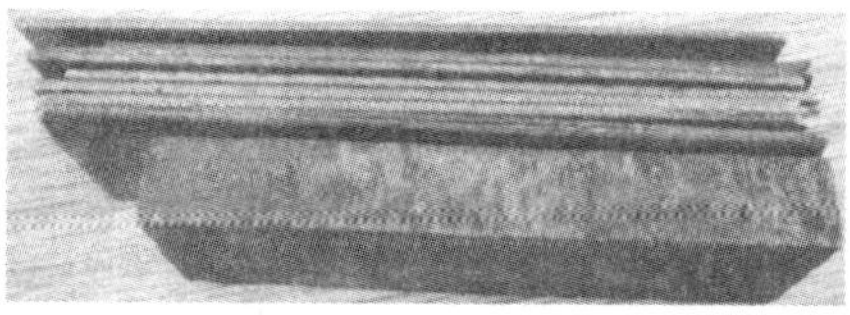	在车床上主要用于安装车刀，使车刀刀尖与工件中心线等高

续表

名称	实物图	用途及应用场合
千分尺		用于测量工件外径
切屑钩		用于清理车床在加工过程中产生的切屑

2．在教师指导下，结合表 1–2 加工工艺卡，填写需领取的工具、量具、刃具清单（表 1–13）。

表 1–13　　工具、量具、刃具清单

序号	工具、量具、刃具名称	规格	数量	领用人
1	90° 外圆车刀	/		
2	45° 车刀	/		
3	中心钻	A1.5		
4	游标卡尺	0 ~ 200 mm		
5	千分尺	0 ~ 25 mm、25 ~ 50 mm		
6	钢直尺	150 mm		

3．观察所领取的千分尺，查阅资料，正确读出图 1–8 所示千分尺的读数。

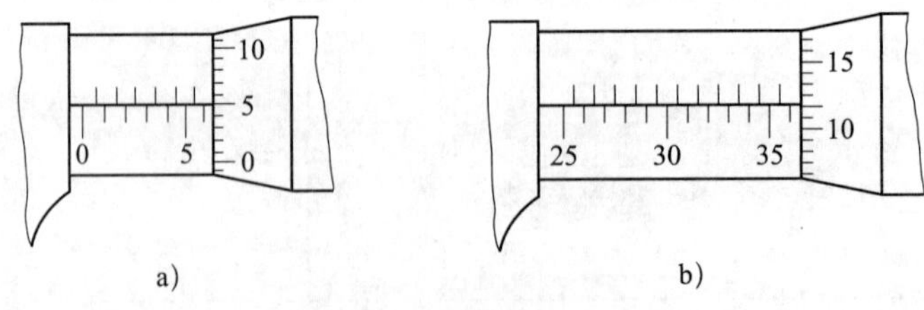

图 1–8　千分尺的读数

图 1–8 a 的读数为 6.55 mm，图 1–8 b 的读数为 36.62 mm。

4．在开始测量前，需要校验千分尺本身是否存在偏差，以保证千分尺的精度。校验千分尺的工具有哪些？根据图 1–9 所示简述如何校验千分尺。

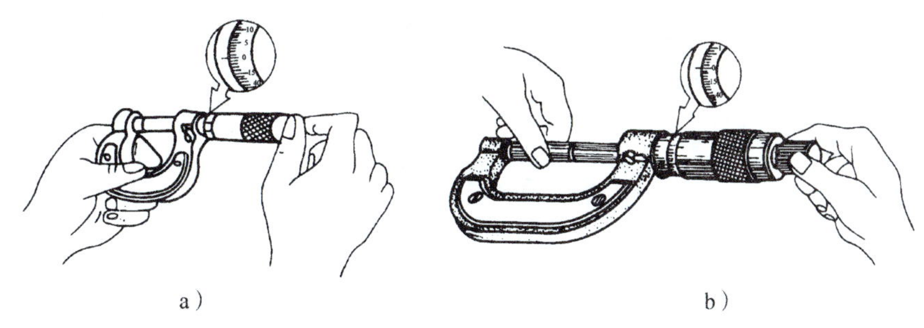

图 1-9　千分尺校验示意图

（1）校验千分尺的常用工具：杠杆千分表、平板、专用测力仪、量块、专用扳手等。

（2）校验步骤：

当零线偏离较小时，可用专用扳手微微转动固定套筒，对准零线即可。

当零线偏离较多时，先将千分尺微分筒后的测力装置及紧固螺钉拆下，然后找一把带有圆木柄的旋具，拿住微分筒，由外向里轻轻敲击（注意力度适中），将微分筒与其中的连接件分开。找齐微分筒与千分尺基座上的刻度线，只要基本对齐即可，然后将前一步所拆下的连接件依次还原。最后校对零线，方法是将千分尺两测砧用干净纸巾反复擦拭干净，然后将千分尺两测砧用平时测量时的力量紧固到一起，锁紧微分筒上的紧固螺钉，用千分尺自带的专用工具（拨叉）校准对零即可，如此反复几次，直到对零为止。

四、刃具的准备

通过查阅技术手册和车工教材，学习车刀相关知识，完成下列问题。

1．观察领取的车刀。如图 1-10 所示，以 90°硬质合金外圆车刀为例，查阅资料，完成下列问题。

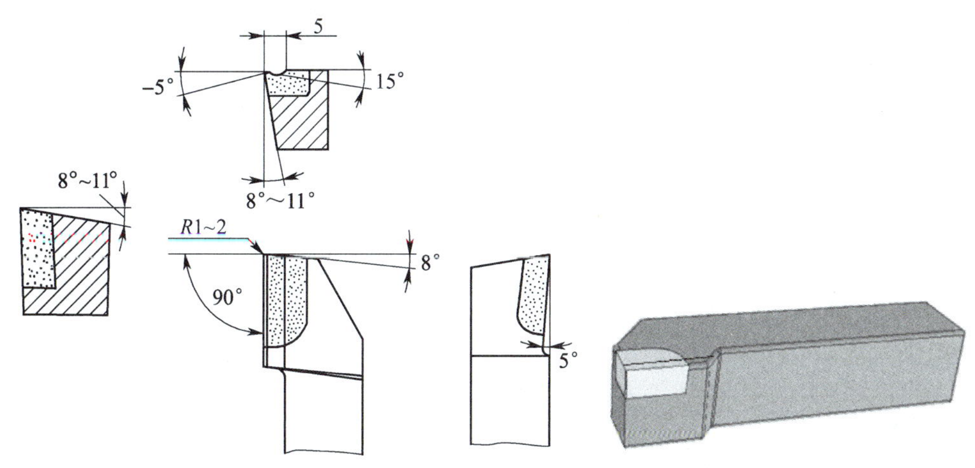

图 1-10　90°硬质合金外圆车刀

（1）填写图 1–11 所示 90°硬质合金外圆车刀结构的名称。

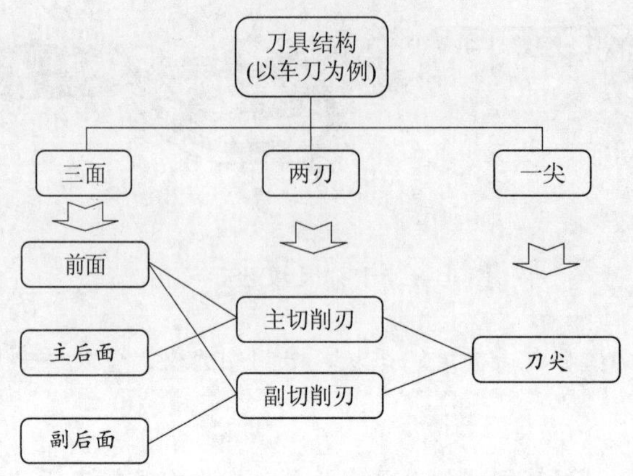

图 1–11　90° 硬质合金外圆车刀结构

（2）车削时，车刀切削部分的工作温度高吗？是否受到强烈的摩擦？是否需要承受大的切削力和冲击？简述车刀切削部分材料应具备的性能。

车刀切削部分在工作时要承受较大的切削力和较高的切削温度以及摩擦、冲击和振动。因此车刀材料应具备较高的硬度、良好的耐磨性和耐热性、高强度和韧性、良好的工艺性。

（3）车刀的角度对零件加工的影响很大，在图 1–12 中填写基准坐标平面的名称，并简述 90°外圆车刀的刀具角度的定义，以及应在哪些辅助平面中测量。

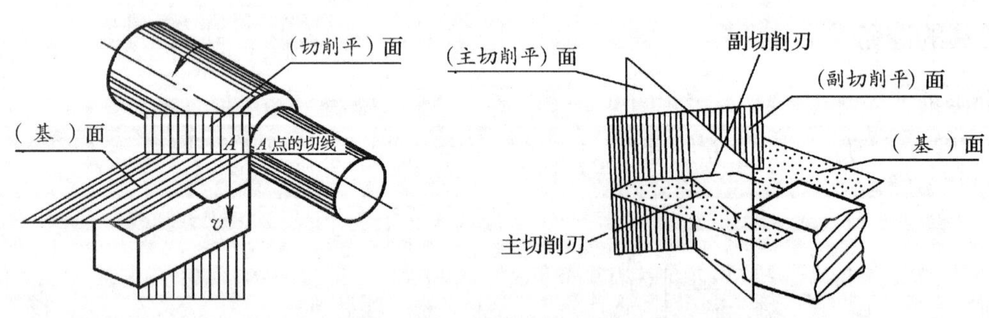

图 1–12　基准坐标平面

前角 γ_o：＿前面＿与＿基面＿的夹角，在＿截（副切削平）＿面中测量。

主后角 α_o：＿主后面＿与＿切削平面＿的夹角，在＿截（副切削平）＿面中测量。

主偏角 κ_r：＿主切削刃＿与＿进给方向＿的夹角，在＿基＿面中测量。

副偏角 κ_r'：＿副切削刃＿与＿背离进给方向＿的夹角，在＿基＿面中测量。

刃倾角 λ_s：＿主切削刃＿与＿基面＿的夹角，在＿基＿面中测量。

（4）写出 90°外圆车刀的主要几何角度值。

前角：15°

主后角：8° ~ 11°

主偏角：90°

副偏角：8°

刃倾角：5°

2．刃磨车刀时常用的砂轮有哪几种？本任务中刃磨车刀的刀柄与切削部分时分别需要采用哪两种砂轮？

砂轮种类：白色碳化铝砂轮和绿色碳化硅砂轮。

刃磨车刀刀柄采用的砂轮种类：白色碳化铝砂轮。

刃磨切削部分采用的砂轮种类：绿色碳化硅砂轮。

3．填写表 1-14 90° 外圆车刀的刃磨过程。

表 1-14　　90°外圆车刀的刃磨过程

步骤	刃磨内容	图示	
刃磨前面	刃磨要求：去除焊渣，控制前角为 0° 刃磨方法：左手捏刀头，右手握刀柄，使刀柄保持平直，磨出前面		
刃磨主后面	刃磨要求：刃磨主后角为 8° ~ 11°，刃磨主偏角为 90° 刃磨方法：刀柄与砂轮中心线平行，刀体底平面向砂轮方向倾斜一个比主后角大 8° ~ 11° 的角度。刃磨时，将车刀刀体上已磨好的主后面靠在砂轮的外圆上，以接近砂轮中心的水平位置为刃磨的起始位置，然后使切削刃位置继续向砂轮靠近，并左右缓慢移动，一直磨到切削刃处为止		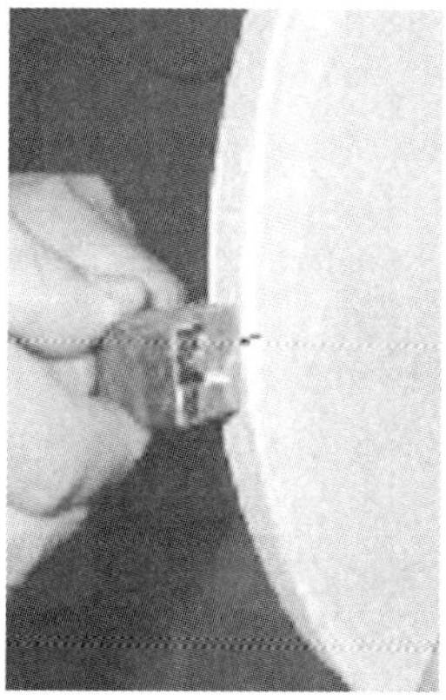 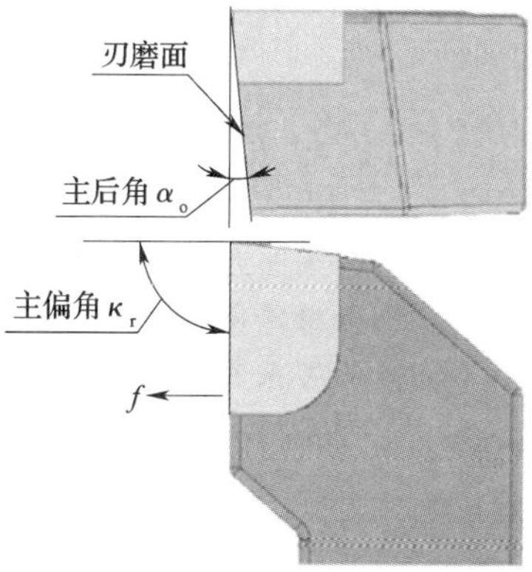 刃磨面 主后角 α_o 主偏角 κ_r f

续表

步骤	刃磨内容	图示	
刃磨副后面	刃磨要求：刃磨副偏角为8°，刃磨副后角为8°～11° 刃磨方法：刀柄尾端向右偏摆，转过副偏角8°，刀体底平面向砂轮方向倾斜一个比副后角大8°～11°的角度。刃磨方法与刃磨主后面相同，但应磨至刀尖处为止	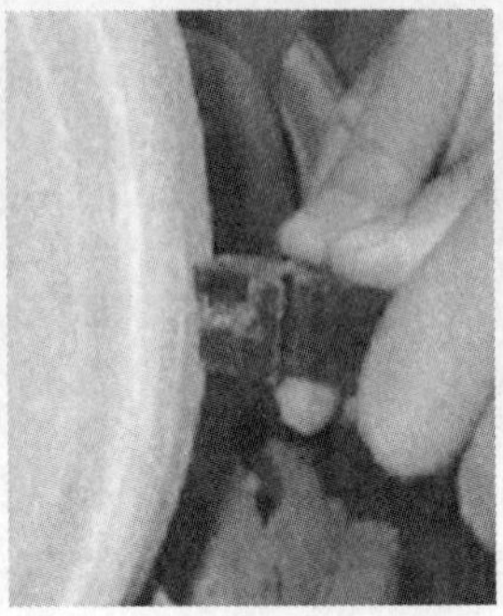	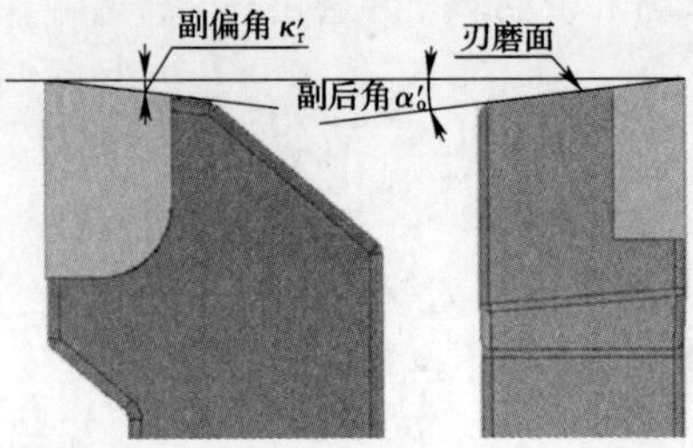
刃磨断屑槽	刃磨要求：刃磨槽宽为5 mm 刃磨方法：刃磨前，应先将砂轮圆柱面与端面的交角处用金刚石笔或硬砂条修成相应的圆弧。刃磨时，刀尖可以向下或向上磨，选择刃磨断屑槽部位时，应先考虑留出倒棱的宽度。刃磨的起点位置应该与刀尖、主切削刃留有一定距离，防止主切削刃与刀尖被磨损	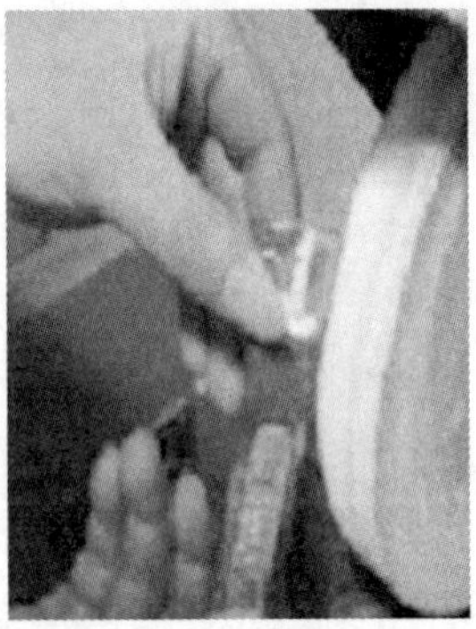	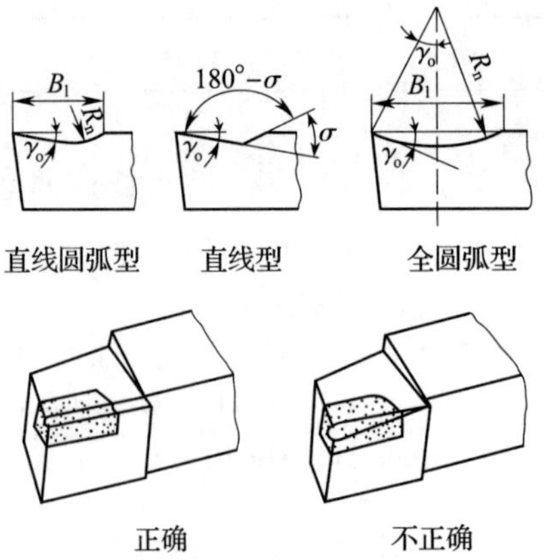 断屑槽
刃磨倒棱	刃磨要求：刃磨倾斜角度为−5°，宽度b为（0.4～0.8）f 刃磨方法：有直磨法和横磨法两种方法，刃磨时用力要轻微，要使主切削刃的后端向刀尖方向摆动	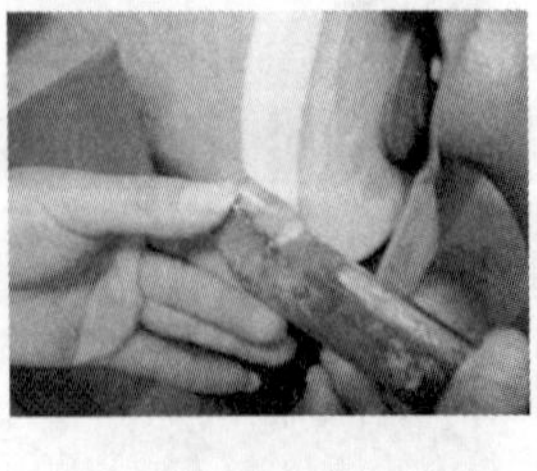	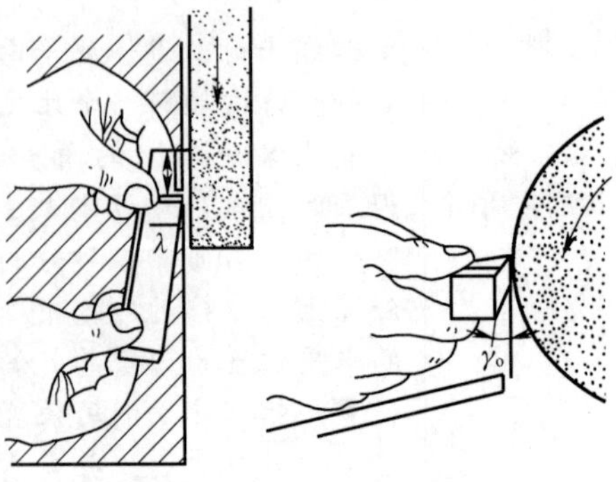 直磨法 横磨法

续表

步骤	刃磨内容	图示	
刃磨刀尖	刃磨要求：刃磨 R1 ~ 2 mm 刀尖圆弧 刃磨方法：主切削刃与砂轮面成 45°，刀尖接触砂轮，以捏住刀柄前端的手指为圆心，左右稍摆动，直至刃磨刀尖圆弧至 R1 ~ 2 mm		刃磨点 刀尖圆弧
修磨各面	刃磨要求：消除在砂轮上刃磨后的残留痕迹 刃磨方法：研磨时，手持油石在切削刃上来回移动，动作应平稳，用力应均匀		用油石研磨车刀

4．判断图 1-13 所示对刀板分别用于测量 90°外圆车刀的哪些角度。

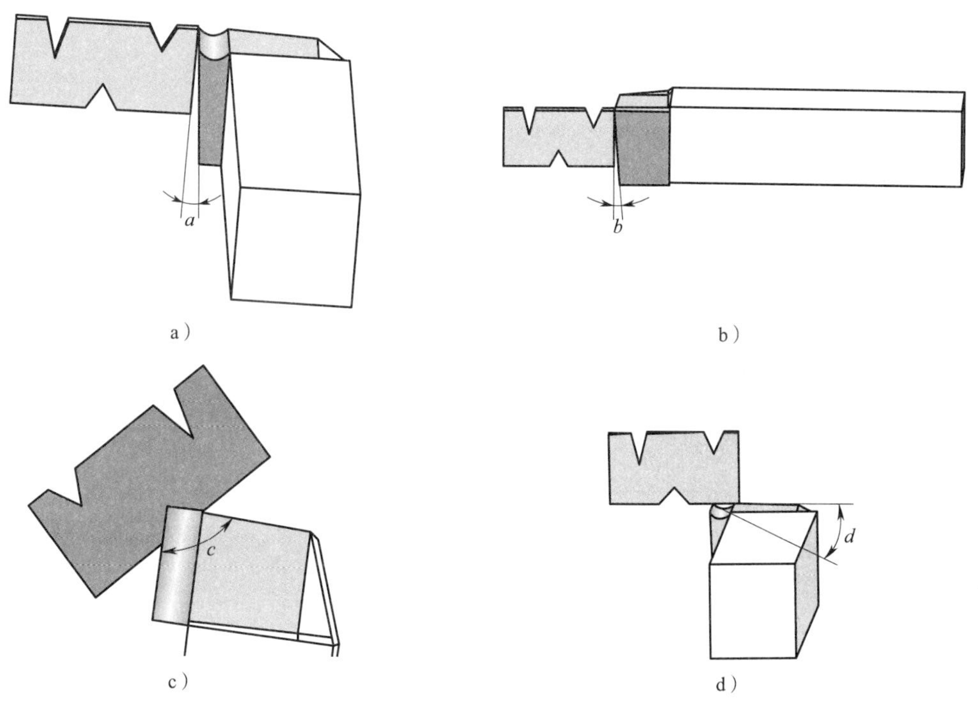

图 1-13　用样板测量车刀的角度

a）对刀板测主后角　b）对刀板测副后角　c）对刀板测刀尖角　d）对刀板测前角

图 1-13 a 所示为对刀板测主后角，主后角为 8° ~ 11°。

图 1-13 b 所示为对刀板测副后角，副后角为 8° ~ 11°。

图 1-13 c 所示为对刀板测刀尖角。

图 1-13 d 所示为对刀板测前角。

5．填写表 1–15 90°外圆车刀刃磨检测表，分析不合格的原因并提出改进措施。

表 1–15　　90°外圆车刀刃磨检测分析表

检测内容	检测所用方法	检测结果	是否合格
前角			
主后角			
副后角			
主偏角			
副偏角			
刀尖圆弧			
断屑槽			
倒棱			
切削刃直线度			
三个面的表面粗糙度			

分析不合格的原因：

改进措施：

指导教师意见：

6．在刃磨 90°外圆车刀的基础上举一反三地完成 45°车刀的刃磨，简述 45°车刀刃磨的难点及解决方法。

刃磨难点：45° 车刀应保证两刀尖等高，断屑槽大小一致。

解决方法：纠正刃磨姿势，多练习；粗、精磨分开，精磨时选择振动较小或不振动的砂轮刃磨断屑槽及主后面；先留略宽的修光刃，最后精磨主后面、精修修光刃。

学习活动3　支承轴的加工

学习目标

1. 能检查工作区、设备、工具、材料的状况和功能。

2. 能通过教师指引，按要求到材料库领取材料，并正确填写领料单。

3. 能按支承轴零件图要求，测量毛坯外形尺寸，并判断毛坯是否有足够的加工余量。

4. 能阅读加工工序卡，正确理解支承轴的加工步骤，并绘制出各工序完成后的支承轴零件草图。

5. 能正确装夹工件和车刀。

6. 能严格遵守车床操作规程，根据切削状态调整切削用量，保证正常切削；适时检测，保证加工精度。

7. 能进行自检，判断零件是否合格。

8. 能按照国家环保相关规定和车间要求，正确处置废油液等废弃物。

9. 能按车间现场管理规定和产品加工工艺流程的要求，正确放置支承轴零件。

10. 能严格按照车间现场管理规定，正确、规范地操作机床。

11. 能按产品加工工艺流程和车间要求，进行产品交接并规范填写交接班记录表。

12. 能按要求正确、规范地完成本次学习活动工作页的填写。

建议学时：20学时。

学习过程

一、加工前准备工作

检查工作区、设备、工具、材料的状况和功能，是否达到企业对安全、卫生和事故预防的标准，列举存在的问题。

二、领取材料

1．按要求到材料库领取材料，并完成表 1–16 的填写。

表 1–16　　领料单

填表日期：　年　月　日　　　　发料日期：　年　月　日

<table>
<tr><td>领料部门</td><td></td><td colspan="3">产品名称及数量</td><td colspan="3"></td></tr>
<tr><td>领料单号</td><td></td><td colspan="3">零件名称及数量</td><td colspan="3"></td></tr>
<tr><td>材料名称</td><td>材料规格及型号</td><td rowspan="2">单位</td><td colspan="3">数量</td><td rowspan="2">单价</td><td rowspan="2">总价</td></tr>
<tr><td rowspan="2"></td><td rowspan="2"></td><td>请领</td><td colspan="2">实发</td></tr>
<tr><td></td><td></td><td colspan="2"></td><td></td><td></td></tr>
<tr><td colspan="2">材料用途</td><td rowspan="2">材料仓库</td><td>主管</td><td>发料数量</td><td rowspan="2">领料部门</td><td>主管</td><td>领料数量</td></tr>
<tr><td colspan="2"></td><td></td><td></td><td></td><td></td></tr>
</table>

2．毛坯材料是否为 45 钢？毛坯尺寸是否留有足够的车削加工余量？简述毛坯尺寸的意义。

（1）判断毛坯材料为 45 钢方法有两种，一是听声音判断出脆性材料和塑性材料，45 钢是塑性材料；二是用砂轮磨削判断。45 钢是中碳钢，磨削过程中形成的火花流线细长且较多，流线的尾部和中部会出现节点，形成爆花次数比低碳钢要多，有一次花和二次花，花形较大，附带有少量花粉，火花的颜色呈黄色；低碳钢的在磨削中形成的火花具有流线粗且稀少的特点，爆花次数少，多呈一次花，芒线较粗、较长，并有明亮的节点，火花的颜色呈暗红色；高碳钢磨削过程中形成的火花流线较细、较短，弯曲度小，数量多且密，爆花多，多呈二次花、三次花或多次花，花形较小，有细且疏的芒线和较多的花粉，火花颜色呈明黄色。

（2）使用钢直尺或游标卡尺测量毛坯尺寸，如果测量结果比图样尺寸要大，证明有足够的车削余量。

（3）毛坯尺寸决定零件的加工量，也影响着加工的成本。如果毛坯尺寸过大，则加工零件时需切除的多余的部分较多，加工成本升高；如果毛坯尺寸过小，容易导致毛坯无法加工出零件。

三、加工步骤

1．识读加工工序卡 10，完成下列问题。

本工序是企业常用的定位加工工序，操作简单、方便、省时、效率高，对操作者要求不高，加工工序卡 10 见表 1–17。

表 1-17

加工工序卡 10

支承轴加工工序卡	产品型号		零件图号	1-001		
	产品名称		零件名称	支承轴	共 1 页	第 1 页

Ra 6.3

A2/4.25

GB/T 4459.5

5

$\phi 32$

车间	工序号	工序名称	材料牌号
车	10	车端面，钻中心孔	45
毛坯种类	毛坯外形尺寸	毛坯可制件数	每台件数
圆棒料	ϕ35 mm × 81 mm	1	
设备名称	设备型号	设备编号	同时加工件数
车床	CA6140	1	1

夹具编号	夹具名称	切削液	
	三爪自定心卡盘	乳化液	
工位器具编号	工位器具名称	工序工时 (min)	
		准终	单件

工步号	工步内容	工艺装备	主轴转速 / (r · min^{-1})	切削速度 / (m · min^{-1})	进给量 / (mm · r^{-1})	背吃刀量 /mm	进给次数	工步工时	
								机动	辅助
01	正确装夹工件，车端面		560	1.75 ~ 61.5	0.1 ~ 0.3	0.3 ~ 1	2		
10	钻中心孔	中心钻、外圆车刀、钻夹头、钢直尺	800	5.02	0.1 ~ 0.4	1	1		
20	掉头，车外圆 ϕ32 mm × 5 mm		560	61.5	0.3	1	1		

设计（日期）	校对（日期）	审核（日期）	标准化（日期）	会签（日期）

（1）计算下列各题，将计算结果与加工工序卡 10 中给出的切削用量做比较。

1）如图 1–14 所示，车削时，在 1 min 内工件相对刀具转动 560 r，工件的直径是 35 mm，求车刀的切削速度（单位为 m/min）。

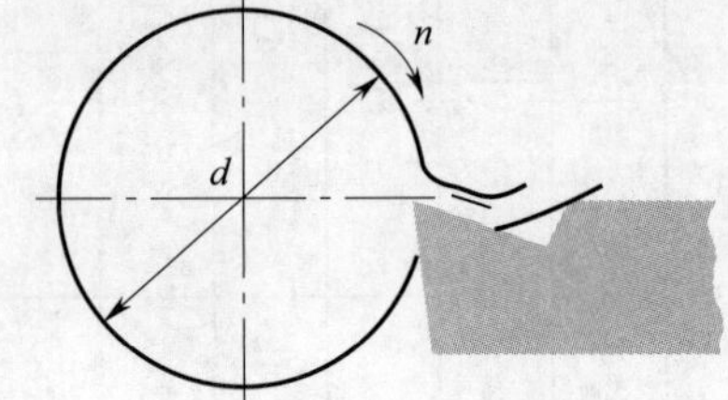

图 1–14　切削速度

n=560 r/min，d=35 mm，π=3.14，

$$V=\frac{\pi dn}{1\ 000}=\frac{3.14\times 35\ \text{mm}\times 560\ \text{r/min}}{1\ 000}=61.544\ \text{m/min},$$

车刀的切削速度为 61.544 m/min。

2）在 CA6140 型卧式车床上车削 ϕ35 mm 外圆，切削速度为 45 m/min，主轴转速是多少？最终在车床上选取的主轴转速又是多少？

V=45 m/min，d=35 mm，π=3.14，

$$n=\frac{1\ 000V}{\pi d}=\frac{1\ 000\times 45\ \text{m/min}}{3.14\times 35\ \text{mm}}\approx 409\ \text{r/min},$$

主轴转速为 409 r/min，根据车床转速表可选取主轴转速为 400 r/min。

3）进给量是衡量<u>车刀进给</u>运动大小的参数，用符号 f 表示，单位为 mm/r。根据进给方向不同，进给量又分两种，如图 1–15 所示。

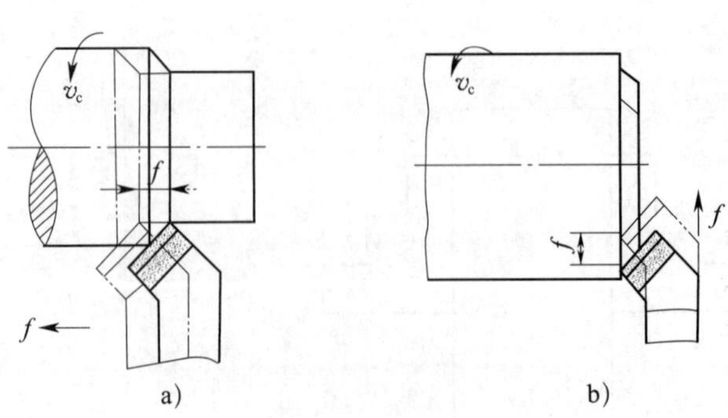

图 1–15　进给量

图 1–15a 所示为沿车床床身导轨方向的进给量，是<u>纵向</u>进给量，图 1–15b 所示为垂直于车床床身导轨方向的进给量，是<u>横向</u>进给量。

4）计算下列两题，并比较计算结果。

①如图 1–16 所示，已知工件待加工表面直径为 28 mm，现一次进给车削至直径为 21 mm，求背吃刀量 a_p。

d_w=28 mm，d_m=21 mm，

a_p=（d_w–d_m）/2=（28 mm–21 mm）/2=3.5 mm，

背吃刀量为 3.5 mm。

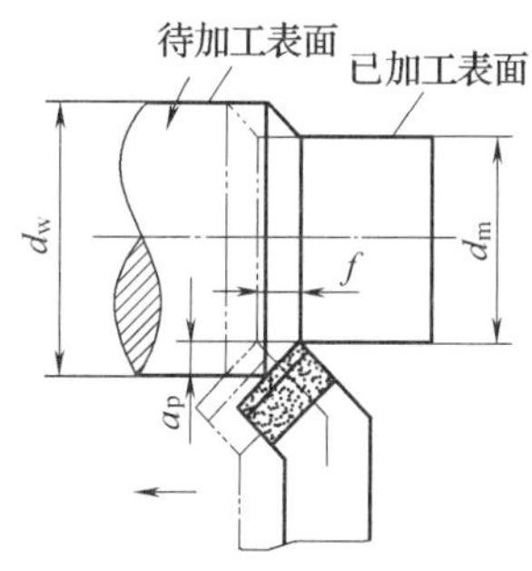

图 1–16　车外圆背吃刀量 a_p

②如图 1–17 所示，已知工件待加工表面直径为 21 mm，现一次进给车削至直径为 28 mm，求背吃刀量 a_p。

d_w=21 mm，d_m=28 mm，

a_p=（d_w–d_m）/2=（21 mm–28 mm）/2=–3.5 mm，

背吃刀量为 –3.5 mm。

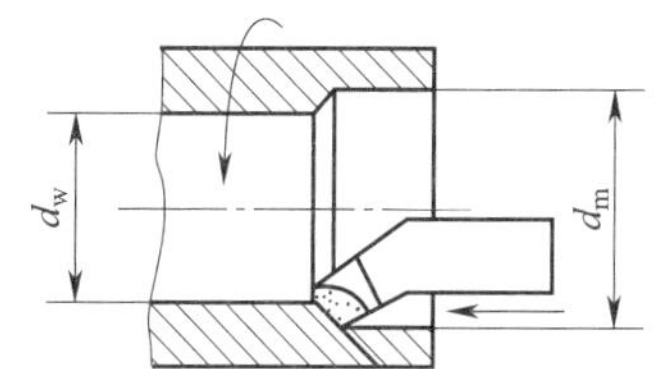

图 1–17　车内孔背吃刀量 a_p

（2）根据工序中的工步内容，正确装夹工件，简述装夹工件的正确姿势，并判断图 1–18 所示工件装夹姿势是否正确。

正确。双脚站好马步，卡盘钥匙插放在卡盘最高处，左手扶住卡盘钥匙并施加推力，右手加装接管并施加拉力，使卡盘钥匙转动同时带动方孔中的小锥齿轮，从而夹紧工件。

图 1–18　工件装夹姿势

（3）车端面时，首先要正确安装刀具，使刀尖与主轴中心等高，除图 1–19 所示用顶尖校正车刀中心高度的方法外，还有哪些校正方法?

目测法、钢直尺测量中心高法、对刀仪对刀法、车端面法等。

图 1–19　用顶尖校正车刀中心高度

（4）指出图 1–20 所示车刀装夹错误，并简述车刀装夹错误在车削时会造成怎样的影响。

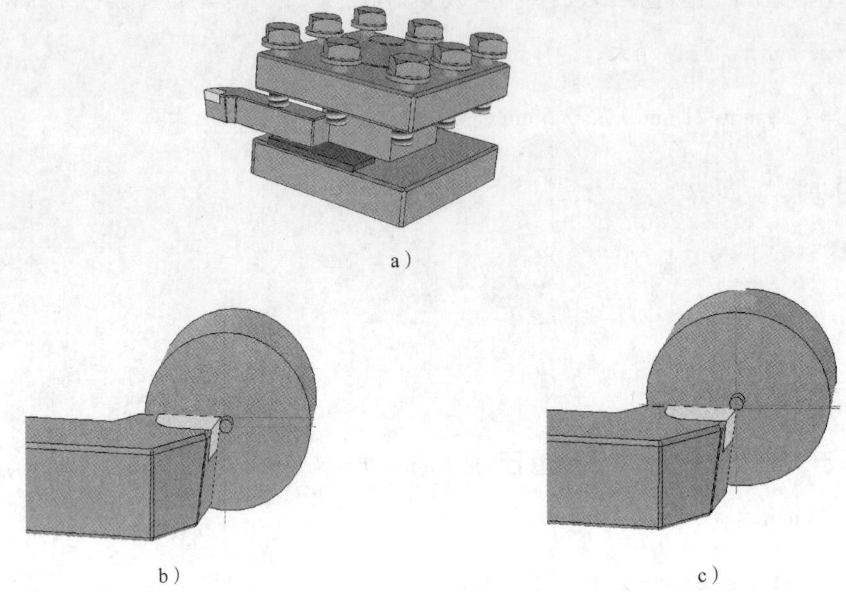

a）

b）　　c）

图 1–20　车刀装夹错误

图 1–20a 所示车刀刀尖伸出长度过长，车刀刚度不足。

图 1–20b 所示刀尖比工件中心线高，使车刀后面与工件之间的摩擦增大，且车至端面中心时，会留有凸台。

图 1–20c 所示刀尖比工件中心线低，使车刀的实际前角减小，切削阻力增大，且车至端面中心时，会留有凸台。

（5）根据工序中的工步内容，钻中心孔时要正确使用钻夹头安装中心钻。结合图 1–21 所示钻夹头及其使用方法，简述如何使用钻夹头装夹中心钻。

图 1–21　钻夹头及其使用方法

擦净钻夹头柄部和尾座锥孔、中心钻，用左手握住钻夹头外套部位，沿尾座套筒中心线方向将钻夹头柄部用力插入尾座套筒锥孔中。若钻夹头柄部与车床尾座锥孔大小不吻合，可增加一合适的过渡锥套后再插入。旋开钻夹头比中心钻最大外圆稍大，合理放置中心钻后，再旋紧钻夹头，可钻中心孔。

（6）填写表 1–18 车端面，钻中心孔的过程。

表 1–18　　车端面，钻中心孔的过程

车削步骤	车削内容	图示
1. 装夹毛坯	用三爪自定心卡盘夹住毛坯，伸出 10 mm，找正后夹紧工件	
2. 安装车刀	安装 45° 车刀与 90° 外圆车刀	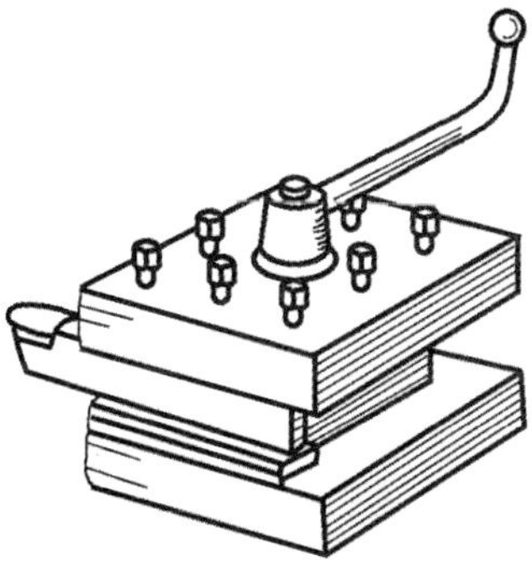

续表

车削步骤	车削内容	图示
3．用45°车刀或90°外圆车刀车端面	①取背吃刀量a_p=__1__mm，进给量f=__0.15__mm/r，车床主轴转速为__560__r/min ②用45°车刀车端面，__车平__即可，表面粗糙度达到要求	
4．用中心钻钻中心孔	由于中心孔直径小，钻削时应取较__高__的转速，进给量应小而均匀。当中心钻钻入工件时，加注切削液，使钻削顺利。钻削完毕，中心钻应在中心孔中稍做停留，然后退出，使中心孔__光滑__	
5．车外圆	掉头，用90°外圆车刀粗车台阶外圆ϕ32 mm×5 mm	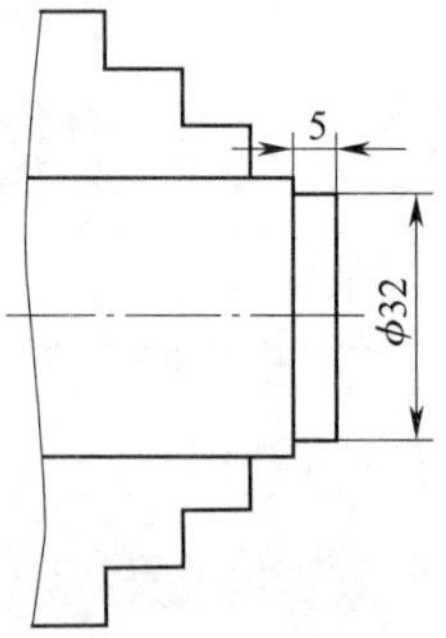

2．识读加工工序卡20，完成下列问题。

本工序的目的是粗、精车支承轴各级外圆，为铣削加工做准备，加工工序卡20见表1–19。

由于支承轴粗、精车后，还需铣键槽，因此，此环节主要是车外圆，应着重考虑提高劳动生产率。可采用一夹一顶装夹，以承受较大的切削力。

在CA6140型车床上采用一夹一顶装夹完成对支承轴的粗、精车加工。为保证工件精度要求，车削前需校正尾座。

表 1-19　　加工工序卡 20

支承轴加工工序卡	产品型号		零件图号	2-001		
	产品名称		零件名称	支承轴	共 1 页	第 1 页
		车间	工序号	工序名称	材料牌号	
		车	20	粗、精车各级外圆	45	
		毛坯种类	毛坯外形尺寸	毛坯可制件数	每台件数	
		圆棒料	ϕ35 mm × 81 mm	1		
		设备名称	设备型号	设备编号	同时加工件数	
		车床	CA6140	1	1	
		夹具编号	夹具名称		切削液	
			三爪自定心卡盘		乳化液	
		工位器具编号	工位器具名称		工序工时（min）	
					准终	单件

工步号	工步内容	工艺装备	主轴转速 /（r · min^{-1}）	切削速度 /（m · min^{-1}）	进给量 /（mm · r^{-1}）	背吃刀量 /mm	进给次数	工步工时 机动	工步工时 辅助
01	卡盘装夹 ϕ32 mm 外圆，顶尖顶中心孔，一夹一顶装夹工件	顶尖							
10	粗车各级外圆，留精车余量	外圆车刀、顶尖、千分尺、游标卡尺	560	31 ~ 61	0.1 ~ 0.4	0.3 ~ 1	1 ~ 3		
20	精车各级外圆，车至图样要求		1 600	90 ~ 175	0.1 ~ 0.2	0.15 ~ 0.5	1		
		设计（日期）	校对（日期）	审核（日期）	标准化（日期）	会签（日期）			

（1）根据加工工序卡 20 的内容，结合图 1–22 所示一夹一顶装夹，分析本任务应采用哪种装夹方法。

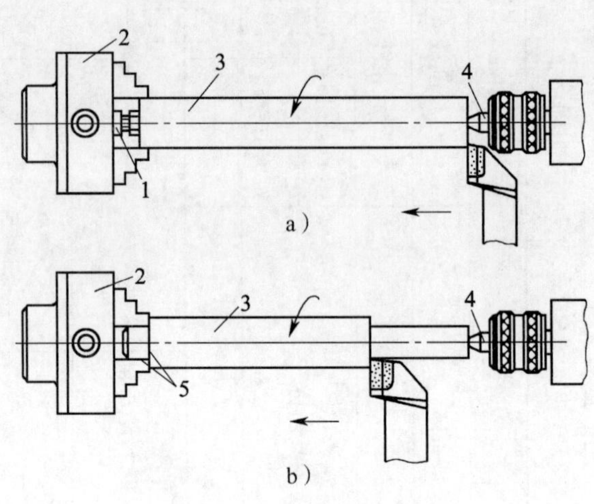

图 1–22　一夹一顶装夹

a）用限位支承　b）用工件的台阶限位

1—限位支承　2—卡盘　3—工件　4—后顶尖　5—台阶

利用工件的台阶限位。

（2）在一夹一顶装夹车削过程中，可能产生锥度。如图 1–23 所示车削的工件出现了什么问题？应如何调整尾座的位置？

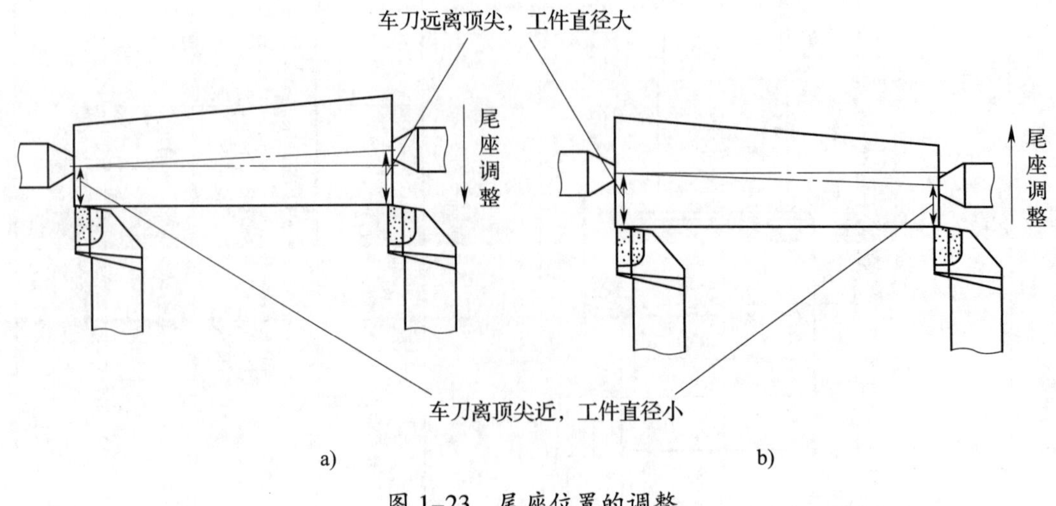

图 1–23　尾座位置的调整

图 1–23a：根据工件长度，将尾座靠近操作者方向的螺钉松开，远离操作者方向的螺钉拧紧。

图 1–23b：根据工件长度，将尾座远离操作者方向的螺钉松开，靠近操作者方向的螺钉拧紧。

（3）在图 1–24 中标注尾座要偏移的方向。

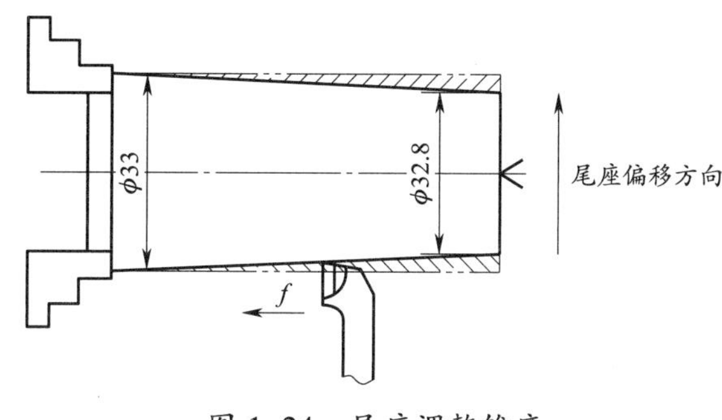

图 1–24　尾座调整锥度

（4）根据加工工序卡 20 中的工步 10，标注图 1–25 所示粗车各级外圆的尺寸。

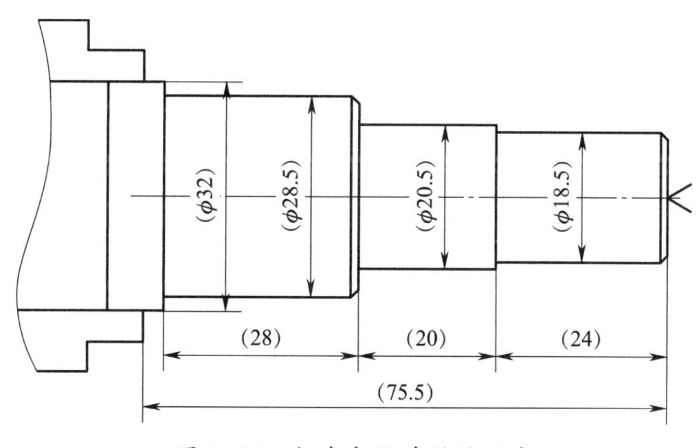

图 1–25　粗车各级外圆的尺寸

（5）如图 1–25 所示，粗车第一级外圆和最靠近卡盘的大外圆时，两级外圆的长度有什么不同，并简述原因。

粗车第一级外圆时应比设计尺寸短 0.5 ~ 1 mm，粗车靠近卡盘的大外圆时应比设计尺寸长 0.5 ~ 1 mm，主要是留精车余量。

（6）根据加工工序卡 20 中的工步 20，标注图 1–26 所示精车各级外圆的尺寸。

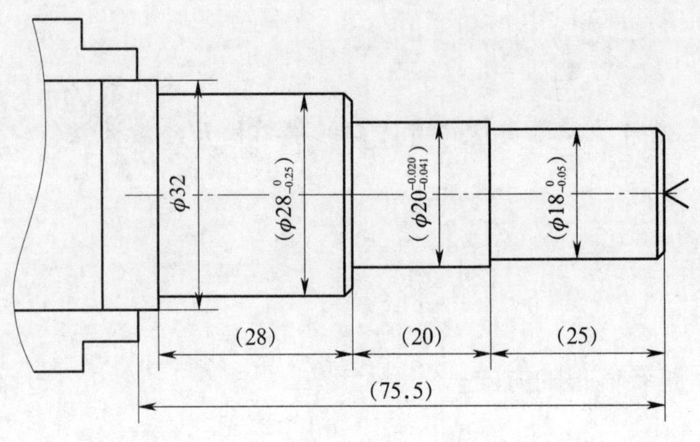

图 1–26　精车各级外圆的尺寸

安全提示

1. 手动进给练习时，应把有关进给手柄置于空挡位置。

2. 车削前应检查滑板位置是否正确，工件装夹是否牢靠，卡盘扳手是否取下。

3. 检查车刀是否装夹正确，紧固螺钉是否拧紧，刀架锁紧手柄是否锁紧。

4. 变换转速时，应先停机后变速，否则容易使齿轮折断。

操作提示

1. 车削时，应先启动机床后进刀；车削完毕，应先退刀再停止车床，否则车刀容易损坏。

2. 车削外圆时，应进行试刀和试测量，以合理控制尺寸。

3. 中心孔的形状应正确，表面粗糙度值要小，装入顶尖前，应先清除中心孔内的切屑或异物。

4. 在不影响车削的前提下，尾座套筒应尽量伸出短些，以提高刚度，减少振动。

5. 顶尖与中心孔的配合必须松紧合适，如果后顶尖顶得太松，工件则不能准确定心，对加工精度有一定影响，并且车削时易产生振动，甚至会使工件飞出而发生事故。

3. 识读加工工序卡 30，完成下列问题。

本工序是企业常用的加工工序，也是车削的最后工序，操作简单、方便、省时、效率高，对操作者要求不高，加工工序卡 30 见表 1–20。

根据加工工序卡 30 掉头，车端面；倒角，取总长，其装夹位置是已精加工的外圆表面，如何保证已精车外圆表面不被夹伤？

由于工件外圆已精车，直接装夹会夹伤外圆表面，因此采用铜片或胀紧套等专用辅助装置装夹工件外圆，目的是保护工件外圆表面不被夹伤。

表 1-20　加工工序卡 30

支承轴加工工序卡	产品型号		零件图号	3-001		
	产品名称		零件名称	支承轴	共 1 页	第 1 页
		车间	工序号	工序名称	材料牌号	
		车	30	掉头，车端面；倒角，取总长	45	
		毛坯种类	毛坯外形尺寸	毛坯可制件数	每台件数	
		圆棒料	ϕ35 mm × 81 mm	1		
		设备名称	设备型号	设备编号	同时加工件数	
		车床	CA6140	1	1	
		夹具编号		夹具名称	切削液	
				三爪自定心卡盘	乳化液	
		工位器具编号		工位器具名称	工序工时 (min)	
					准终	单件

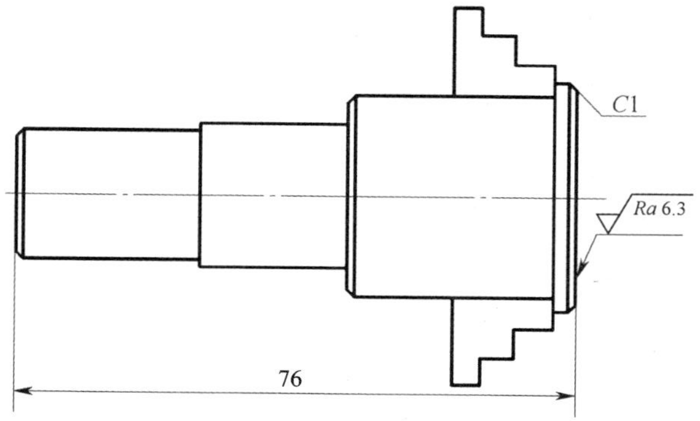

工步号	工步内容	工艺装备	主轴转速 /（r · min^{-1}）	切削速度 /（m · min^{-1}）	进给量 /（mm · r^{-1}）	背吃刀量 /mm	进给次数	工步工时 机动	工步工时 辅助
01	用铜片或胀紧套等专用辅助装置保护外圆								
10	粗、精车端面，取总长为 76 mm	外圆车刀、游标卡尺	560 ~ 1 600	1.75 ~ 175	0.1 ~ 0.3	0.3 ~ 3	3 ~ 5		
20	倒角	外圆车刀、游标卡尺	560	56.3	0.1 ~ 0.4	1	1		

	设计（日期）	校对（日期）	审核（日期）	标准化（日期）	会签（日期）

四、完成加工

1．粗车支承轴时，如何进行试车和试测?

（1）一夹一顶装夹工件，启动车床，将刀尖移动至刚接触到工件毛坯表面（毛坯直径为 35 mm），再将刀尖向右移动至工件右端面，刀尖横向进给 1.3 mm，车刀向左纵向进给 1 ~ 2 mm，中滑板不动，刀尖向右移至安全位置，停车待试测。

（2）使用游标卡尺测量外圆是否达 ϕ32.5 mm。

（3）如果测量结果达到 ϕ32.5 mm，启动车床纵向进给车至工件长度为 77 mm；如果未达到 ϕ32.5 mm，根据测量结果调整，中滑板横向进给，调整试车外圆至 ϕ32.5 mm，启动车床纵向进给车至工件长度为 77 mm。粗车其他外圆的试车方法与上述一致。

2．在机床上完成加工，将加工过程中出现的问题记录下来，分析问题并提出改进措施。

3．在加工过程中，如何保证加工流程和支承轴的检测工作?

4．加工完毕，按照图样要求进行自检，正确放置零件，并进行产品交接确认；按照“6S”现场管理规范，保养工具、量具，清理现场，合理归置物品，按车间管理规定填写交接班记录。

操作提示

1. 车床保养时，必须先关闭电源，以免出现安全事故。

2. 当车削至台阶面时，变纵向进给为横向进给，移动中滑板，由里向外慢慢精车台阶面，以确保其对轴线的垂直度要求。

3. 车削开始前，应手摇手轮使床鞍左右移动全行程，检查有无碰撞现象。

4. 车床保养后，必须按“6S”管理规范合理归置物品。

5. 支承轴加工完成后，要对车床进行保养，根据车床保养的实际情况填写设备日常保养记录卡。

学习活动4　支承轴的测量及误差分析

学习目标

1. 能利用量具完成支承轴各要素的直接和间接测量。

2. 能根据支承轴的检测结果，分析几何误差产生的原因。

3. 能正确、规范地使用工具、量具，并对其进行合理保养和维护。

4. 能根据检测结果正确填写支承轴质量检测表。

5. 能按检测室管理要求，正确放置检测工具、量具。

6. 能按要求正确、规范地完成本次学习活动工作页的填写。

建议学时：6学时。

学习过程

一、填写支承轴质量检测表

对加工完成的支承轴进行检测，并将检测结果填入表1–21中。

表1–21　　支承轴质量检测表

序号	考核项目	配分 IT，Ra	考核内容及要求	评分标准	检验结果 IT，Ra	得分
1	主要尺寸（59分）	10，5	$\phi 18_{-0.05}^{0}$ mm，$Ra1.6$ μm	超差不得分		
2		12，5	$\phi 20_{-0.041}^{-0.020}$ mm，$Ra1.6$ μm	超差不得分		
3		10，5	$\phi 28_{-0.05}^{0}$ mm，$Ra1.6$ μm	超差不得分		
4		12	同轴度 $\phi 0.05$ mm（2处）	超差不得分		

续表

序号	考核项目	配分 IT，*Ra*	考核内容及要求	评分标准	检验结果 IT，*Ra*	得分
5	次要尺寸（21 分）	4	25 mm	超差不得分		
6		4	20 mm	超差不得分		
7		4	28 mm	超差不得分		
8		2	76 mm	超差不得分		
9		5，2	ϕ32 mm，*Ra*6.3 μm	超差不得分		
10	其余表面粗糙度（6 分）	6	*Ra*6.3 μm（12 处）	超差不得分		
11	主观评分（9 分）	3	已加工零件倒角、倒圆、去毛刺是否符合图样要求			
12		3	已加工零件是否有划伤、碰伤和夹伤			
13		3	已加工零件与图样要求的一致性			
14	更换毛坯（5 分）	5	是否更换毛坯		是 / 否	
15	职业素养	扣分	能正确穿戴工作服、工作鞋、安全帽和护目镜等劳动防护用品。每违反一项扣 2 分			
16			能规范使用设备、工具、量具和辅具。每违规操作一次扣 2 分			
17			能做好设备清洁、保养工作。不清洁、不保养扣 3 分，清洁、保养不彻底扣 2 分			
总配分			100	总得分		

注：时间定额为 360 min，超过 10 min 扣 10 分；超过 30 min 不合格。

二、填写支承轴几何误差测量报告

根据支承轴的同轴度检测结果进行误差分析，并将分析结果填入表 1-22 中。

表 1-22　支承轴几何误差测量报告

测量内容	同轴度	零件名称	支承轴
测量工具和仪器	百分表、磁性表座、V 形架	测量人员	
班级		日期	

1. 测量目的：

保证被测要素相对基准的几何精度。本任务中，基准为 $\phi 20^{-0.020}_{-0.041}$ mm 外圆中心线，被测要素为 $\phi 28^{0}_{-0.05}$ mm 外圆、$\phi 18^{0}_{-0.05}$ mm 外圆中心线。检测 $\phi 28^{0}_{-0.05}$ mm 外圆、$\phi 18^{0}_{-0.05}$ mm 外圆相对于基准 $\phi 20^{-0.020}_{-0.041}$ mm 外圆中心线的同轴度误差

续表

2. 测量步骤： （1）将支承轴正确安装在 V 形架上，以基准 $\phi 20^{-0.020}_{-0.041}$ mm 外圆为支承，用手转动支承轴，使其旋转流畅且不发生径向和轴向跳动 （2）正确安装百分表和磁性表座，百分表测量杆垂直于 $\phi 28^{0}_{-0.05}$ mm 外圆、$\phi 18^{0}_{-0.05}$ mm 外圆表面，保证百分表处于正确位置，且不发生位移 （3）均匀、缓慢地转动支承轴，观察百分表指针摆动，摆动量即为支承轴的同轴度误差值。测量被测外圆左、中、右三处的同轴度误差值 3. 测量要领： （1）支承轴不能在 V 形架上发生径向和轴向跳动 （2）百分表测量杆垂直于被测外圆中心线，测量被测外圆左、中、右三处的结果并取最大值 （3）百分表在测量过程中不发生位移 （4）转动支承轴时要均匀、缓慢，不能忽快忽慢 4. 结论（误差分析）：百分表指针摆动超过 5 格，则加工的支承轴超差，为废品；反之为成品

三、清理现场，归置物品

支承轴零件检测完毕，按照“6S”管理规定，正确保养工具、量具，清理现场，合理归置物品。

学习活动5　工作总结与评价

学习目标

1. 能自信地展示自己的作品，讲述自己作品的优势和特点。

2. 能倾听别人对自己作品的点评。

3. 能总结工作经验，优化加工策略。

4. 能在作业过程中严格执行企业操作规范、安全生产制度、环保管理制度以及“6S”管理规定，严格遵守从业人员的职业道德，树立吃苦耐劳、爱岗敬业的工作态度和职业责任感。

5. 能与班组长、工具管理员等相关人员进行有效的沟通与合作，理解有效沟通和团队合作的重要性。

6. 能按要求正确、规范地完成本次学习活动工作页的填写。

建议学时：4学时。

学习过程

一、小组评价

1．以小组为单位派出代表介绍自己小组的优秀作品，通过作品展示，锻炼每一位小组成员的表达能力，同时提升自己的专业素养。

选出组内评价较高的作品进行展示，并就作品实用性、工艺性和产品质量等内容做必要介绍，听取并记录其他小组对本组作品的评价和改进建议。

（1）实用性：

（2）工艺性：

（3）产品质量

1）尺寸精度：

2）几何精度：

3）表面粗糙度：

2．所展示作品中有哪些部位存在尺寸缺陷和表面质量缺陷？简述是什么原因导致的，并总结出避免质量缺陷的加工建议。

（1）质量缺陷

1）尺寸缺陷：

2）表面质量缺陷：

（2）分析造成质量缺陷的原因，并写出预防措施。

（3）如果下次接到相似的任务，在加工过程中，应优化哪些加工策略?

二、总结加工支承轴的心得体会

（1）通过本任务，学习了哪些车削加工知识、技能?

（2）简述按照本任务加工工序卡给定的加工顺序进行加工，对保证产品精度和质量有哪些意义。若变更加工顺序会产生怎样的影响?

三、制定工艺方案和工作计划的理由

通过执行本次加工任务，试简述生产企业在每次执行新的加工任务前制定详细的工艺方案和工作计划的理由。

四、加工成本估算

总结加工工序、工时，填写表 1–23 并进行简单的成本估算。

表 1–23　　加工成本估算表

序号	加工内容	预计工时	成本测算项目			成本估算值
			设备	工具、夹具、刃具	辅具及切削液	
1						
2						
3						
4						
5						
6						
7						
8						
9						
10						

五、评价与分析

任务评价由自我评价、小组评价和教师评价 3 部分组成，检验并提升学生的综合职业能力，完成表 1–24 的填写。

表 1–24　　任务评价表

班级：＿＿＿＿＿　　学生姓名：＿＿＿＿＿＿　　学号：＿＿＿＿＿

项目	自我评价			小组评价			教师评价		
	10 ~ 9 分	8 ~ 6 分	5 ~ 1 分	10 ~ 9 分	8 ~ 6 分	5 ~ 1 分	10 ~ 9 分	8 ~ 6 分	5 ~ 1 分
	占总评 10%			占总评 30%			占总评 60%		
学习活动 1									
学习活动 2									
学习活动 3									
学习活动 4									
学习活动 5									

续表

项目	自我评价			小组评价			教师评价		
	10 ~ 9分	8 ~ 6分	5 ~ 1分	10 ~ 9分	8 ~ 6分	5 ~ 1分	10 ~ 9分	8 ~ 6分	5 ~ 1分
	占总评 10%			占总评 30%			占总评 60%		
表达能力									
协作精神									
纪律观念									
工作态度									
任务总体表现									
小计分									
总评分									

任课教师：　年　月　日

任务拓展

齿轮轴坯的普通车加工

学习目标

1．能正确阅读齿轮轴坯生产任务单，明确工作时间、加工数量等要求，叙述所加工零件的用途、功能和分类。

2．能识读齿轮轴坯零件图和加工工艺卡，明确加工技术要求和加工工艺。

3．能识别常用刀具材料（如高速钢、硬质合金等），根据零件材料和形状特征，通过查阅技术手册合理选择刀具。

4．能根据现场条件，查阅相关资料，确定符合齿轮轴坯零件加工技术要求的工具、量具、夹具、刃具、辅具及切削液。

5．能按齿轮轴坯零件图要求，测量毛坯外形尺寸，并判断毛坯是否有足够的加工余量。

6．能检查车床功能情况，按车床操作规程进行加工前车床润滑、预热等准备工作。

7．能严格遵守车床操作规程，按工步加工齿轮轴坯；根据切削状态调整切削用量，保证正常切削；适时检测，保证加工精度。

建议学时

60 学时。

工作情境描述

某企业接到一个齿轮轴坯零件（图 1–27）的加工订单，数量为 100 件，材料为 45 钢，工期为 5 天，来料加工。现生产部门安排车工加工组完成此任务的车削加工。

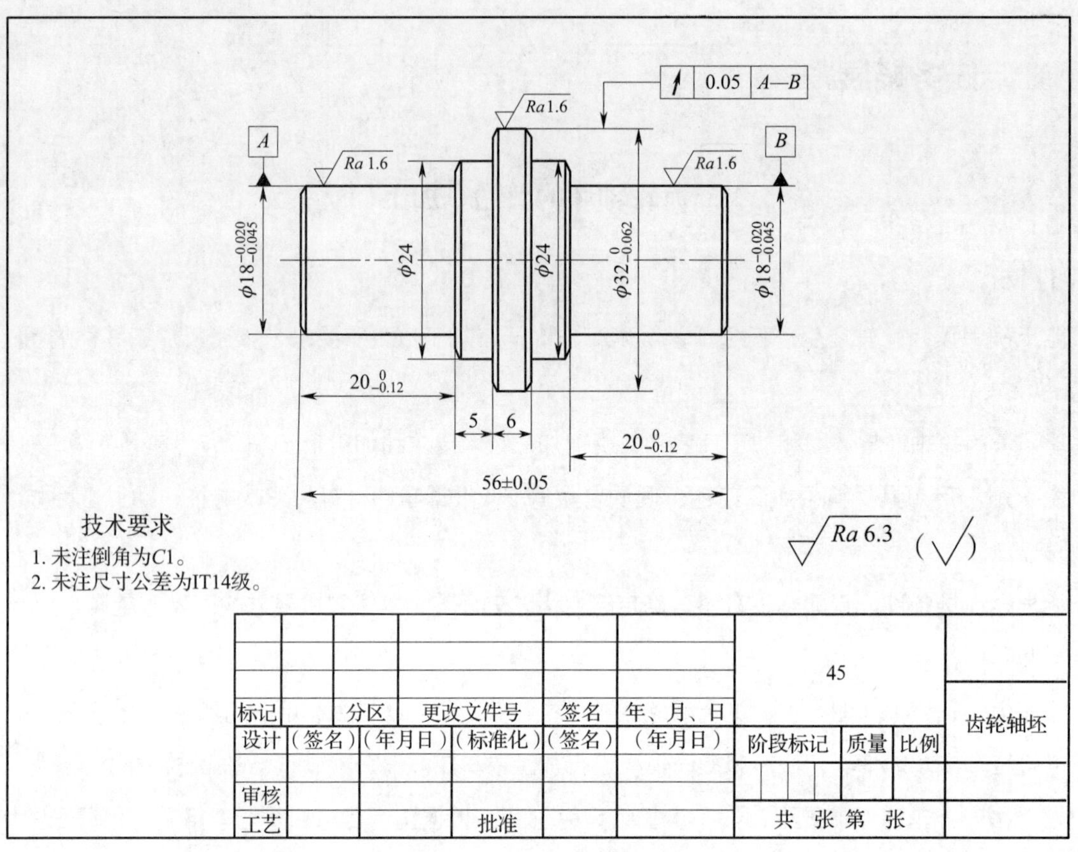

图 1–27 齿轮轴坯零件图

学习评价

对加工完成的齿轮轴坯进行检测，并将检测结果填入表 1–25 中。

表 1–25 齿轮轴坯质量检测表

序号	考核项目	配分 IT，Ra	考核内容及要求	评分标准	检验结果 IT，Ra	得分
1	主要尺寸（71 分）	20，10	$\phi 18^{-0.020}_{-0.045}$ mm，Ra1.6 μm（2 处）	超差不得分		
2		8，5	$\phi 32^{0}_{-0.062}$ mm，Ra1.6 μm	超差不得分		
3		10	径向圆跳动公差 0.05 mm	超差不得分		
4		12	$20^{0}_{-0.12}$ mm（2 处）	超差不得分		
5		6	（56 ± 0.05）mm	超差不得分		
6	次要尺寸（8 分）	6	ϕ24 mm（2 处）	超差不得分		
7		2	6 mm	超差不得分		
8	其余表面粗糙度（7 分）	7	Ra6.3 μm（14 处）	超差不得分		

续表

序号	考核项目	配分 IT，*Ra*	考核内容及要求	评分标准	检验结果 IT，*Ra*	得分
9	主观评分（9分）	3	已加工零件倒角、倒圆、去毛刺是否符合图样要求			
10		3	已加工零件是否有划伤、碰伤和夹伤			
11		3	已加工零件与图样要求的一致性			
12	更换毛坯（5分）	5	是否更换毛坯		是 / 否	
13	职业素养	扣分	能正确穿戴工作服、工作鞋、安全帽和护目镜等劳动防护用品。每违反一项扣 2 分			
14			能规范使用设备、工具、量具和辅具。每违规操作一次扣 2 分			
15			能做好设备清洁、保养工作。不清洁、不保养扣 3 分，清洁、保养不彻底扣 2 分			
总配分			100	总得分		

注：时间定额为 360 min，超过 10 min 扣 10 分；超过 30 min 不合格。

世赛知识

普通车床加工在世赛综合机械与自动化项目中的应用

综合机械与自动化项目是指运用机械加工、机械装调、液压与气动、电气安装、可编程逻辑控制器（Programmable Logic Controller，PLC）与自动化控制等方面的技术技能，使用普通车床、普通铣床等设备完成自动化装置中零件的生产加工及机械装配，再通过电气安装、气动控制和 PLC 编程与调试实现机械装置的自动化控制的竞赛项目。

世界技能大赛综合机械与自动化项目采用第三方命题，赛前不公布竞赛试题、材料规格等，比赛共设置铣削加工、车削加工、电气安装及编程、机械装调与自动化演示 4 个模块，赛程为 4 天，累计比赛时间为 22 h。

普通车床加工是综合机械与自动化项目中的基本考核技能，参赛选手需要在竞赛中完成小型单件零件的车削加工，如车外圆、车锥度、车内外螺纹、镗孔、车槽等操作，图 1–28 所示为第 44 届世界技能大赛综合机械与自动化项目广东省选拔赛样题，其中件 5、6、7、8 是车削件。

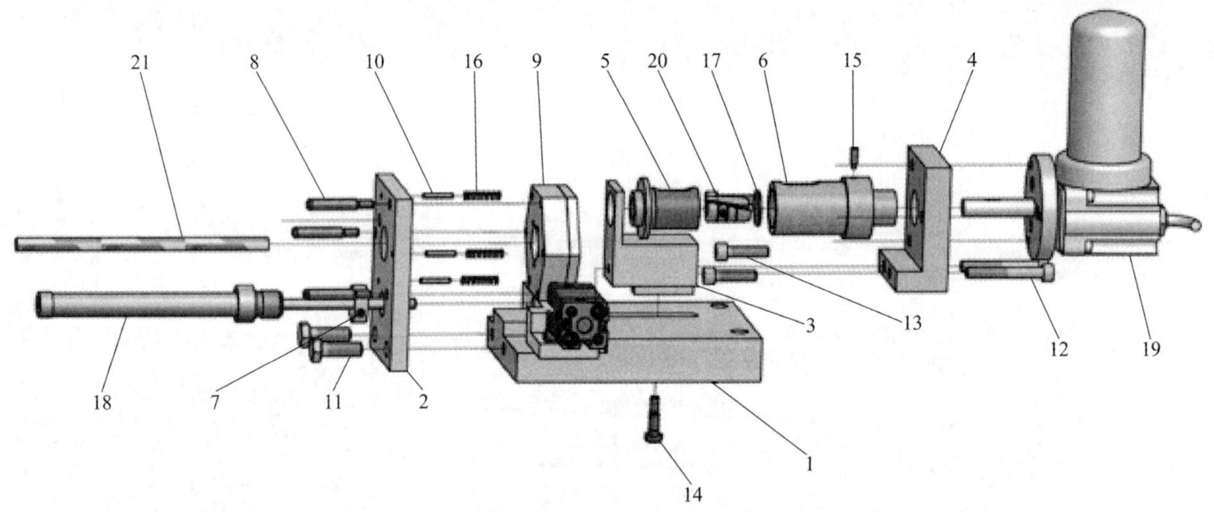

图 1–28　第 44 届世界技能大赛综合机械与自动化项目广东省选拔赛样题

学习任务二　台阶套的普通车加工

学习目标

1. 能正确阅读台阶套生产任务单，明确工作时间、加工数量等要求，叙述所加工零件的用途、功能和分类。

2. 能借助技术手册，查阅台阶套的材料牌号、热处理要求和几何公差等，理解技术手册在生产中的重要性。

3. 能识读台阶套零件图和加工工艺卡，明确加工技术要求和加工工艺。

4. 能识读和绘制回转类零件剖视图，正确绘制台阶套零件图。

5. 能根据零件特征，查阅技术手册，正确选择内孔车刀的材料和结构形式。

6. 能根据加工技术要求正确使用麻花钻，明确钻孔的方法。

7. 能根据加工技术要求正确使用扩孔钻，了解扩孔钻的特点和使用场合。

8. 能根据加工技术要求正确刃磨、安装内孔车刀，明确内孔车削的加工方法。

9. 能合理选用铰刀，确定铰削余量，对台阶套进行铰孔精加工。

10. 能正确使用内径百分表对台阶套零件的内孔进行测量。

11. 能根据加工技术要求，合理选择切削用量和切削液。

12. 能熟悉车间和工作区的范围及限制，理解企业对环境、安全、卫生和事故预防的标准。

13. 能检查工作区、设备、工具、材料的状况和功能，并对车床进行点检操作。

14. 能按车间现场管理规定和产品加工工艺流程的要求，正确放置台阶套零件并进行质量检验和确认。

15. 能按照国家环保相关规定和车间要求，正确处置废油液等废弃物。

16. 能按产品加工工艺流程和车间要求，进行产品交接并规范填写交接班记录表。

17. 能主动获取有效信息，展示工作成果，对学习与工作进行反思总结，并能与他人开展良好合作，进行有效的沟通。

18. 能在作业过程中严格执行企业操作规范、安全生产制度、环保管理制度以及“6S”管理规定，严格遵守从业人员的职业道德，树立吃苦耐劳、爱岗敬业的工作态度和职业责任感。

19. 能与班组长、工具管理员等相关人员进行有效的沟通与合作，理解有效沟通和团队合作的重要性。

建议学时

60 学时。

工作情境描述

某企业接到一批台阶套零件（图 2–1）的加工订单，台阶套主要起轴向定位和轴向固定作用，数量为 50 件，材料为 45 钢，工期为 5 天，来料加工。现生产部门安排车工加工组完成此任务的车削加工。

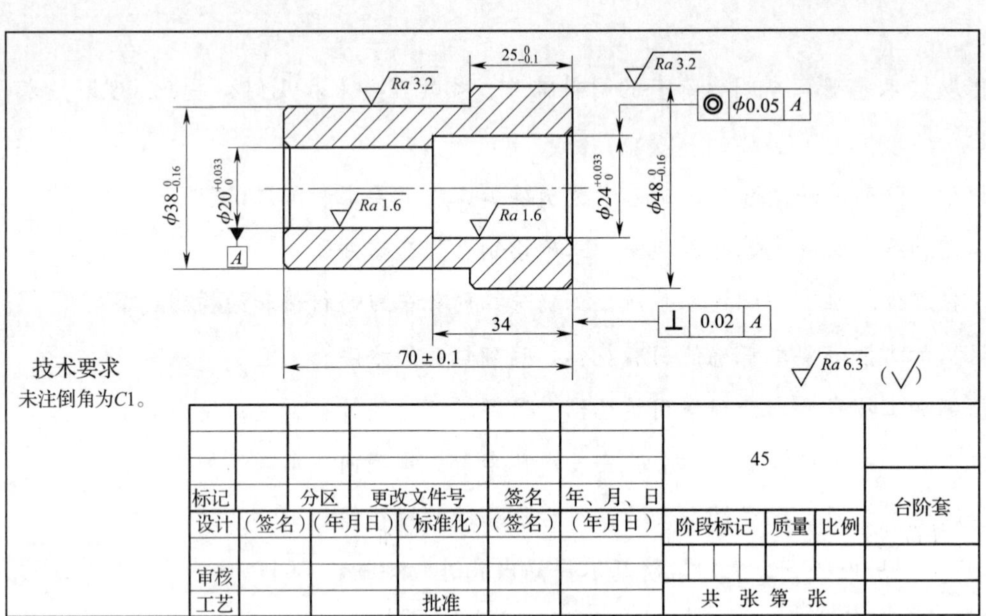

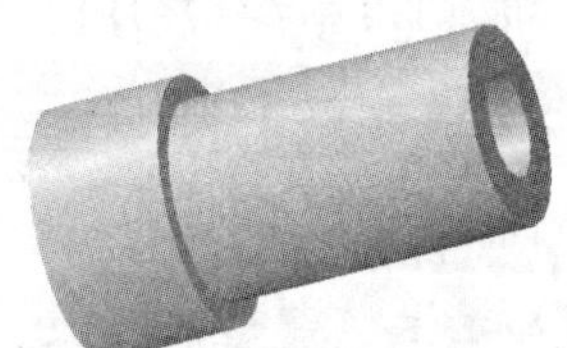

图 2–1　台阶套零件图

工作流程与活动

1．台阶套的加工工艺分析（4 学时）

2．工具、量具、夹具、刃具的准备（8 学时）

3．台阶套的加工（36 学时）

4．台阶套的测量及误差分析（4 学时）

5．工作总结与评价（8 学时）

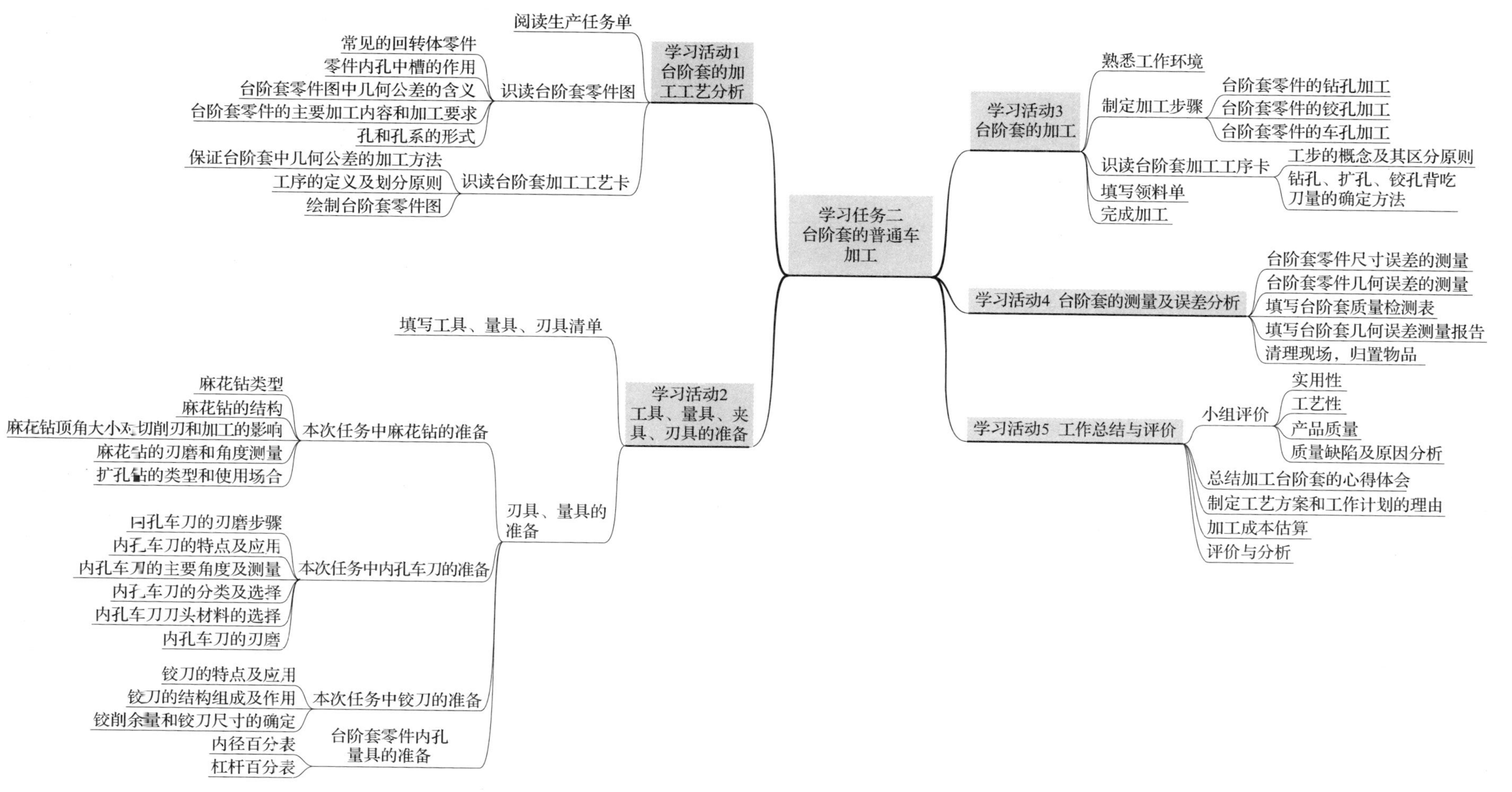
学习任务二 台阶套的普通车加工
学习活动1 台阶套的加工工艺分析
阅读生产任务单
识读台阶套零件图
常见的回转体零件
零件内孔中槽的作用
台阶套零件图中几何公差的含义
台阶套零件的主要加工内容和加工要求
孔和孔系的形式
识读台阶套加工工艺卡
保证台阶套中几何公差的加工方法
工序的定义及划分原则
绘制台阶套零件图
学习活动2 工具、量具、夹具、刃具的准备
填写工具、量具、刃具清单
刃具、量具的准备
本次任务中麻花钻的准备
麻花钻类型
麻花钻的结构
麻花钻顶角大小对切削刃和加工的影响
麻花钻的刃磨和角度测量
扩孔钻的类型和使用场合
本次任务中内孔车刀的准备
内孔车刀的刃磨步骤
内孔车刀的特点及应用
内孔车刀的主要角度及测量
内孔车刀的分类及选择
内孔车刀刀头材料的选择
内孔车刀的刃磨
本次任务中铰刀的准备
铰刀的特点及应用
铰刀的结构组成及作用
铰削余量和铰刀尺寸的确定
台阶套零件内孔量具的准备
内径百分表
杠杆百分表
学习活动3 台阶套的加工
熟悉工作环境
制定加工步骤
台阶套零件的钻孔加工
台阶套零件的铰孔加工
台阶套零件的车孔加工
识读台阶套加工工序卡
工步的概念及其区分原则
钻孔、扩孔、铰孔背吃刀量的确定方法
填写领料单
完成加工
学习活动4 台阶套的测量及误差分析
台阶套零件尺寸误差的测量
台阶套零件几何误差的测量
填写台阶套质量检测表
填写台阶套几何误差测量报告
清理现场，归置物品
学习活动5 工作总结与评价
小组评价
实用性
工艺性
产品质量
质量缺陷及原因分析
总结加工台阶套的心得体会
制定工艺方案和工作计划的理由
加工成本估算
评价与分析

学习活动 1　台阶套的加工工艺分析

学习目标

1. 能正确叙述台阶套零件的功能与作用。

2. 能正确分析台阶套零件图并识读加工工艺卡。

3. 能绘制台阶套零件图，分析回转类零件剖视图的画法。

4. 能叙述台阶套尺寸公差和几何公差的含义，并分析加工中的注意事项。

5. 能按要求正确、规范地完成本次学习活动工作页的填写。

建议学时：4 学时。

学习过程

一、阅读生产任务单（表 2–1）

表 2–1　　生产任务单

需方单位名称				完成日期	年　月　日	
序号	产品名称	材料	数量	技术标准、质量要求		
1	台阶套	45 钢	50 件	按图样要求		
2						
3						
4						
生产批准时间		年　月　日	批准人			
通知任务时间		年　月　日	发单人			
接单时间		年　月　日	接单人		生产班组	车工组

1．根据表 2–1 生产任务单，明确本次生产任务的相关要求。

加工零件名称：台阶套

材料：45 钢

加工数量：50 件

2．在生活和工作中，经常会见到如图 2–2 所示常见台阶套零件，借助技术手册，明确台阶套的常用材料及主要用途。

（1）常用材料：根据使用要求不同，台阶套的材料可以是 45 钢、铸铁、铸青铜、轴承合金，还可以用非金属材料如尼龙、聚四氟乙烯等。转速高、负荷大的台阶套可用轴承合金，反之可用铸铁或非金属材料，普通设备的台阶套用铸青铜的居多。

（2）主要用途：台阶套在不同的场合会有不同的作用，一般用途有减磨减振（易耗件）、轴向定位、润滑、散热，也可用于将轴与有害介质隔离，增加轴的使用寿命等。

图 2–2　常见台阶套零件

二、识读台阶套零件图

1．如图 2–1 所示台阶套零件图，本次学习任务加工的零件类型是回转体，常见的回转体零件都有哪些?

各种轴类、盘类零件等都属于回转体零件，如内外圆柱、内外圆锥、螺纹和圆弧面等。

2．如何绘制零件图可以清楚地表达回转类零件的内部结构？简述图 2–3 所示回转类零件内孔中槽的作用。

a）

b）

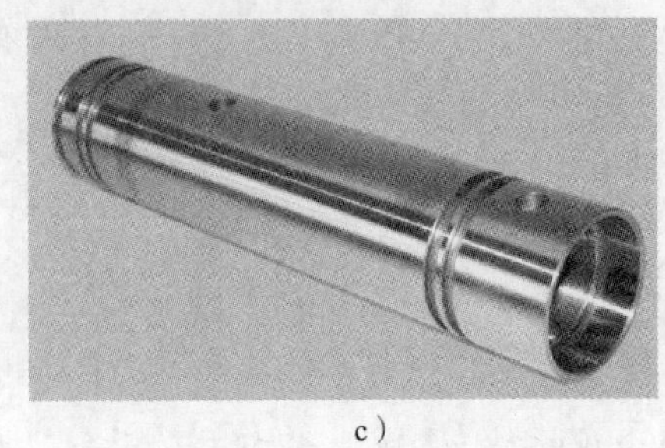
c）

图 2–3　回转类零件

要清楚地表达回转类零件的内部结构，可以采用剖视图。零件内孔中槽的主要作用是润滑。

3．台阶套零件图中的几何公差

（1）简述以下两种几何公差在台阶套零件图中的具体含义。

| ◎ | ϕ0.05 | A |：被测要素 $\phi 24^{+0.033}_{0}$ mm 内孔中心线相对于基准要素 A（$\phi 20^{+0.033}_{0}$ mm 内孔中心线）的同轴度要求为 0.05 mm。

| ⊥ | 0.02 | A |：被测要素台阶套右侧端面相对于基准要素 A（$\phi 20^{+0.033}_{0}$ mm 内孔中心线）的垂直度要求为 0.02 mm。

（2）简述图 2–4 所示轴向圆跳动公差和端面对轴线的垂直度公差的区别。

轴向圆跳动是当零件绕基准轴线无轴向移动回转时，所要求的端面上任一测量直径处的轴向跳动量；端面对轴线的垂直度是整个端面的垂直度误差。如果端面为一个向同一方向倾斜的表面，则以上两者相同；但如果端面为向中心内凹的表面，则轴向圆跳动为零，而此时端面对轴线的垂直度不为零。

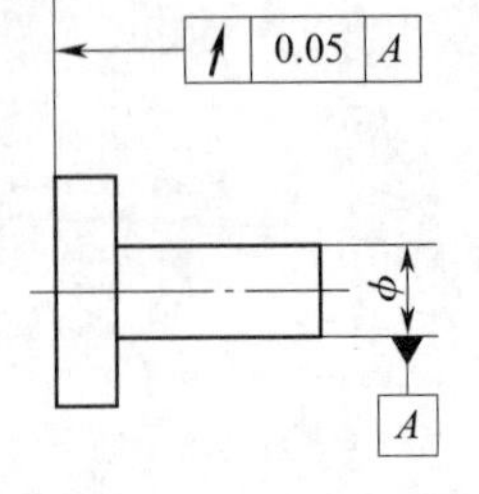

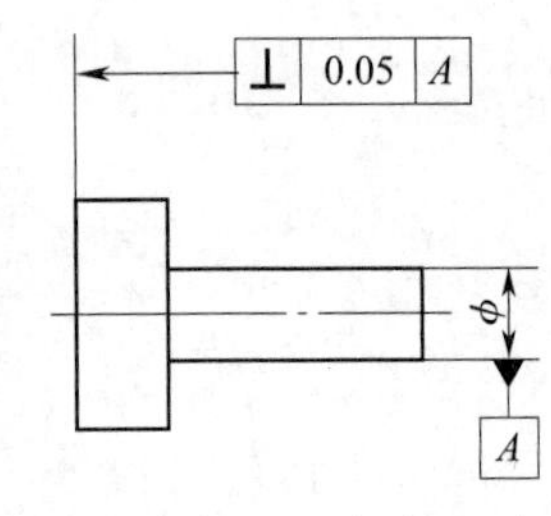

图 2–4　轴向圆跳动公差和端面对轴线的垂直度公差

4．识读台阶套零件图，简述本次任务中台阶套零件的主要加工内容和加工要求。

本次台阶套零件的主要加工内容有内孔、外圆和端面等。

本次台阶套零件的主要加工要求有外圆和内孔直径的尺寸公差要求、外圆和内孔长度的尺寸公差要求、几何公差（垂直度和同轴度）要求、表面粗糙度要求等。

5．本次任务中台阶套零件的两内孔为平行孔系且为通孔，查阅资料，分别指出下列图形中孔的形式。

（1）指出图 2–5 所示内孔的形式。

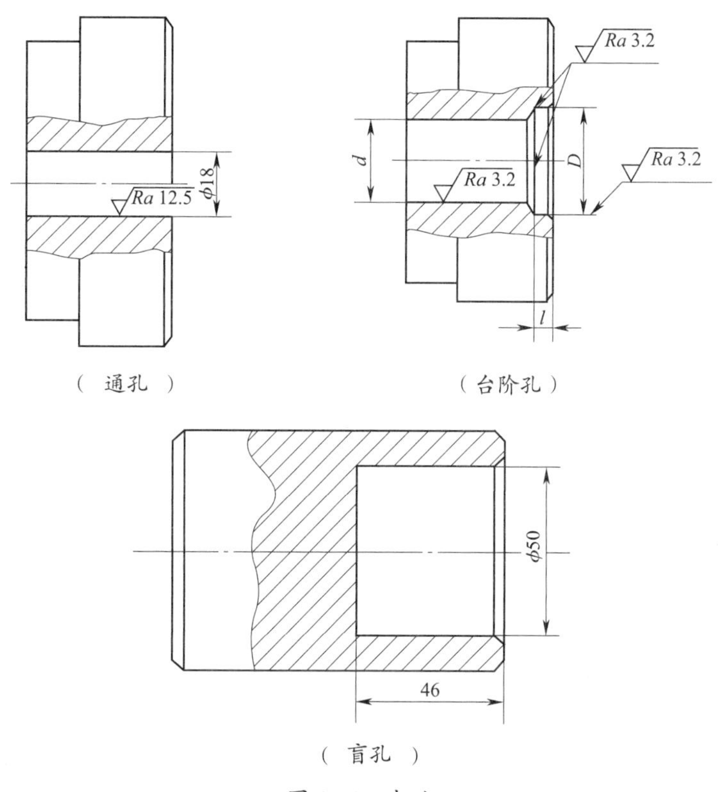

图 2–5　内孔

（2）指出图 2–6 所示内孔孔系的形式。

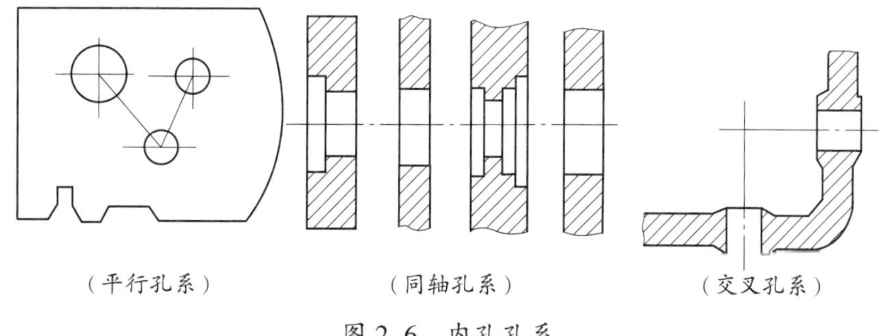

图 2–6　内孔孔系

三、识读台阶套加工工艺卡（表 2–2）

表 2–2　　台阶套加工工艺卡

（单位名称）		加工工艺卡	产品名称		图号			
			零件名称	台阶套	数量	50	第 1 页	
材料种类	中碳钢	材料成分	45 钢	毛坯尺寸	ϕ50 mm × 75 mm		共 1 页	
工序号	工序内容	车间	设备	夹具	量具	刃具	计划工时	实际工时
01	下料，ϕ50 mm × 75 mm 圆棒料	下料	锯床	机用虎钳	游标卡尺	锯条		
10	车台阶套右端	车	车床	三爪自定心卡盘	游标卡尺、千分尺、内径百分表	外圆车刀、端面车刀、麻花钻、车孔刀、铰刀		
20	车台阶套左端	车	车床	三爪自定心卡盘	游标卡尺、千分尺	外圆车刀、端面车刀		
30	检验	检验室		平板、V 形架	游标卡尺、千分尺、内径百分表、磁性表座			
更改号		拟定		校正	审核		批准	
更改者								
日　期								

1．为保证图 2–1 所示台阶套零件图中的两种几何公差，在加工时应采取怎样的加工工艺？

需两端掉头装夹加工。夹左端时加工右端，将所有内孔、右端端面、右端最大的 ϕ48 mm 外圆粗、精加工完毕，同时保证垂直度和同轴度要求后，掉头夹右端最大的 ϕ48 mm 外圆（需垫铜皮或用软爪装夹），找正后加工左侧外圆和端面，使精度达到图样要求。

2．根据台阶套的加工工序安排，简述工序的定义及划分原则，以及这样安排台阶套加工工序的原因。

工序是指一个或一组工人，在一个工作地对同一个或同时对几个工件所连续完成的那部分工艺过程。工序划分依据是工作地是否变动或工作是否连续，工序是组成工艺过程的基本单元。按表 2–2 编排台阶套加工工序，主要是为了满足图样要求，同时保证尺寸公差和几何公差的要求等。

3. 为进一步明确回转类零件剖视图的画法，请在下面位置 1 ∶ 1 绘制台阶套零件图。

学习活动2　工具、量具、夹具、刃具的准备

学习目标

1. 能根据现场条件，查阅资料，确定符合台阶套零件加工技术要求的工具、量具、夹具、刃具、辅具及切削液。

2. 能叙述麻花钻的分类、材料和几何形状参数，明确钻削用量和钻孔方法。

3. 能叙述内孔车刀的几何形状和刃磨方法。

4. 能叙述铰刀的几何形状、分类以及铰削余量的确定和铰削方法。

5. 能按照规范的刃磨方法，安全地刃磨车削台阶套所用的刀具。

6. 能根据台阶套零件图和加工工艺卡，合理选择检测工具和量具。

7. 能叙述内径百分表的结构和测量原理，并根据加工实际情况调整内径百分表，以满足测量需要。

8. 能主动获取有效信息，展示工作成果，对学习与工作进行反思总结，并能与他人开展良好合作，进行有效的沟通。

9. 能按要求正确、规范地完成本次学习活动工作页的填写。

建议学时：8学时。

学习过程

一、工具、量具、刃具清单

填写表 2–3 工具、量具、刃具清单，并领取本次任务相关的工具、量具、刃具。

表 2–3　　工具、量具、刃具清单

序号	工具、量具、刃具名称	规格	数量	领用人
1	90° 外圆车刀	/		
2	45° 端面车刀	/		
3	ϕ 16 mm 麻花钻	ϕ 16 mm		
4	内孔车刀	内孔车刀 （加工 $\phi\,24^{+0.033}_{0}$ mm × 34 mm 内孔）		
5	ϕ 19.8 mm 麻花钻	ϕ 19.8 mm		
6	ϕ 20 mm 铰刀	ϕ 20 mm		
7	游标卡尺	0 ～ 200 mm		
8	千分尺	0 ～ 25 mm、25 ～ 50 mm		
9	内径百分表	18 ～ 35 mm		

二、刃具、量具的准备

在本次任务中，按照刃磨麻花钻、刃磨内孔车刀、选择铰刀的顺序开展刃具的准备工作，并对刃磨好的刀具进行试切削。

1．本次任务中麻花钻的准备

（1）本次台阶套加工任务中，首先需要对内孔进行钻削加工，而麻花钻是钻孔的常用刀具，如图 2–7 所示为利用麻花钻钻孔的工序流程图。

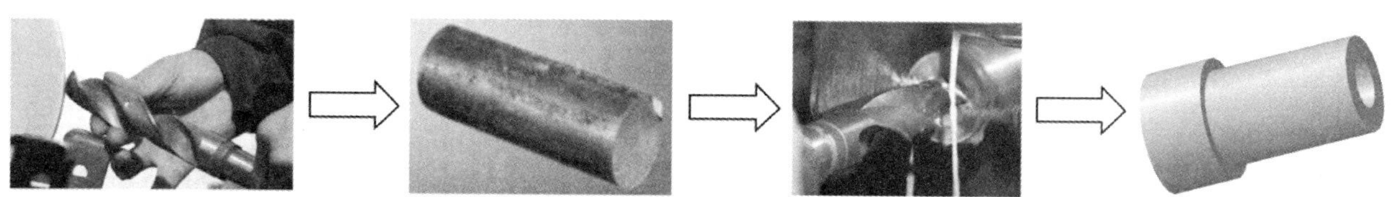

图 2–7　钻孔工序流程图

1）列举常见的麻花钻类型。

按形状分，麻花钻分为直柄麻花钻、锥柄麻花钻等；按材质分，麻花钻分为高速钢麻花钻、硬质合金麻花钻等。

2）你知道“钻头大王”倪志福吗？请在互联网上搜索关键词“群钻”，收集关于他的事迹。

3）指出图 2–8 所示麻花钻中各部分的作用。

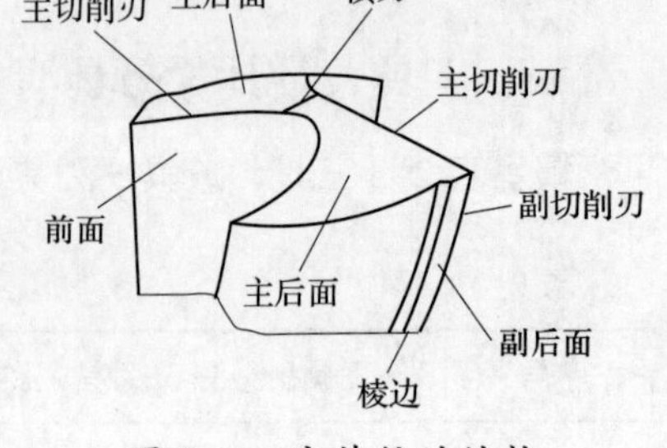

图 2–8　麻花钻的结构

前面：刀具上切屑流过的表面，影响刀具的锋利性和刀头强度。

主后面：与工件上过渡表面相对的刀面，影响刀具的锋利性和刀头强度。

副后面：与工件上已加工表面相对的刀面，影响刀具和工件的摩擦。

主切削刃：前面和主后面的相交部位，担负主要的切削工作。

副切削刃：前面和副后面的相交部位，配合主切削刃完成少量的切削工作。

横刃：起到定心和影响钻孔轴向力的作用。

棱边：在钻削过程中起到保持钻削方向、修光孔壁的作用。

4）指出图 2–9 所示麻花钻中各角度的定义和作用。

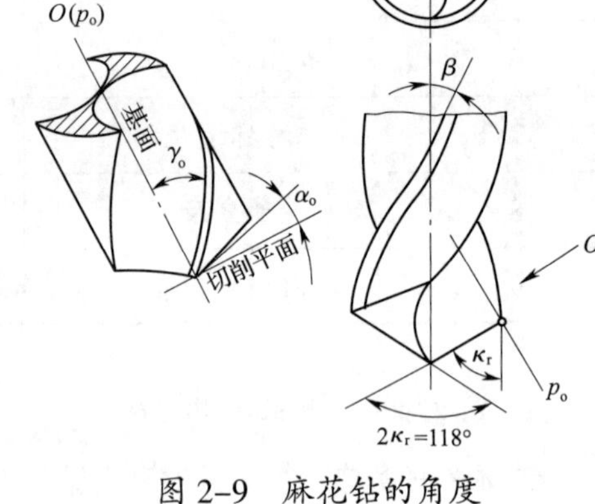

图 2–9　麻花钻的角度

α_o是 后 角，定义是 在假定工作平面内测量的切削平面与主后面之间的夹角 。

作用是 影响麻花钻主后面与切削平面的摩擦力的大小 。

γ_o是 前 角，定义是 在正交平面内测量的前面与基面之间的夹角 。

作用是 决定切除材料时的难易程度和切屑在前面上摩擦阻力的大小 。

β是 螺旋 角，定义是 螺旋槽上最外缘的螺旋线展开成直线后与轴线之间的夹角 。

作用是 影响排屑情况，是钻头的轴向前角 。

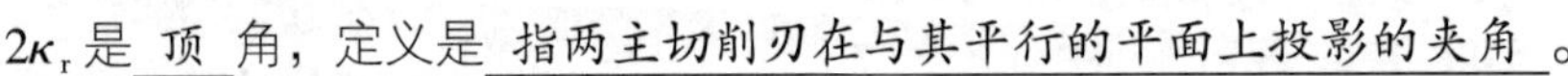

$2\kappa_r$是 顶 角，定义是 指两主切削刃在与其平行的平面上投影的夹角 。

作用是 定心和影响钻孔轴向力 。

ψ是 横刃斜 角，定义是 在垂直于钻头轴线的端面投影图中，横刃与主切削刃之间的夹角 。

作用是 影响钻孔轴向力 。

5）说明麻花钻顶角大小对切削刃和加工的影响，填入表 2–4 中。

表 2–4　麻花钻顶角大小对切削刃和加工的影响

顶角	$2\kappa_r > 118°$	$2\kappa_r = 118°$	$2\kappa_r < 118°$
图示	>118°　凹形切削刃	118°　直线形切削刃	凸形切削刃　<118°

续表

两主切削刃的形状	凹曲线	直线	凸曲线
对加工的影响	主切削刃短，定心差，钻出的孔容易扩大，但顶角大，前角也增大，切削省力	为标准麻花钻，两主切削刃为直线	主切削刃长，定心好，钻出的孔容易缩小，但顶角小，前角也减小，切削费力
适于加工的材料	加工硬铸铁、不锈钢、耐热钢等	钻软材料时顶角可取小些，钻硬材料时顶角可取大些	加工钢、铝、青铜等

（2）麻花钻的准备

1）本次台阶套加工任务中麻花钻的尺寸应如何确定？如图 2–10 所示，简述麻花钻刃磨的具体方法。

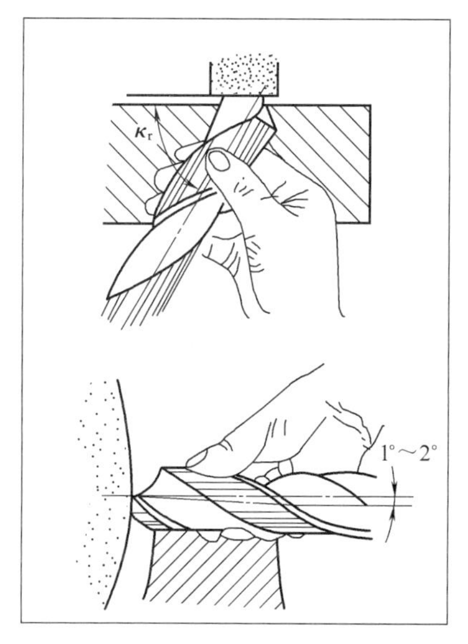

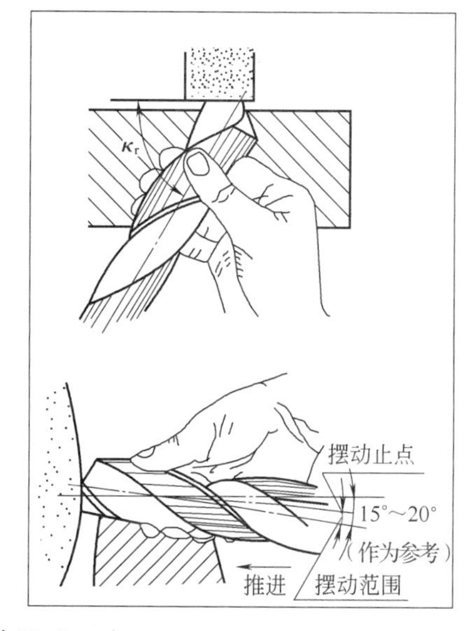

图 2–10　麻花钻的刃磨

本次孔加工，如采用钻（麻花钻）—扩（扩孔钻）—铰（铰刀）的加工方式，则可采用 ϕ16 mm 的麻花钻。

麻花钻的刃磨：麻花钻中心应高于砂轮中心，主切削刃保持在水平位置。麻花钻中心线与砂轮外缘表面的夹角约为 59°，同时麻花钻柄部略向下倾斜。刃磨时，切削刃轻微接触砂轮，稍加压力上、下（15° ~ 20°）摆动钻头，同时顺时针方向轻微转动钻头，磨出后角。放松压力，麻花钻柄部向上并逆时针方向转动复位，重复刃磨动作 4 ~ 5 次直至磨出一个切削刃。钻头转过 180° 刃磨另一个切削刃。

麻花钻刃磨时的注意事项：刃磨钻头时，钻尾向上摆动，但不得高出水平线，以防磨出负后角。钻尾向下摆动幅度不能太大，以防磨掉另一条主切削刃。随时检查两主切削刃的刃长与钻头中心线的夹角是否对称。刃磨时应随时冷却，以防钻头刃口发热退火，降低硬度。初次刃磨时，应注意防止出现负后角。

2）简述本次台阶套加工任务中麻花钻角度（顶角）的检查方法。

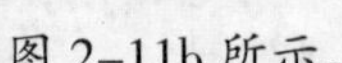

将麻花钻垂直放置于眼前等高的位置，目测检查，转动钻头，观察两切削刃的长短、高低及后角是否一致，如有偏差，修磨至一致为止，如图 2-11a 所示。也可用圆弧样板检查，如图 2-11b 所示。

a）

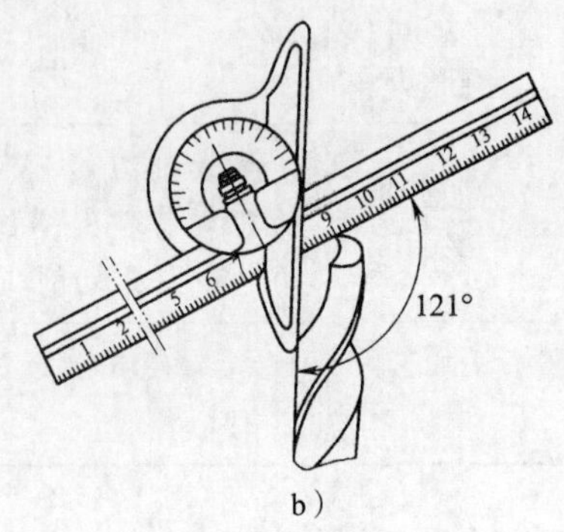

b）

图 2-11　麻花钻角度（顶角）的检查

3）指出图 2-12 麻花钻的刃磨缺陷以及对孔加工的影响。

图 2-12a 麻花钻刃磨缺陷的影响是：顶角不对称，易导致钻孔扩大或歪斜。

图 2-12b 麻花钻刃磨缺陷的影响是：切削刃长度不等，易导致钻孔扩大。

图 2-12c 麻花钻刃磨缺陷的影响是：顶角不对称和切削刃长度不等，易导致钻孔扩大或歪斜。

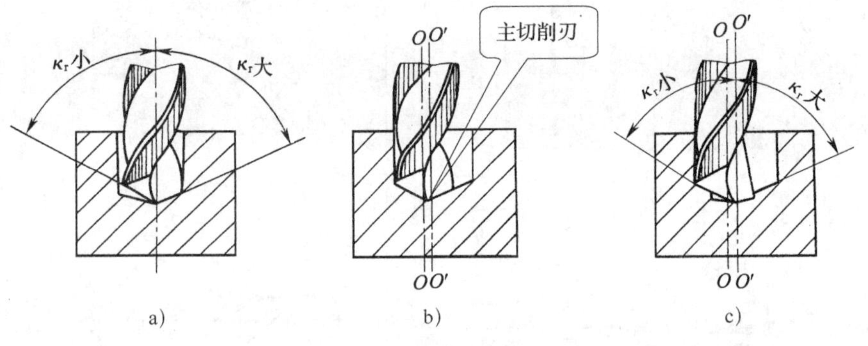

图 2-12　麻花钻的刃磨情况

（3）加工某些内孔时，钻孔完成后需要进行扩孔或铰孔加工，如在本次台阶套加工任务中加工内孔尺寸为 $\phi 20^{+0.033}_{0}$ mm 的孔。查阅资料，结合图 2-13 所示扩孔钻和扩孔加工，完成下列问题。

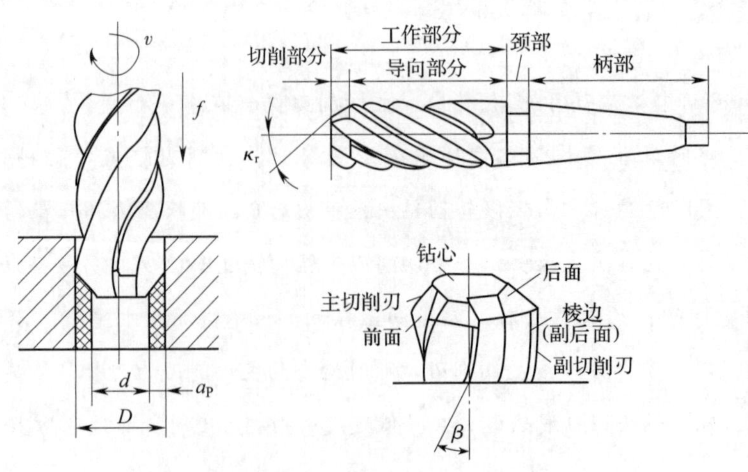

图 2-13　扩孔钻和扩孔加工

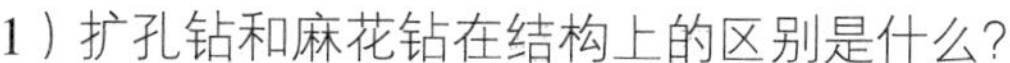

1）扩孔钻和麻花钻在结构上的区别是什么?

扩孔钻无横刃，刃齿比麻花钻多（一般有 3 ～ 4 个），导向性比麻花钻好。

2）简述扩孔钻的类型和使用场合。

扩孔钻有高速钢扩孔钻和硬质合金扩孔钻两种。扩孔钻无横刃，进给力小，加工余量小，切屑少，有修正能力，强度和刚度好，钻削时导向性好。扩孔精度可达 IT10 ～ IT11 级，表面粗糙度值可达 Ra 6.3 ～ 12.5 μm。

安全提示

1. 新安装的砂轮必须经过严格的检查。在使用前要检查砂轮外表面是否有裂纹，可用硬木轻敲砂轮，检查其声音是否清脆。如果有碎裂声必须重新更换砂轮。

2. 砂轮试转合格后才能使用。新砂轮安装完毕，先点动或低速试转，若无明显振动，再改用正常转速空转 10 min，情况正常后才能使用。

3. 砂轮安装后必须保证装夹牢靠，运转平稳。砂轮机启动后，应在砂轮旋转平稳后再进行刃磨。

4. 砂轮旋转速度应小于允许的切削速度。旋转速度过高会爆裂伤人；过低又会影响刃磨质量。

5. 若砂轮跳动明显，应及时修整。平形砂轮一般可用砂轮刀在砂轮上来回修整，杯形细粒度砂轮可用金刚石笔或硬砂条修整。

6. 使用平形砂轮时，应尽量避免在砂轮的侧面刃磨。

7. 刃磨时，不能用力太大，以防打滑伤手。

8. 建议先用废旧麻花钻练习刃磨。

9. 刃磨结束后，应关闭砂轮机电源。

（4）对麻花钻的刃磨质量进行评价，并完成表 2-5 的填写。

表 2-5　　麻花钻刃磨质量评价表

序号	考核项目		考核内容及要求	配分	评分标准	检测结果	得分
1	麻花钻	后角 α_o	10° ～ 14°（外圆处的圆周后角）	4	超差不得分		
2			不能为负值	3	不符合要求不得分		
3		顶角 $2\kappa_r$	118° ± 2°	4	超差不得分		
4			59° ± 1°	4	超差不得分		
5		横刃斜角 ψ	55° ± 2°	4	超差不得分		

续表

<table>
<tr><th>序号</th><th colspan="2">考核项目</th><th>考核内容及要求</th><th>配分</th><th>评分标准</th><th>检测结果</th><th>得分</th></tr>
<tr><td>6</td><td rowspan="7">麻花钻</td><td rowspan="4">两主切削刃</td><td>长度相差≤ 0.1 mm</td><td>4</td><td>超差不得分</td><td></td><td></td></tr>
<tr><td>7</td><td>平直无锯齿</td><td>6</td><td>不符合要求不得分</td><td></td><td></td></tr>
<tr><td>8</td><td>局部不能有磨损</td><td>6</td><td>不符合要求不得分</td><td></td><td></td></tr>
<tr><td>9</td><td>不能退火</td><td>6</td><td>不符合要求不得分</td><td></td><td></td></tr>
<tr><td>10</td><td>表面粗糙度</td><td>主后面 $Ra1.6$ μm（2 处）</td><td>8</td><td>不符合要求不得分</td><td></td><td></td></tr>
<tr><td>11</td><td rowspan="2">修磨横刃</td><td>修磨后的横刃长度为原长的 1/5 ～ 1/3</td><td>6</td><td>不符合要求不得分</td><td></td><td></td></tr>
<tr><td>12</td><td>横刃处的前角（2 处）</td><td>6</td><td>不符合要求不得分</td><td></td><td></td></tr>
<tr><td rowspan="3">13</td><td colspan="2" rowspan="3">设备及工具、量具、刃具的合理使用与维护</td><td>正确、规范地使用工具、量具、刃具，合理保养及维护工具、量具、刃具</td><td rowspan="3">24</td><td rowspan="3">不符合要求酌情扣分</td><td></td><td></td></tr>
<tr><td>正确、规范地使用设备，合理保养及维护设备</td><td></td><td></td></tr>
<tr><td>操作姿势、动作正确</td><td></td><td></td></tr>
<tr><td rowspan="3">14</td><td colspan="2" rowspan="3">安全文明生产</td><td>严格遵守国家颁布的相关法规或企业相关规定</td><td rowspan="3">15</td><td>一项不符合规定扣 2 分</td><td></td><td></td></tr>
<tr><td>操作正确，符合工艺规程</td><td>一处不符合要求扣 2 分</td><td></td><td></td></tr>
<tr><td>无其他缺陷</td><td>不符合要求从总分中扣 1 ～ 10 分</td><td></td><td></td></tr>
<tr><td colspan="3">总分</td><td colspan="5"></td></tr>
<tr><td colspan="3">指导教师评价</td><td colspan="5">指导教师：　年　月　日</td></tr>
</table>

2．本次任务中内孔车刀的准备

本次任务要求明确内孔车刀的刃磨方法，并利用内孔车刀进行试车孔，以验证内孔车刀的刃磨质量。内孔车刀刃磨要求如图 2–14 所示。

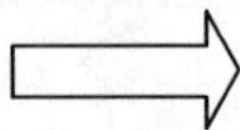

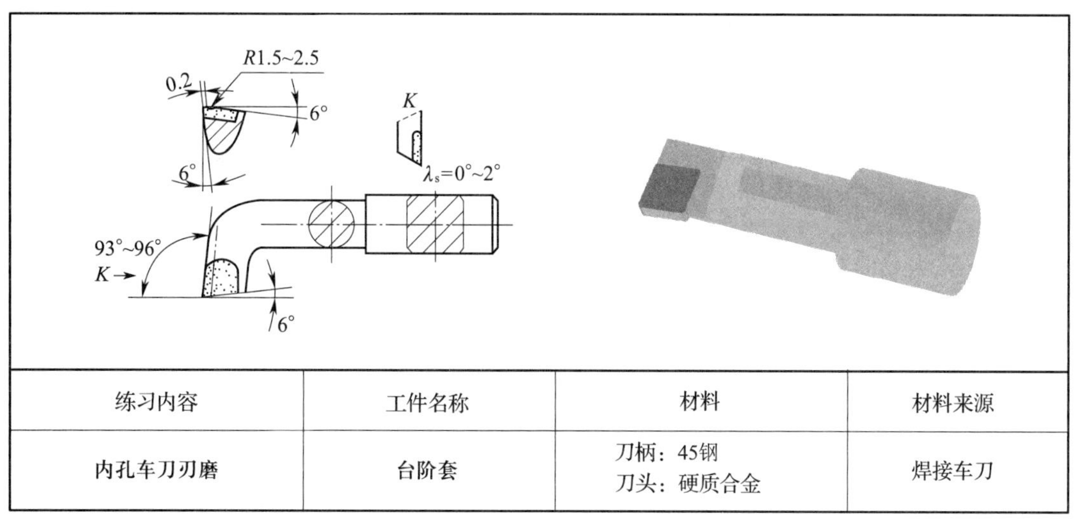

练习内容	工件名称	材料	材料来源
内孔车刀刃磨	台阶套	刀柄：45钢 刀头：硬质合金	焊接车刀

图 2–14　内孔车刀刃磨要求

如图 2–15 所示为学习内孔车刀知识与刃磨技能时的步骤。

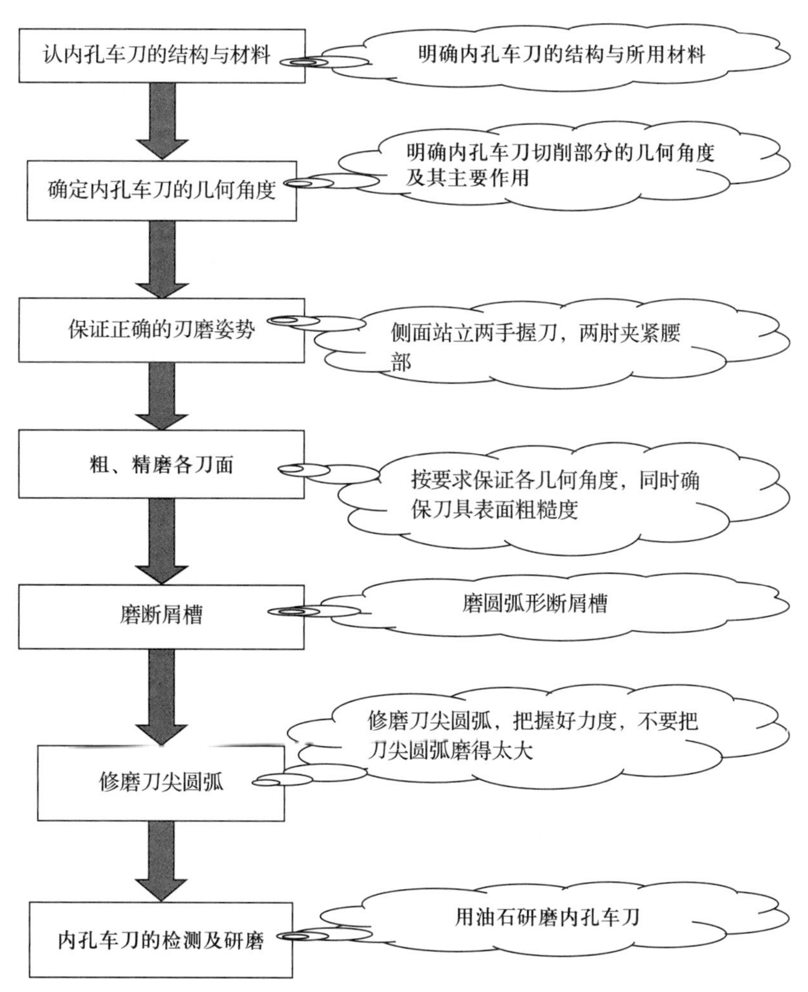

图 2–15　学习内孔车刀知识与刃磨技能的步骤

（1）本次台阶套加工任务中 $\phi 24_{0}^{+0.033}$ mm 的孔由内孔车刀（镗刀）完成加工，内孔车刀是实现内孔加工的常用刀具。

1）内孔车刀的特点及应用

简述内孔车刀的主要应用场合，及其所能达到的尺寸精度和表面粗糙度。

①主要应用场合：用于内孔零件的粗加工、半精加工和精加工。

②尺寸精度和表面粗糙度：尺寸精度达 IT8 ~ IT7 级，表面粗糙度值达 *Ra* 3.2 ~ 1.6 μm，精细车削时可以达到更小的表面粗糙度值，如 *Ra* 0.8 μm。

2）如图 2-16 所示，简述本任务中内孔车刀的主要角度，以及它们分别在哪个辅助平面中测量。

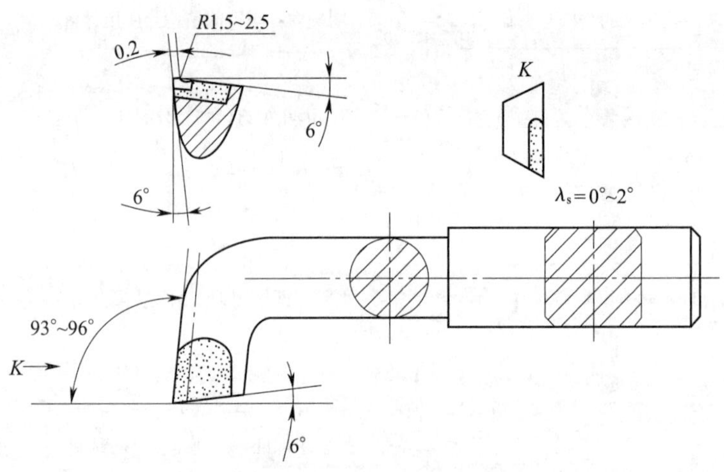

图 2-16　内孔车刀的角度

前角 γ_o：＿前面＿与＿基面＿的夹角，在＿主切削平＿面中测量，其值是＿6°＿。

主后角 α_o：＿主后面＿与＿副切削平面＿的夹角，在＿主切削平＿面中测量，其值是＿6°＿。

主偏角 κ_r：＿主切削刃在基面上的投影＿与＿进给运动方向＿的夹角，在＿基＿面中测量，其值是＿93° ~ 96°＿。

副偏角 κ_r'：＿副切削刃在基面上的投影＿与＿背离进给运动方向＿的夹角，在＿基＿面中测量，其值是＿6°＿。

刃倾角 λ_s：＿主切削刃＿与＿基面＿的夹角，在＿副切削平＿面中测量，其值是＿0° ~ 2°＿。

3）内孔车刀的分类

如图 2-17 所示为两种内孔车刀，简述两者的区别。

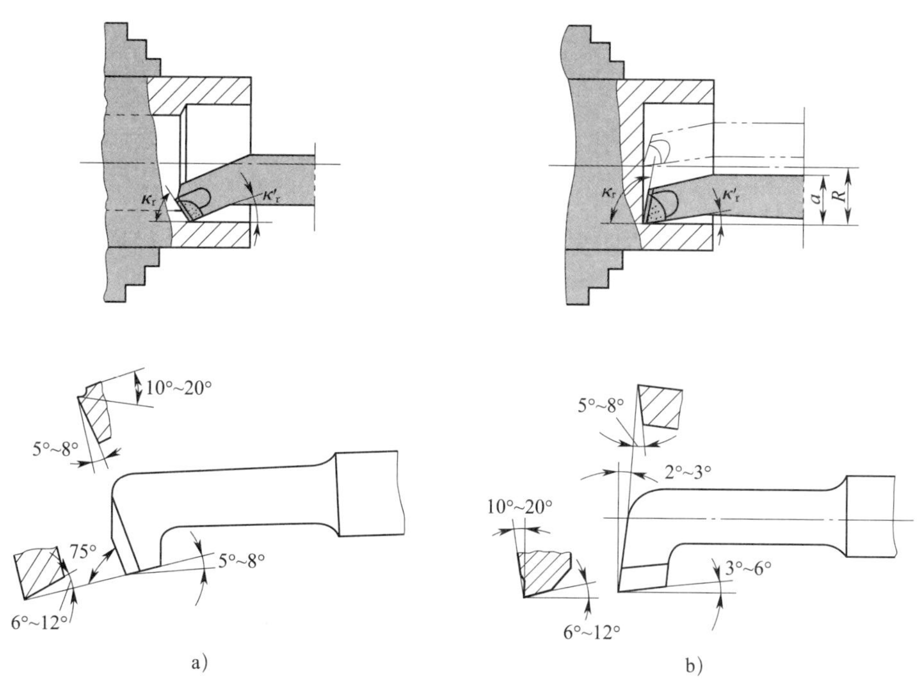

图 2–17　两种内孔车刀

图 2–17a 为 通孔 车刀，适合加工 通 孔。

图 2–17b 为 盲孔（不通孔） 车刀，适合加工 盲孔 孔。

以上两种内孔车刀的主偏角不相等，通孔车刀的主偏角小于 90°，盲孔车刀的主偏角大于 90°。盲孔车刀刀尖在刀杆的最前端，刀尖与导杆外端的距离 a 应小于内孔半径 R，否则孔的底面就无法车平。

4）内孔车刀刀头材料的选择

加工不同材料的零件所选用的刀具材料也不同，在本次加工任务中台阶套的材料是 45 钢，一般情况下会选择硬质合金作为刀头材料，常见内孔车刀硬质合金刀头材料主要有钨钴类硬质合金（YG）、钨钴钛类硬质合金（YT）和添加稀有金属的硬质合金，例如钨钽（铌）钴类硬质合金（YA）和钨钛钽（铌）钴类硬质合金（YW）。

①简述常见内孔车刀硬质合金刀头材料的组织成分和应用范围。

a．钨钴类硬质合金类（YG）

组织成分：碳化钨（WC）+ 钴（Co）。

应用范围：主要用于加工铸铁、青铜等脆性材料，不适合加工钢材，因为钨钴类硬质合金在 640 ℃时会发生严重黏结，使刀具磨损，耐用度下降。

b．钨钴钛类硬质合金类（YT）

组织成分：硬质相（WC+ 碳化钛 TiC）+ 黏结相（Co）。

应用范围：主要用于加工钢材及有色金属，一般不用于加工含钛（Ti）的材料，如 1Cr15Ni9Ti，因为 Ti 的亲和力较大，刀具磨损较快。

c．添加稀有金属的硬质合金（YA 或 YW）

组织成分：钨钽（铌）钴类硬质合金（YA）和钨钛钽（铌）钴类硬质合金（YW）是在钨钴钛类硬质合金（YT）中加入碳化钽（TaC）。

应用范围：可以用于加工铸铁及有色金属，也可用于加工钢材，因此常称为通用硬质合金，用于加工难加工的材料。

②对于同一种刀头材料的内孔车刀，其牌号不同，性能和加工特性也有很大的不同。对比不同牌号的 YG 和 YT 类硬质合金内孔车刀刀头材料，判断其适用场合，完成表 2–6 的填写（在对应栏内打“√”）。

表 2–6　不同牌号硬质合金内孔车刀刀头材料的适用场合

适用场合	牌号					
	钨钴类硬质合金类（YG）			钨钴钛类硬质合金类（YT）		
	YG3	YG6	YG8	YT5	YT15	YT30
粗加工			√	√		
半精加工		√			√	
精加工	√					√

（2）内孔车刀的刃磨

1）填写表 2–7 内孔车刀刃磨过程。

表 2–7　内孔车刀刃磨过程

步骤	刃磨内容	图示
粗磨前面	刃磨要求：去除焊渣，控制前角为 0° 刃磨方法：左手捏住刀头，右手握刀柄，使刀柄保持平直，磨出前面	

续表

步骤	刃磨内容	图示
粗磨主后面	刃磨要求：去除焊渣，控制主后角为 0° 刃磨方法：右手捏住刀头，左手握刀柄，刀柄保持平直，磨出主后面	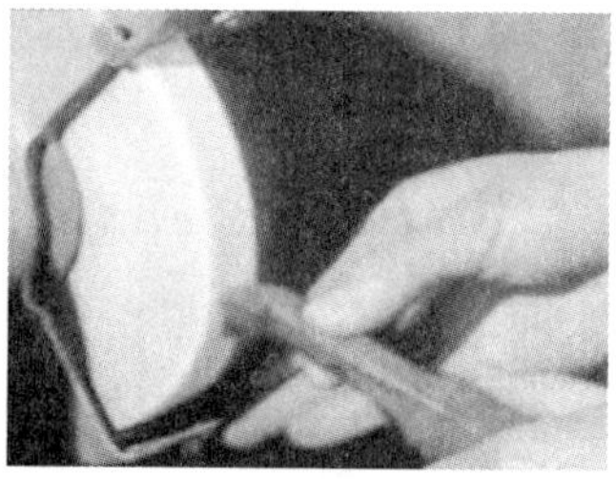
粗磨副后面	刃磨要求：去除焊渣，控制副后角为 0° 刃磨方法：右手捏住刀头，左手握刀柄，刀柄保持平直，磨出副后面	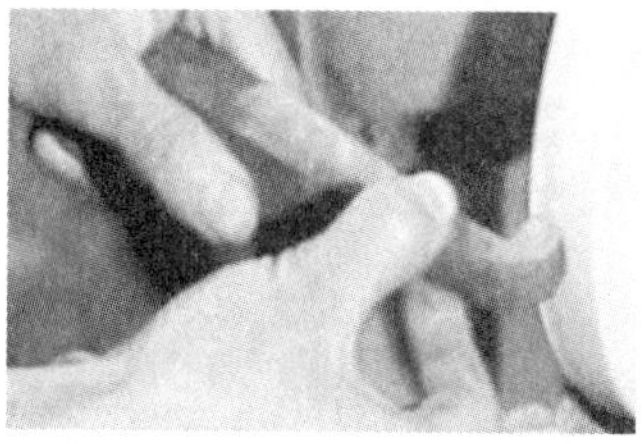
粗、精磨前角	刃磨要求：刃磨出前面的断屑槽，控制断屑槽处的前角为 10° ~ 20° 刃磨方法：右手捏住刀头，左手握刀柄，磨出前面处的断屑槽	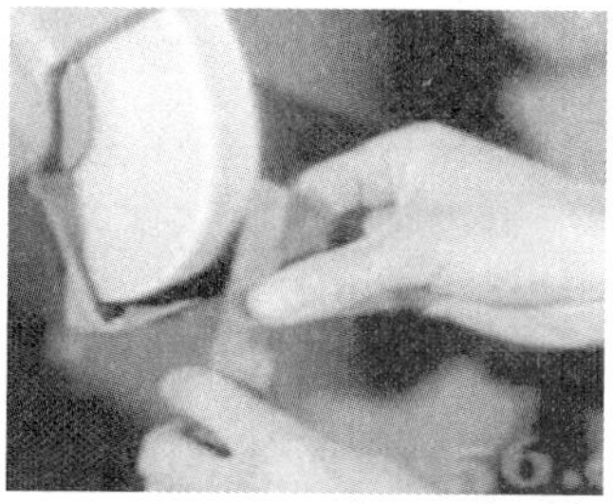
精磨主后面、副后面	刃磨要求：控制主后角为 5° ~ 8°，控制副后角为 6° ~ 12° 刃磨方法：右手捏住刀头，左手握刀柄，刀柄保持平直，磨出主后面、副后面	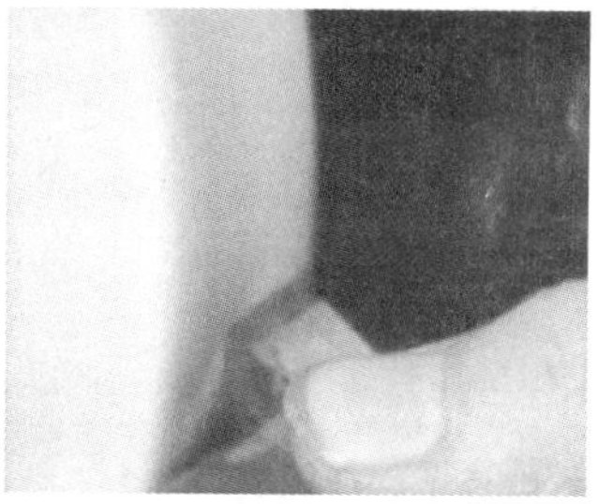
修磨刀尖圆弧	刃磨要求：刃磨出刀尖圆弧 刃磨方法：右手捏住刀头，左手握刀柄，左手均匀旋转，刀尖轻触砂轮，修磨刀尖圆弧	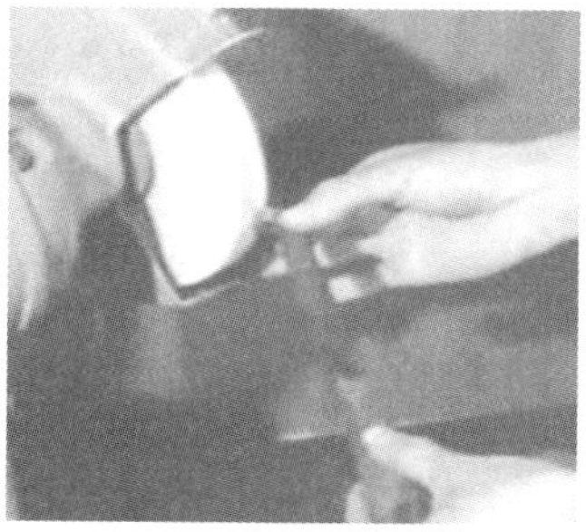

安全提示

1. 车刀刃磨时，不能用力太大，以防打滑伤手。
2. 刃磨内孔车刀断屑槽前，应先将砂轮边缘处修整为小圆角。

3. 断屑槽不能磨得太宽，以防车孔时排屑困难。

4. 先磨练习刀，再磨硬质合金内孔车刀。

5. 结束后，应关闭砂轮机电源。

2）填写表 2–8 内孔车刀刃磨检测表，分析造成不合格项目的原因并提出改进措施。

表 2–8 内孔车刀刃磨检测表

检测内容	检测所用方法	检测结果	是否合格
前角			
主后角			
副后角			
主偏角			
副偏角			
刀尖圆弧			
断屑槽			
切削刃直线度			
三个面的表面粗糙度			

分析造成不合格项目的原因：

改进措施：

指导教师意见：

3．本次任务中铰刀的准备

在本次台阶套加工任务中的内孔尺寸为 $\phi\ 20^{+0.033}_{0}$ mm，其尺寸精度高且为加工基准，而且该内孔比较深，受刀具刚度的影响不适合用内孔车刀来加工，因此，$\phi\ 20^{+0.033}_{0}$ mm 的孔需要铰削加工完成。

（1）铰刀

1）铰刀的特点及应用

简述铰刀的主要应用场合，及其所能达到的尺寸精度和表面粗糙度。

①主要应用场合：铰孔是使用铰刀从工件孔壁上去除微量金属层，以提高孔的尺寸精度并减小表面粗糙度值的孔加工方法，是重要的孔精加工的方法。铰孔不能校正上道工序孔的位置误差。铰孔前一般要经过半精车孔或扩孔，这样做的原因是一方面可以消除孔的垂直度误差，另一方面可以使铰孔时余量均匀，获得光洁的表面。

②尺寸精度和表面粗糙度：尺寸精度达 IT9 ~ IT6 级，表面粗糙度值达 *Ra* 1.6 ~ 0.8 μm，或达到更小的表面粗糙度值，如 *Ra* 0.4 μm。

2）图 2–18 所示为几种常用的铰刀及其结构组成，简述铰刀各部分的作用及图 2–18 所示四种铰刀的作用。

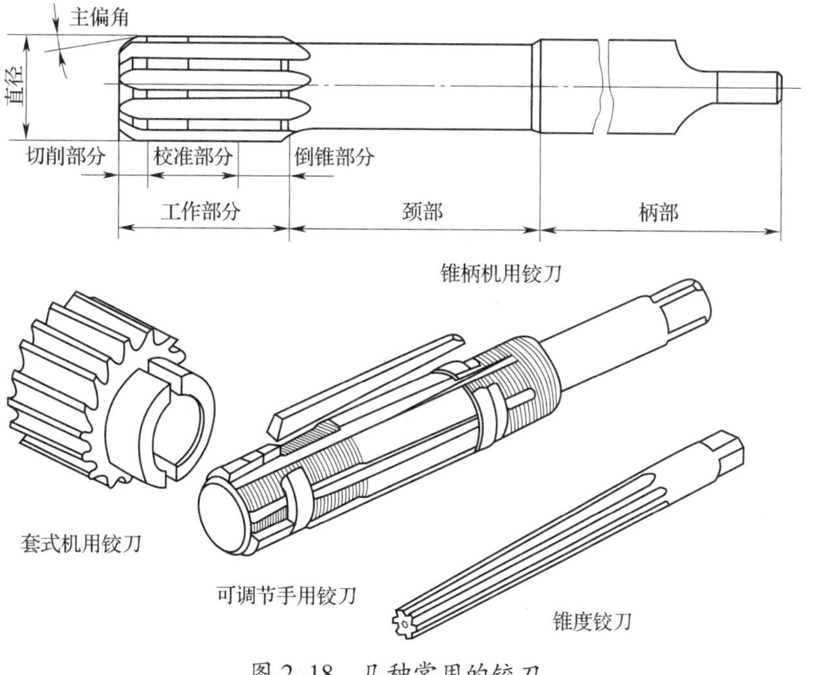

图 2–18　几种常用的铰刀

①铰刀的结构组成及各部分的作用：铰刀由工作部分、颈部和柄部组成。工作部分又分为切削部分、校准部分和倒锥部分。切削部分对手用绞刀起便于引入预制孔的作用，对机用铰刀则起切削作用；校准部分起导向、校准和修光的作用；倒锥部分可减小与孔壁的摩擦并起防止孔径扩大的作用。

②四种铰刀的作用

锥柄机用铰刀：常用的机用铰刀类型。

套式机用铰刀：常用于直径较大的孔的铰削。

可调节手用铰刀：径向尺寸可以调节的手用铰刀。

锥度铰刀：常用于铰削锥孔。

3）查阅资料，说明图 2–19 所示铰刀工作部分的前角、后角和主偏角的角度范围。

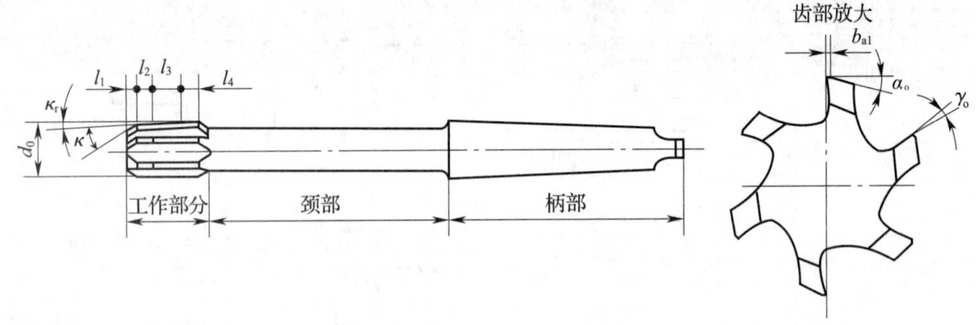

图 2–19　铰刀工作部分结构

前角一般为 0° ~ 4°；后角一般为 6° ~ 8°；机用铰刀加工钢材的通孔时主偏角取 12° ~ 15°，加工盲孔时主偏角取 45°，加工铸铁的通孔时主偏角取 3° ~ 5°。

（2）铰削余量和铰刀尺寸的确定

1）铰削余量的大小直接影响铰孔的质量，铰孔前余量一般为 <u>0.08 ~ 0.15 mm</u>，用高速钢铰刀铰削时余量取 <u>小</u> 些（填“大”或“小”），用硬质合金铰刀铰削时余量取 <u>大</u> 些（填“大”或“小”）。

2）铰刀的基本尺寸与孔基本尺寸相同，铰刀的公差是根据孔的精度等级、加工时可能出现的扩大量或收缩量及铰刀允许的磨损量来确定的。一般按下面的计算方法来确定铰刀的上偏差和下偏差。

上偏差 = <u>2/3× 被加工孔公差</u>

下偏差 = 1/3 × 被加工孔公差

3）加工台阶套零件 $\phi 20^{+0.033}_{0}$ mm 内孔时，采用“钻—扩—铰”的工序加工，麻花钻、扩孔钻和铰刀三种刀具的尺寸分别是多少？

麻花钻为 ϕ16 mm；扩孔钻为 ϕ19.9 mm；被加工孔公差为（0.033−0）mm=0.033 mm，铰刀上偏差为 2/3 × 0.033 mm=0.022 mm，下偏差为 1/3 × 0.033 mm=0.011 mm，因此铰刀尺寸为 $\phi 20^{+0.022}_{+0.011}$ mm。

4．用本次学习活动中刃磨好的麻花钻、内孔车刀等刀具进行试切削，检查是否能正常切削，如果出现问题，说明原因和解决办法。

5．台阶套零件内孔量具的准备

（1）检测内孔尺寸时应使用内径百分表，图 2–20 所示为内径百分表的结构，说明其常用规格、结构组成和测量原理，并简述内径百分表的测量步骤。

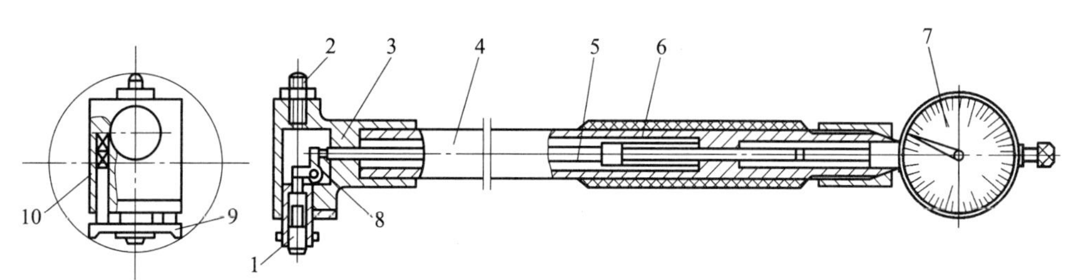

图 2–20　内径百分表的结构

常用规格：6 ~ 10 mm、10 ~ 18 mm、18 ~ 35 mm、35 ~ 50 mm、60 ~ 160 mm 等。

结构组成：百分表、夹紧装置、表架套杆、隔热手柄、活动量柱、固定量柱等。

测量原理及步骤：将百分表插入轴孔中，压缩百分表一圈，紧固。选取并安装可换测头，紧固。测量时手握隔热手柄。根据被测尺寸调整零位。用已知尺寸的环规或平行平面（千分尺）调整零位，以孔轴向的最小尺寸或平面间任意方向内均最小的尺寸对零位，然后反复测量同一位置 2 ~ 3 次，检查指针是否仍与零线对齐，如不齐则重调。为读数方便，可用整数来确定零位。测量时，摆动内径百分表，找到轴向平面的最小尺寸（转折点）来读数。测杆、测头、百分表等配套使用，不要与其他表混用。

（2）检测内孔几何误差时应使用杠杆百分表，如图 2–21 所示，简述杠杆百分表的测量范围、结构组成及使用注意事项。

测量范围：0 ~ 0.8 mm、0 ~ 1 mm、0 ~ 2 mm 等，杠杆百分表主要采用比较法测量工件尺寸，常用于零件的形状和位置误差等的测量，还可测量普通百分表难以测量的小孔、凹槽及一些空间尺寸。

结构组成：测头、测量杆、安装槽、指示表、表体等。

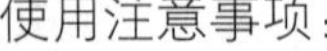

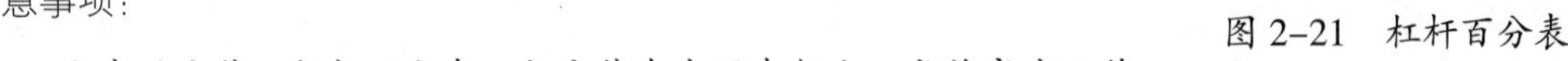

使用注意事项：

图 2–21　杠杆百分表

1）杠杆百分表的安装。杠杆百分表一般安装在专用表架上，或将高度尺作为表架使用，也可使用附件或另外购置的表架，使用前务必确定已安装好杠杆百分表。

2）正确选择测头长度。杠杆百分表的型号不同，测头的长度也不同。若使用了不是本型号匹配的测头，将会给测量结果带来很大的误差。因此，务必根据杠杆百分表的型号来对应使用测头。

3）使用或测试时，按压杠杆百分表测头的力不要过猛、过大，只能轻轻按压、缓缓松动。

4）杠杆百分表使用后，应立即将表架移开，不得使测头与被测表面一直接触，解除杠杆百分表的受力状态，以保持其精度。杠杆百分表使用后，应及时清洁，并从表架上拆下后放入量具盒内，也可不拆下与表架一起进行清洁保养。要轻拿轻放，不得撞击杠杆百分表，以免内部齿轮等部件损坏从而造成测量误差。

5）保持杠杆百分表密封，非计量人员不能拆卸杠杆百分表，以免使灰尘、油污、水等进入表壳内，导致杠杆百分表损坏。

6）杠杆百分表应放置于干燥、无振动、无磁性、无酸性、无腐蚀性气体的地方。

7）杠杆百分表应按计量器具周期送检，检测合格后才能使用。

学习活动3　台阶套的加工

学习目标

1. 能熟悉车间和工作区的范围及限制，理解企业对环境、安全、卫生和事故的预防标准。

2. 能检查工作区、设备、工具、材料的状况和功能。

3. 能正确识读台阶套加工工序卡，进一步明确台阶套的加工方法。

4. 能按台阶套零件图要求，测量毛坯外形尺寸，并判断毛坯是否有足够的加工余量。

5. 能检查车床功能情况，按车床操作规程进行加工前润滑、预热等准备工作。

6. 能正确、规范地装夹麻花钻、扩孔钻、铰刀以及内孔车刀等刀具。

7. 能正确、合理地选择麻花钻、扩孔钻、铰刀以及内孔车刀等刀具的切削用量。

8. 能利用内径百分表对加工孔径进行正确、规范的测量。

9. 能对台阶套零件的内孔尺寸进行控制。

10. 能明确切削液的种类和使用场合，正确选择本次任务要求的切削液。

11. 能进行自检，判断零件是否合格。

12. 能严格按照车间现场管理规定，正确、规范地操作机床。

13. 能对车床进行维护和保养，按“6S”管理规定清理现场。

14. 能按车间现场管理规定和产品加工工艺流程的要

求，正确放置台阶套零件并进行质量检测和确认。

15. 能按照国家环保相关规定和车间要求，正确处置废油液等废弃物。

16. 能按产品加工工艺流程和车间要求，进行产品交接并规范填写交接班记录表。

17. 能主动获取有效信息，展示工作成果，对学习与工作进行反思总结，并能与他人开展良好合作，进行有效的沟通。

18. 能按要求正确、规范地完成本次学习活动工作页的填写。

建议学时：36 学时。

学习过程

一、熟悉工作环境

熟悉车间和工作区的范围及限制，理解企业对环境、安全、卫生和事故的预防标准。

二、制定加工步骤

1．步骤一：台阶套零件的钻孔加工

（1）在本次台阶套零件钻孔时，选择乳化液对麻花钻进行冷却和润滑。对于不同的刀具类型和工件材料，选择的切削液是不同的。正确选择加工不同材料时所用的切削液，并完成表 2–9 的填写。

表 2–9 选择加工不同材料时麻花钻所用的切削液

麻花钻种类	加工材料					
	低碳钢	中高碳钢	合金钢、不锈钢	铸铁	铝合金	铜合金
高速钢麻花钻选用的切削液	乳化液	乳化液	乳化液（积压乳化液或积压切削油）	一般不加，或可用黏度较小的煤油连续、充分浇注	一般不加，或可用黏度较小的煤油连续、充分浇注	用煤油或黏度较小的切削油
镶硬质合金麻花钻选用的切削液	一般不加，或可用切削液（乳化液）连续、充分浇注	一般不加，或可用切削液（乳化液）连续、充分浇注	一般不加，或可用切削液（乳化液）连续、充分浇注	一般不加，或可用黏度较小的煤油连续、充分浇注	一般不加，或可用黏度较小的煤油连续、充分浇注	一般不加，或可用煤油或黏度较小的切削油连续、充分浇注

（2）钻孔时切削用量的选择

1）钻孔切削用量的确定

①背吃刀量：一般取 a_p= 钻头直径的一半 。

②钻削速度：根据钻削材料、麻花钻直径确定钻削速度，一般取 v_c= $\pi Dn/1\,000$（m/min） 。

③进给量：根据手感力度确定进给量大小，一般取 f= 0.1 ~ 0.3 mm/r 。

2）若本次台阶套加工中选用直径为 16 mm 的麻花钻钻孔，工件材料为 45 钢，车床主轴转速为 400 r/min，求背吃刀量 a_p 和切削速度 v_c。

背吃刀量 a_p = 16 mm/2=8 mm

切削速度 $v_c = \pi Dn/1\,000 = \dfrac{3.14\times 16\text{ mm}\times 400\text{ r/min}}{1\,000} \approx 20.1\text{ m/min}$

操作提示

钻孔注意事项

1. 钻孔前应先车平端面，防止钻头摆动而折断。

2. 麻花钻将要钻透工件时（进给手感轻松）进给量要小。

3. 麻花钻钻进 1 ~ 2 mm 时要停车测量孔径，防止轴线偏离。

4. 钻削前要检查钻头是否弯曲，钻头、钻夹头柄部及钻套是否干净，防止钻削时孔径扩大或钻柄在尾座套筒内打滑。

2．步骤二：台阶套零件的铰孔加工

（1）台阶套零件中 $\phi\,20^{+0.033}_{0}$ mm 的内孔采用“钻—扩—铰”的工序加工，若加工时不注意，铰出的孔会产生质量问题，分析铰孔时产生废品的原因及预防方法，并完成表 2-10 的填写。

表 2-10　铰孔时产生废品的原因及预防方法

铰孔时产生废品的种类	产生原因（列举至少 3 种）	预防方法
孔径扩大	1. 铰刀直径太大 2. 尾座偏移，铰刀中心与孔中心不重合 3. 切削速度太高，产生积屑瘤，使铰刀温度升高	1. 仔细测量尺寸，根据孔径尺寸要求来研磨铰刀 2. 校正尾座，使其对中，宜采用浮动套筒校正 3. 降低切削速度，加注充分的切削液
表面粗糙度大	1. 铰刀切削刃不锋利或切削刃上有毛刺 2. 加工余量过大或过小 3. 切削速度太高，产生积屑瘤	1. 重新刃磨铰刀，表面粗糙度值要小，刃磨后妥善保管，避免碰毛 2. 留适当的铰削余量 3. 降低切削速度，用油石把积屑瘤从切削刃上磨去

（2）在本次台阶套铰孔时，选择乳化液对铰刀进行冷却和润滑，以保证孔径表面的光洁。对于不同的刀具类型和工件材料，选择的切削液是不同的。查阅资料，正确选择加工不同材料时所用的切削液，完成表 2–11 的填写。

表 2–11　　选择加工不同材料时铰刀所用的切削液

铰刀	加工材料		
	钢件	铸铁	青铜或铝合金
选用的切削液	新铰刀用 10% ~ 15% 的乳化液；旧铰刀用油类切削液	煤油	2 号锭子油或煤油

（3）填写表 2–12 切削液对铰孔质量的影响。

表 2–12　　切削液对铰孔质量的影响

切削液的性质	孔径变化情况	表面粗糙度值
水溶性切削液（乳化液）	变小	较小
机油、柴油、煤油	变大	较小（次之）
干铰	变大	最差

操作提示

铰通孔的方法

1. 摇动尾座手轮，使铰刀的引导部分轻轻进入孔口，深度 1 ~ 2 mm。

2. 启动车床，加注充分的切削液，双手均匀摇动尾座手轮，进给速度约 0.5 mm/r，均匀地进给至铰刀切削部分的 3/4 超出孔尾端时，再开始反向摇动尾座手轮，将铰刀从孔内退出。此时，工件应继续做主运动。

3. 将内孔擦净后，再检查孔径尺寸。

安全提示

铰孔注意事项

1. 选用铰刀时应检查刃口是否锋利，柄部是否光滑。

2. 铰孔时，铰刀的中心线必须与车床主轴轴线重合。

3. 根据选定的切削速度和孔径大小调整车床主轴转速。

4. 安装铰刀时，应注意锥柄和锥套的清洁。

5. 正式铰孔前应先试铰，以免造成废品。

6. 铰刀由孔内退出时，车床主轴应仍保持正转不变，不可反转，以防损坏铰刀刃口和加工表面。

3．步骤三：台阶套零件的车孔加工

台阶套零件中 $\phi 24^{+0.033}_{0}$ mm 的内孔是通过车孔来完成的。

（1）内孔车刀的装夹

内孔车刀的装夹直接影响到车削质量及孔的精度，装夹时应注意以下几点。

1）刀尖应与工件中心齐平。如果刀尖低于工件中心，如图 2–22b 所示，由于切削抗力的作用，容易将刀柄压低而产生“扎刀”现象，并可造成孔径扩大。如果刀尖装得高于工件中心，则实际后角减小，加剧刀具与工件的摩擦。

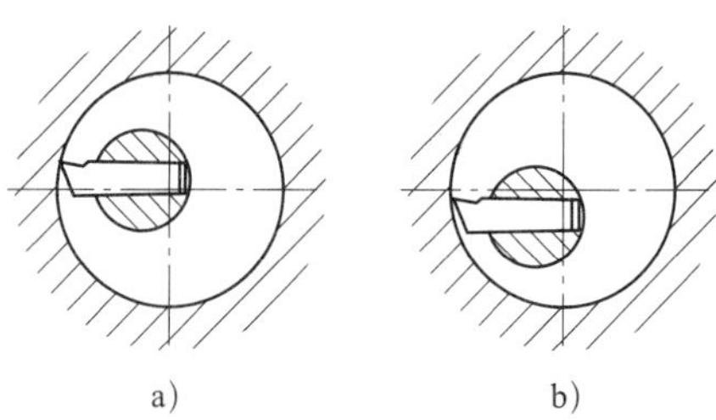

图 2–22　内孔车刀的装夹

a）刀尖高于工件中心　b）刀尖低于工件中心

2）刀柄伸出刀架不宜过长，一般比被加工孔长 3 ～ 5 mm。

3）刀柄应平行于工件轴线，否则 在车孔过程中刀柄容易与工件发生碰撞和摩擦 。

4）盲孔车刀装夹时，车刀的主切削刃应与孔底平面成 3° ～ 5° （填角度范围），并在车平孔底面时要留足够的横向退刀余地。

（2）车孔的关键技术

车孔的关键技术是要解决内孔车刀的刚度和排屑问题。试简述解决这两大关键技术应采取的措施。

增加内孔车刀刚度应采取的措施：增加刀柄的截面积，通常内孔车刀的刀尖位于刀柄的上面，这样刀柄的截面积较小，还不到孔截面积的 1/4，若使内孔车刀的刀尖位于刀柄的中心线上，那么刀柄在孔中的截面积增加。缩短刀柄伸出长度，以增加车刀刀柄刚度，减小切削过程中的振动。

改善内孔车刀排屑问题应采取的措施：精车孔时，采用正刃倾角的内孔车刀；车盲孔时，采用负刃倾角的内孔车刀，使切屑从孔口排出。

（3）内孔车削切削用量的确定

1）切削速度公式为 $v_c=\frac{\pi dn}{1\,000}$。在内孔车削时，式中 d 指的是： 内孔车刀刀尖处被加工孔的直径 ；n 指的是： 主轴转速（r/min） 。

2）若用硬质合金内孔车刀车台阶套零件中的 $\phi 24_{0}^{+0.033}$ mm 内孔，工件材料见表 2–13，分别确定在粗车和精车时相应的切削用量。

表 2–13　　确定切削用量

切削用量	45 钢			HT200			硬铝		
	v_c/（m/min）	a_p/mm	f/（mm/r）	v_c/（m/min）	a_p/mm	f/（mm/r）	v_c/（m/min）	a_p/mm	f/（mm/r）
粗车	70 ~ 200	2 ~ 4	0.15 ~ 0.3	80 ~ 200	2 ~ 4	0.3 ~ 0.5	90 ~ 230	1.5 ~ 3	0.2 ~ 0.4
精车	40 ~ 100	0.5 ~ 2	0.05 ~ 0.15	60 ~ 120	1 ~ 3	0.1 ~ 0.3	60 ~ 150	1 ~ 2	0.15 ~ 0.3

（4）查阅资料，分析套类零件加工时产生废品的原因及预防方法（每种原因至少写出两项），完成表 2–14 的填写。

表 2–14　　套类零件加工时产生废品的原因及预防方法

废品种类	产生原因	预防方法
尺寸超差	1. 车孔时没有仔细测量孔尺寸 2. 铰孔时，铰刀尺寸过大，尾座偏移	1. 仔细测量孔尺寸并进行试切削 2. 检查铰刀尺寸，找正尾座，采用浮动套筒
内孔有锥度	1. 车孔时，内孔车刀磨损，车床主轴轴线歪斜，床身导轨严重磨损 2. 铰孔时，孔口扩大，尾座偏移	1. 修磨内孔车刀，找正车床主轴轴线，修理车床 2. 找正尾座，采用浮动套筒
内孔表面粗糙度值大	1. 车孔时，内孔车刀磨损，导杆产生振动 2. 切削速度选择不当，产生积屑瘤	1. 修磨内孔车刀，采用刚度较大的导杆 2. 铰孔时，采用 5 m/min 以下的切削速度，充分加注切削液
同轴度、垂直度超差	1. 用一次安装的方法车削时，工件移位或机床精度不高 2. 用软爪装夹时，软爪尺寸不正确	1. 装夹牢固，减少切削用量，调整机床精度 2. 软爪应在车床上车出，其直径与工件装夹尺寸基本相同

安全提示

车孔注意事项

1. 中滑板进、退刀方向与车外圆时相反。

2. 精车内孔时，应保持切削刃锋利，否则因刀杆刚度低容易产生“让刀”现象，把孔车成锥形。

3. 车小内孔时，应注意排屑问题，否则由于内孔切屑阻塞，会造成内孔车刀产生严重“扎刀”现象而使内孔报废。

4. 用内径百分表测量时，不能超过其弹性极限，若强迫将表放入较小的内孔中，在旁侧的压力下，容易损坏机件。

三、识读台阶套加工工序卡

识读台阶套加工工序卡 10（表 2–15）和加工工序卡 20（表 2–16），完成下列问题。

表 2-15　　加工工序卡 10

台阶套加工工序卡	产品型号		零件图号	2-001		
	产品名称		零件名称	台阶套	共 1 页	第 1 页

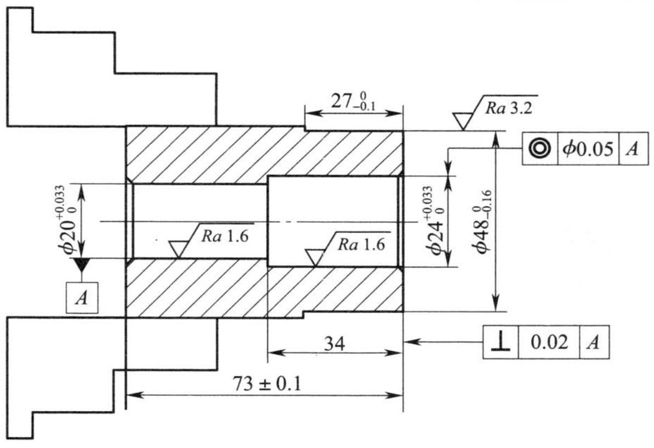

车间	工序号	工序名称	材料牌号
车	10	车台阶套右端	45
毛坯种类	毛坯外形尺寸	毛坯可制件数	每台件数
圆棒料	ϕ50 mm × 75 mm	1	
设备名称	设备型号	设备编号	同时加工件数
车床	CA6140		1

夹具编号	夹具名称	切削液	
CJJ—01	三爪自定心卡盘	乳化液	
工位器具编号	工位器具名称	工序工时 (min)	
		准终	单件

$27^{0}_{-0.1}$　Ra 3.2　◎ ϕ0.05 A　$\phi 20^{+0.033}_{0}$　A　Ra 1.6　Ra 1.6　$\phi 24^{+0.033}_{0}$　$\phi 48^{0}_{-0.16}$　34　⊥ 0.02 A　73 ± 0.1

技术要求

未注倒角C1。

Ra 6.3（√）

工步号	工步内容	工艺装备	主轴转速 /（r · min^{-1}）	切削速度 /（m · min^{-1}）	进给量 /（mm · r^{-1}）	背吃刀量 /mm	进给次数	工步工时	
								机动	辅助
01	车端面	端面车刀、游标卡尺	600	94.2	0.15	1	2		
10	钻底孔	ϕ16 mm 麻花钻、游标卡尺	350	17.6	0.3	8	1		
20	扩孔	ϕ19.8 mm 麻花钻、游标卡尺	400	24.9	0.3	1.9	1		
30	粗车 $\phi 48^{0}_{-0.16}$ mm 外圆至 $\phi 48.5^{+0.5}_{0}$ mm	外圆车刀、游标卡尺	600	94.2	0.2	0.75	1		
40	铰孔	ϕ20 mm 铰刀、内径百分表	100	6.28	0.2	0.1	1		
50	粗车 $\phi 24^{+0.033}_{0}$ mm 内孔至 $\phi 23^{+0.3}_{0}$ mm	内孔车刀、游标卡尺	400	28.9	0.2	1.5	1		
60	精车 $\phi 24^{+0.033}_{0}$ mm 内孔至图样要求	内孔车刀、内径百分表	400	30.1	0.1	0.5	1		
70	精车 $\phi 48^{0}_{-0.16}$ mm 外圆至图样要求	外圆车刀、千分尺	800	120.6	0.1	0.25	1		

	设计（日期）	校对（日期）	审核（日期）	标准化（日期）	会签（日期）

表 2-16　　加工工序卡 20

台阶套加工工序卡	产品型号		零件图号	2-001		
	产品名称		零件名称	台阶套	共 1 页	第 1 页

车间	工序号	工序名称	材料牌号
车	20	车台阶套左端	45
毛坯种类	毛坯外形尺寸	毛坯可制件数	每台件数
圆棒料	ϕ50 mm × 75 mm	1	
设备名称	设备型号	设备编号	同时加工件数
车床	CA6140		1

夹具编号	夹具名称	切削液	
CJJ—01	三爪自定心卡盘	乳化液	
工位器具编号	工位器具名称	工序工时 (min)	
		准终	单件

Ra 3.2

$\phi 38_{-0.16}^{\ 0}$

$25_{-0.1}^{\ 0}$

70 ± 0.1

$\sqrt{Ra\ 6.3}$ ($\sqrt{}$)

技术要求
未注倒角C1。

工步号	工步内容	工艺装备	主轴转速 / ($r \cdot min^{-1}$)	切削速度 / ($m \cdot min^{-1}$)	进给量 / ($mm \cdot r^{-1}$)	背吃刀量 / mm	进给次数	工步工时 机动	工步工时 辅助
01	车端面，总长度符合图样要求	端面车刀、游标卡尺	600	94.2	0.15	1	3		
10	粗车 ϕ $38_{-0.16}^{\ 0}$ mm 外圆至 ϕ $38.5_{\ 0}^{+0.5}$ mm	外圆车刀、游标卡尺	600	72.5	0.2	1.15	5		
20	精车 ϕ $38_{-0.16}^{\ 0}$ mm 外圆至图样要求	外圆车刀、千分尺	800	95.4	0.1	0.25	1		

设计（日期）	校对（日期）	审核（日期）	标准化（日期）	会签（日期）

1．根据台阶套加工工序卡，说明什么是工步，简述工步的区分原则以及工步安排的原因。

在加工表面、刀具、切削用量（仅指转速和进给量）不变的情况下，完成的那部分工艺过程，称为工步。这样安排工步，主要是为了提高加工效率和保证加工质量。

2．根据台阶套加工工序卡，说明应如何确定钻孔、扩孔、铰孔的背吃刀量。

钻孔的背吃刀量 a_p：钻头直径的一半。

扩孔的背吃刀量 a_p：（需扩孔的最终孔径 – 扩孔钻直径）/2。

铰孔的背吃刀量 a_p：（需铰孔的最终孔径 – 铰刀直径）/2。

四、填写领料单

按要求到材料库领取材料，并完成表 2–17 的填写。

表 2–17　　　　领料单

填表日期：　年　月　日　　　　发料日期：　年　月　日

<table>
<tr><td>领料部门</td><td></td><td colspan="3">产品名称及数量</td><td colspan="3"></td></tr>
<tr><td>领料单号</td><td></td><td colspan="3">零件名称及数量</td><td colspan="3"></td></tr>
<tr><td>材料名称</td><td>材料规格及型号</td><td rowspan="2">单位</td><td colspan="3">数量</td><td rowspan="2">单价</td><td rowspan="2">总价</td></tr>
<tr><td rowspan="2"></td><td rowspan="2"></td><td>请领</td><td colspan="2">实发</td></tr>
<tr><td></td><td></td><td colspan="2"></td><td></td><td></td></tr>
<tr><td colspan="2">材料用途</td><td rowspan="2">材料仓库</td><td>主管</td><td>发料数量</td><td rowspan="2">领料部门</td><td>主管</td><td>领料数量</td></tr>
<tr><td colspan="2"></td><td></td><td></td><td></td><td></td></tr>
</table>

五、完成加工

1．在车床上完成台阶套零件的加工，并将加工过程中出现的问题记录下来。

2．加工完毕，按照图样要求进行自检，正确放置零件，并进行产品交接确认；按照国家环保相关规定和车间要求，整理现场，正确处置废油液等废弃物；按车间管理规定填写交接班记录。

3．台阶套加工完成后要对车床进行保养，根据车床保养的实际情况填写设备日常保养记录卡。

学习活动 4　台阶套的测量及误差分析

学习目标

1. 能利用标准平板、V 形架、杠杆百分表等工具和量具准确、规范地测量台阶套零件的几何误差。

2. 能根据台阶套的测量结果，分析几何误差产生的原因。

3. 能正确、规范地使用工具、量具，并对其进行合理保养和维护。

4. 能规范填写台阶套几何误差测量报告。

5. 能按检测室管理要求，正确放置检测工具、量具。

6. 能主动获取有效信息，展示工作成果，对学习与工作进行反思总结，并能与他人开展良好合作，进行有效的沟通。

7. 能按要求正确、规范地完成本次学习活动工作页的填写。

建议学时：4 学时。

学习过程

一、台阶套零件尺寸误差的测量

台阶套零件 $\phi 24^{+0.033}_{0}$ mm 内孔尺寸除了用内径百分表进行测量外，还有其他测量方法吗？

还可以用塞规、内径千分尺、内测千分尺等量具测量。

操作提示

内径百分表的使用注意事项

1. 用内径百分表测量前，应先检查整个测量装置是否正常，如固定测量头有无松动，百分表是否灵活，指针转后是否能回到原来位置，指针对准的“0”是否走动等。

2. 用内径百分表测量时，要注意百分表的读数。

（1）长指针和短指针应结合观察，以防指针多转一圈。

（2）当短指针的位置基本确定后，应仔细观察长指针的位置，长指针转至“0”位线附近时，应注意“+”“–”数值，长指针过“0”位线则孔径小于基本尺寸，反之，则孔径大于基本尺寸。

二、台阶套零件几何误差的测量

本次任务中涉及同轴度和垂直度的测量，如图 2–23 所示，分别说明径向圆跳动的测量方法。

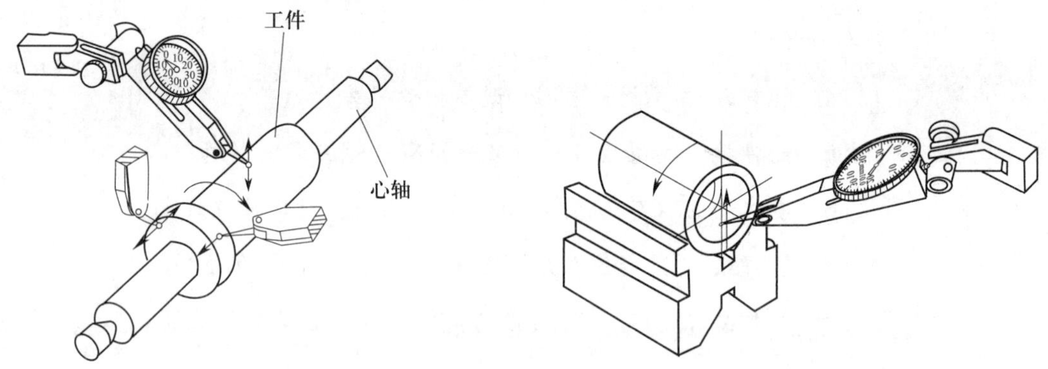

图 2–23　径向圆跳动的测量方法

1. 一般套类零件测量径向圆跳动时，都可以用内孔作为基准，把零件套在精度很高的心轴上，用百分表（或千分表）来检验。百分表在零件表面转一周所得的读数差，就是零件的径向圆跳动误差。

2. 对于不能装夹在心轴上测量径向圆跳动的套类零件，可把零件放在 V 形架上，轴向定位，以外圆为基准来检验。测量时，将杠杆百分表的测头插入孔内，使测头接触零件内孔表面，转动零件，观察百分表指针转动情况。百分表在零件内孔表面旋转一周所得的读数差，就是零件的径向圆跳动误差。

三、填写台阶套质量检测表（表 2–18）

表 2–18　　台阶套质量检测表

序号	考核项目	配分 IT，*Ra*	考核内容及要求	评分标准	检验结果 IT，*Ra*	得分
1	主要尺寸（76 分）	11，2	$\phi 48_{-0.16}^{\ 0}$ mm，*Ra*3.2 μm	超差不得分		
2		11，2	$\phi 38_{-0.16}^{\ 0}$ mm，*Ra*3.2 μm	超差不得分		

续表

序号	考核项目	配分 IT，*Ra*	考核内容及要求	评分标准	检验结果 IT，*Ra*	得分
3	主要尺寸（76分）	10，2	$\phi 20^{+0.033}_{0}$ mm，*Ra*1.6 μm	超差不得分		
4		10，2	$\phi 24^{+0.033}_{0}$ mm，*Ra*1.6 μm	超差不得分		
5		5，5	（70 ± 0.1）mm，$25^{0}_{-0.1}$ mm	超差不得分		
6		8	同轴度 ϕ0.05 mm	超差不得分		
7		8	垂直度 0.02 mm	超差不得分		
8	次要尺寸（5分）	5	34 mm	超差不得分		
9	其余表面粗糙度（4分）	4	*Ra*6.3 μm（4处）	降级不得分		
10	主观评分（10分）	3.5	已加工零件倒角、倒圆、去毛刺是否符合图样要求			
11		3.5	已加工零件是否有划伤、碰伤和夹伤			
12		3	已加工零件与图样要求的一致性			
13	更换毛坯（5分）	5	是否更换毛坯		是 / 否	
14	职业素养	扣分	能正确穿戴工作服、工作鞋、安全帽和护目镜等劳动防护用品。每违反一项扣2分			
15			能规范使用设备、工具、量具和辅具。每违规操作一次扣2分			
16			能做好设备清洁、保养工作。不清洁、不保养扣3分，清洁、保养不彻底扣2分			
17	总配分		100	总得分		

注：时间定额为 360 min，超过 10 min 扣 10 分；超过 30 min 不合格。

四、填写台阶套几何误差测量报告（表 2–19）

表 2–19　　台阶套几何误差测量报告

测量内容	同轴度	零件名称	台阶套
测量工具和仪器	高精度心轴、V 形架、杠杆百分表等	测量人员	
班级		日期	

1．测量目的：

保证被测要素 $\phi 24^{+0.033}_{0}$ mm 内孔轴线相对于基准要素 *A*（$\phi 20^{+0.033}_{0}$ mm 内孔轴线）的同轴度要求为 0.05 mm 以内

续表

2. 测量步骤：

（1）在基准要素 A（$\phi 20^{+0.033}_{0}$ mm 内孔轴线）处放置高精度心轴，长度 80 mm 左右，在被测要素 $\phi 24^{+0.033}_{0}$ mm 内孔处放置高精度心轴，长度 60 mm 左右

（2）将台阶套和高精度心轴一起放置于 V 形架上，并且使放置于基准要素 A 处的高精度心轴外表面与 V 形架表面接触

（3）将以上所有零件放置于标准平板上

（4）选取合适的杠杆百分表，使测头与被测要素 $\phi 24^{+0.033}_{0}$ mm 处的心轴表面接触

（5）观察被测要素 $\phi 24^{+0.033}_{0}$ mm 的内孔轴线相对于基准要素 A（$\phi 20^{+0.033}_{0}$ mm 内孔轴线）的同轴度是否在 0.05 mm 以内

3. 测量要领：

（1）选取合适的杠杆百分表及测头

（2）测量时，使心轴缓慢且有规律地带动整个台阶套旋转，用杠杆百分表测量与被测要素 $\phi 24^{+0.033}_{0}$ mm 的内孔配合的高精度心轴的外表面

（3）测量前准备两根高精度心轴

4. 结论（误差分析）：

测量内容	垂直度	零件名称	台阶套
测量工具和仪器	高精度心轴、V 形架、杠杆百分表等	测量人员	
班级		日期	

1. 测量目的：

保证被测要素台阶套右侧端面相对于基准要素 A（$\phi 20^{+0.033}_{0}$ mm 内孔轴线）的垂直度要求为 0.02 mm 以内

2. 测量步骤：

（1）在基准要素 A（$\phi 20^{+0.033}_{0}$ mm 内孔轴线）处放置高精度心轴，长度 80 mm 左右

（2）将台阶套和高精度心轴一起放置于 V 形架上，并且使高精度心轴外表面与 V 形架表面接触

（3）将以上所有零件放置于标准平板上，并使高精度心轴轴线垂直于标准平板

（4）选取合适的杠杆百分表，使测头与被测要素台阶套右侧端面接触

（5）观察被测要素台阶套右侧端面相对于基准要素 A（$\phi 20^{+0.033}_{0}$ mm 内孔轴线）的垂直度要求是否在 0.02 mm 以内

3. 测量要领：

（1）选取合适的杠杆百分表及测头

（2）测量端面垂直度时，首先测量轴向圆跳动是否合格，如果符合要求，再测量端面垂直度

（3）测量端面垂直度时，先找正高精度心轴的垂直度，将杠杆百分表从台阶套右端面的最里面缓慢向外拉出，百分表指示的读数差就是端面对孔轴线的垂直度误差

（4）测量前准备 1 根高精度心轴，是本次测量的关键

4. 结论（误差分析）：

五、清理现场，归置物品

台阶套零件检测完毕，按照“6S”管理规定，正确保养工具、量具，清理现场，合理归置物品。

操作提示

杠杆百分表的使用

杠杆百分表是利用杠杆齿轮传动将测杆的直线位移变为指针的角位移的计量器具，主要用于比较测量和零件几何误差的测量。

1. 使用前检查

（1）检查相互作用：轻轻移动测杆，表针应有较大位移，指针与表盘应无摩擦，测杆、指针无卡阻或跳动。

（2）检查测头：测头应为光洁圆弧面。

（3）检查稳定性：轻轻拨动几次测头，松开后指针均应回到原位。

（4）沿测杆安装轴的轴线方向拨动测杆，测杆无明显晃动，指针位移应不大于0.5个分度。

2. 读数方法

读数时眼睛要垂直于表针，防止偏视造成读数误差。测量时，观察指针转过的刻度数目，乘以分度值得出测量尺寸。

3. 使用方法

（1）将杠杆百分表固定在表座或表架上，稳定可靠。

（2）调整杠杆百分表的测杆轴线垂直于被测尺寸线。对于平面形零件，测杆轴线应平行于被测平面；对于圆柱形零件，测杆的轴线要与被测零件母线的相切面平行，否则会产生很大的误差。

（3）测量前调“0”。比较测量用对比物（量块）作“0”基准。几何误差测量用零件作“0”基准。调“0”时，先使测头与基准面接触，压测头到量程的中间位置，转动刻度盘使零线与指针对齐，然后反复测量同一位置2～3次后，检查指针是否仍与零线对齐，如不齐则重调。

（4）测量时，用手轻轻抬起测杆，将零件放入测头下测量，不可把零件强行推入测头下。显著凹凸的零件不用杠杆百分表测量。

（5）不要使杠杆百分表突然撞击到零件上，也不可强烈振动、敲打杠杆百分表。

（6）测量时注意测量范围，不要使测头位移超出量程。

（7）不要使测杆做过多无效的运动，否则会加快零件磨损，使杠杆百分表失去应有的精度。

（8）当测杆移动发生阻滞时，须送计量室处理。

4. 维护与保养

（1）使杠杆百分表远离液体，不使冷却液、切削液、水或油与其接触。

（2）不使用杠杆百分表时，要解除其所有负荷，让测量杆处于自由状态。

学习活动 5　工作总结与评价

学习目标

1. 能自信地展示自己的作品，讲述自己作品的优势和特点。

2. 能倾听别人对自己作品的点评。

3. 能总结工作经验，优化加工策略。

4. 在作业过程中严格执行企业操作规范、安全生产制度、环保管理制度以及“6S”管理规定，严格遵守从业人员的职业道德，树立吃苦耐劳、爱岗敬业的工作态度和职业责任感。

5. 能与班组长、工具管理员等相关人员进行有效的沟通与合作，理解有效沟通和团队合作的重要性。

6. 能按要求正确、规范地完成本次学习活动工作页的填写。

建议学时：8 学时。

学习过程

一、小组评价

1．以小组为单位派出代表介绍自己小组的优秀作品，通过作品展示，锻炼每一位小组成员的表达能力，同时提升自己的专业素养。

选出组内评价较高的作品进行展示，并就作品实用性、工艺性和产品质量等内容做必要介绍，听取并记录其他小组对本组作品的评价和改进建议。

（1）实用性：

（2）工艺性：

（3）产品质量

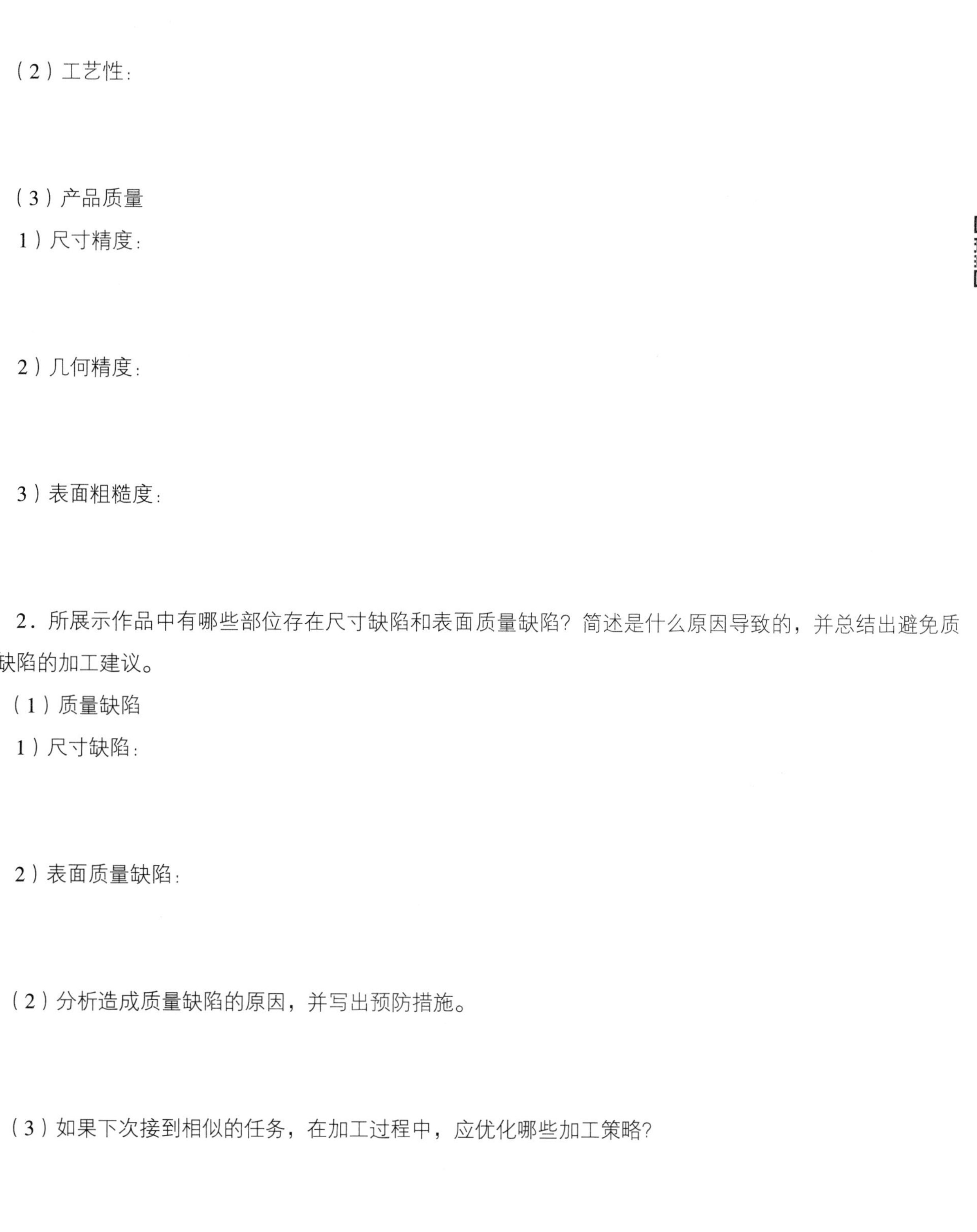

1）尺寸精度：

2）几何精度：

3）表面粗糙度：

2．所展示作品中有哪些部位存在尺寸缺陷和表面质量缺陷？简述是什么原因导致的，并总结出避免质量缺陷的加工建议。

（1）质量缺陷

1）尺寸缺陷：

2）表面质量缺陷：

（2）分析造成质量缺陷的原因，并写出预防措施。

（3）如果下次接到相似的任务，在加工过程中，应优化哪些加工策略？

二、总结加工台阶套的心得体会

（1）通过本任务，学习了哪些铰削加工知识、技能？

（2）在绘图方面有了哪些提高？

（3）简述按照本任务加工工序卡给定的加工顺序进行加工，对保证零件精度和质量有哪些意义。若变更加工顺序会产生怎样的影响？

三、制定工艺方案和工作计划的理由

通过执行本次加工任务，试简述生产企业在每次执行新的加工任务前制定详细的工艺方案和工作计划的理由。

四、加工成本估算

总结加工工序、工时，填写表 2–20 并进行简单的成本估算。

表 2–20　　加工成本估算表

序号	加工内容	预计工时	成本测算项目			成本估算值
			设备	工具、夹具、刃具	辅具及切削液	
1						
2						
3						
4						
5						
6						
7						
8						
9						
10						

五、评价与分析

任务评价由自我评价、小组评价和教师评价 3 部分组成，检验并提升学生的综合职业能力，完成表 2–21 的填写。

表 2–21　任务评价表

班级：__________　学生姓名：____________　学号：__________

项目	自我评价			小组评价			教师评价		
	10 ~ 9 分	8 ~ 6 分	5 ~ 1 分	10 ~ 9 分	8 ~ 6 分	5 ~ 1 分	10 ~ 9 分	8 ~ 6 分	5 ~ 1 分
	占总评 10%			占总评 30%			占总评 60%		
学习活动 1									
学习活动 2									
学习活动 3									
学习活动 4									
学习活动 5									
表达能力									
协作精神									
纪律观念									
工作态度									
任务总体表现									
小计分									
总评分									

任课教师：　年　月　日

任务拓展

衬套的普通车加工

学习目标

1．能正确阅读衬套生产任务单，明确工作时间、加工数量等要求，叙述所加工零件的用途、功能和分类。

2．能识读衬套零件图和加工工艺卡，明确加工技术要求和加工工艺。

3．能根据零件特征，查阅技术手册，正确选择内孔车刀的材料和结构形式。

4．能根据加工技术要求正确使用麻花钻，明确钻孔的方法。

5．能根据加工技术要求正确刃磨、安装内孔车刀，明确内孔车削的加工方法。

6．能合理选用铰刀，确定铰削余量，对衬套进行铰孔精加工。

建议学时

60 学时。

工作情境描述

某企业接到一个衬套零件（图 2–24）的加工订单，数量为 30 件，材料为 45 钢，工期为 5 天，来料加工。现生产部门安排车工加工组完成此任务的车削加工。

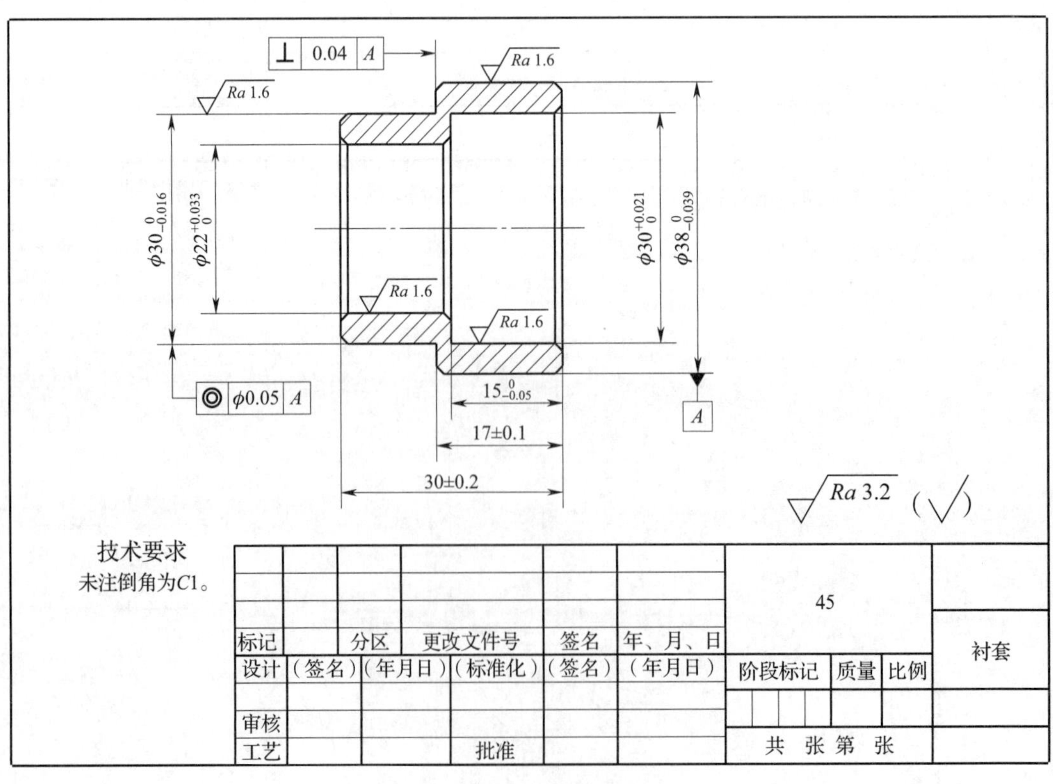

图 2–24　衬套零件图

学习评价

对加工完成的衬套进行检测，并将检测结果填入表 2–22 中。

表 2–22　　　　　　　　　　　　　　　衬套质量检测表

序号	考核项目	配分 IT，*Ra*	考核内容及要求	评分标准	检验结果 IT，*Ra*	得分
1	主要尺寸（65 分）	8.5，2	$\phi38_{-0.039}^{0}$ mm，*Ra*1.6 μm	超差不得分		
2		8.5，2	$\phi30_{-0.016}^{0}$ mm，*Ra*1.6 μm	超差不得分		
3		10，2	$\phi30_{0}^{+0.021}$ mm，*Ra*1.6 μm	超差不得分		
4		10，2	$\phi22_{0}^{+0.033}$ mm，*Ra*1.6 μm	超差不得分		
5		10	同轴度 ϕ0.05 mm	超差不得分		
6		10	垂直度 0.04 mm	超差不得分		
7	次要尺寸（12 分）	4，4，4	（30 ± 0.2）mm，（17 ± 0.1）mm，$15_{-0.05}^{0}$ mm	超差不得分		
8	其余表面粗糙度（8 分）	8	*Ra*3.2 μm（4 处）	超差不得分		
9	主观评分（10 分）	3.5	已加工零件倒角、倒圆、去毛刺是否符合图样要求			
10		3.5	已加工零件是否有划伤、碰伤和夹伤			
11		3	已加工零件与图样要求的一致性			
12	更换毛坯（5 分）	5	是否更换毛坯		是 / 否	
13	职业素养	扣分	能正确穿戴工作服、工作鞋、安全帽和护目镜等劳动防护用品。每违反一项扣 2 分			
14			能规范使用设备、工具、量具和辅具。每违规操作一次扣 2 分			
15			能做好设备清洁、保养工作。不清洁、不保养扣 3 分，清洁、保养不彻底扣 2 分			
16	总配分		100	总得分		

注：时间定额为 360 min，超过 10 min 时扣 10 分；超过 30 min 不合格。

世赛知识

普通车床加工在世赛原型制作项目中的应用

原型制作项目是根据给定的产品图纸和设计要求，运用三维设计软件进行建模和自由设计，再由三维模型生成产品工程图；选手用自己设计的产品图纸使用指定的代木、中密度纤维板、有机玻璃等材料，运用普通车削、普通铣削、磨削、数控加工、3D 打印、手工加工等工艺方法制作模型，并对模型进行表面处理和喷涂装饰的竞赛项目。

原型制作项目比赛共设置原型设计建模、原型工程图、原型制作、原型装饰 4 个模块，赛程为 4 天，累计比赛时间约 20 小时。培养的选手主要面向工业设计公司和手板、模型等生产企业，能够从事产品设计员、产品手板制作师等职业，需掌握扎实的专业技术知识和综合加工能力，属于技能复合程度较高的竞赛项目。

普通车床加工是原型制作项目中的基本考核技能，参赛选手需要应用车削加工技能，在竞赛中完成回转零件的车削加工，如对零件的外圆、端面、内孔和槽等进行加工。如图 2–25、图 2–26 所示为原型制作项目第 45 届世界技能大赛中国集训队训练样题。

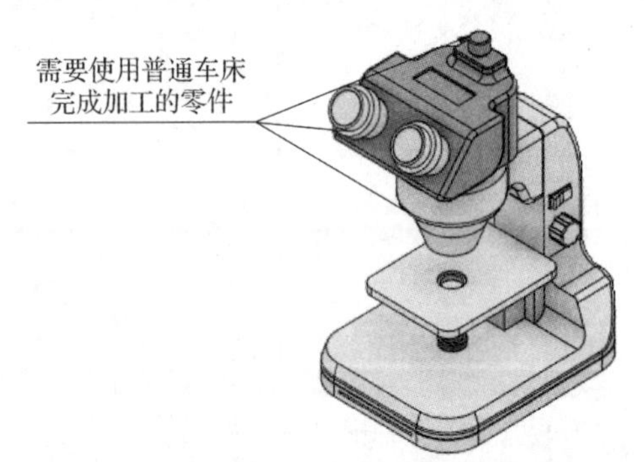

图 2–25　原型制作项目第 45 届世界技能大赛中国集训队训练样题（显微镜）

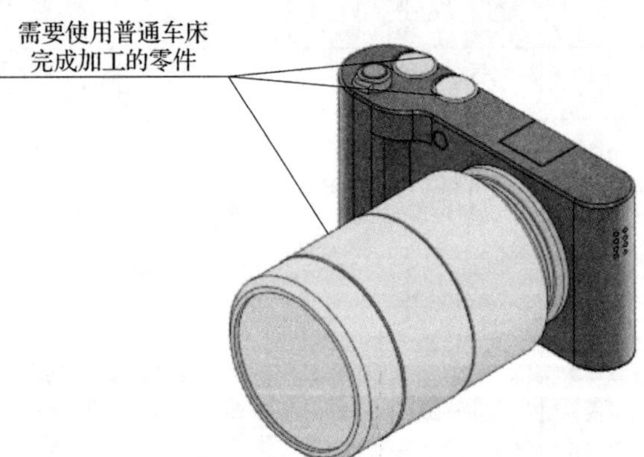

图 2–26　原型制作项目第 45 届世界技能大赛中国集训队训练样题（照相机）

学习任务三　多联齿轮轴的普通车加工

学习目标

1. 能在班组长等相关人员指导下，正确阅读多联齿轮轴生产任务单，明确工作时间、加工数量等要求，叙述所加工零件的用途、功能和分类。

2. 能借助技术手册，查阅多联齿轮轴的材料牌号、热处理要求和齿轮基本知识等，理解技术手册在生产中的重要性。

3. 能识读多联齿轮轴零件图和加工工艺卡，明确加工技术要求和加工工艺。

4. 能识读和绘制回转类零件剖视图，正确绘制多联齿轮轴零件图。

5. 能熟悉车间和工作区的范围及限制，理解企业对环境、安全、卫生和事故的预防标准。

6. 能检查工作区、设备、工具、材料的状况和功能，并对车床进行点检操作。

7. 能根据现场条件，查阅技术手册，确定符合多联齿轮轴零件加工技术要求的工具、量具、夹具、刃具、辅具及切削液。

8. 能叙述车槽刀的分类、材料、几何形状参数和刃磨方法。

9. 能按照规范的刃磨方法，刃磨车削多联齿轮轴所用的刀具。

10. 能根据加工技术要求安装车槽刀，叙述切槽的加工方法。

11. 能根据加工技术要求正确使用两顶尖对零件进行装夹，并叙述用两顶尖装夹时车削的特点和使用场合。

12. 能规范操作车床完成多联齿轮轴加工，并适时检测和调整切削要素。

13. 能进行自检，判断零件是否合格。

14. 能按产品加工工艺流程和车间要求，进行产品交接并规范填写交接班记录表。

15. 能总结工作经验，优化加工策略。

16. 能在作业过程中严格执行企业操作规范、安全生产制度、环保管理制度以及“6S”管理规定，严格遵守从业人员的职业道德，树立吃苦耐劳、爱岗敬业的工作态度和职业责任感。

17. 能与班组长、工具管理员等相关人员进行有效的沟通与合作，理解有效沟通和团队合作的重要性。

建议学时

60 学时。

工作情境描述

某企业接到一批多联齿轮轴零件（图 3-1）的加工订单，齿轮轴主要起传递动力的作用，加工数量为 60 件，材料为 45 钢，工期为 10 天，来料加工。现生产部门安排车工加工组完成此任务的车削加工。

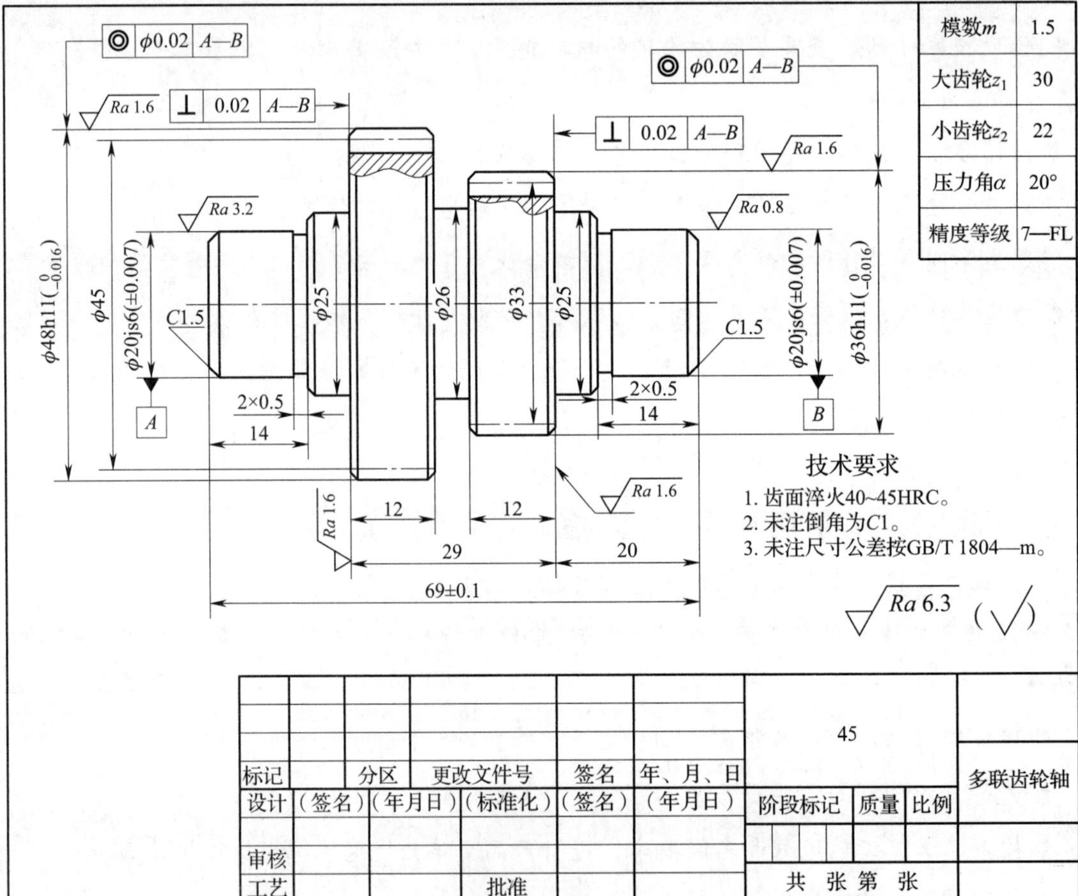

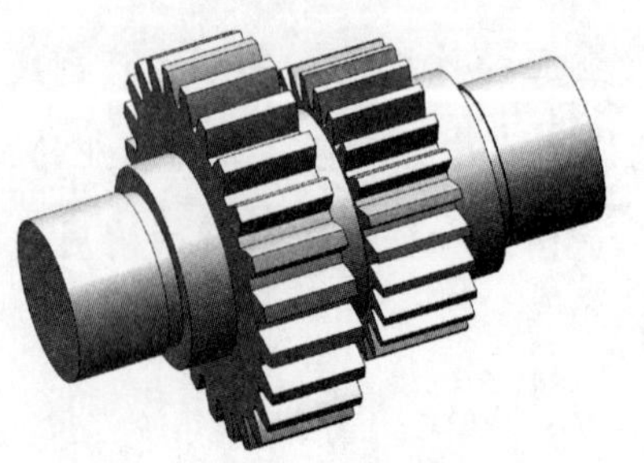

图 3-1 多联齿轮轴零件图

工作流程与活动

1．多联齿轮轴的加工工艺分析（4 学时）

2．工具、量具、夹具、刃具的准备（8 学时）

3．多联齿轮轴的加工（36 学时）

4．多联齿轮轴的测量及误差分析（6 学时）

5．工作总结与评价（6 学时）

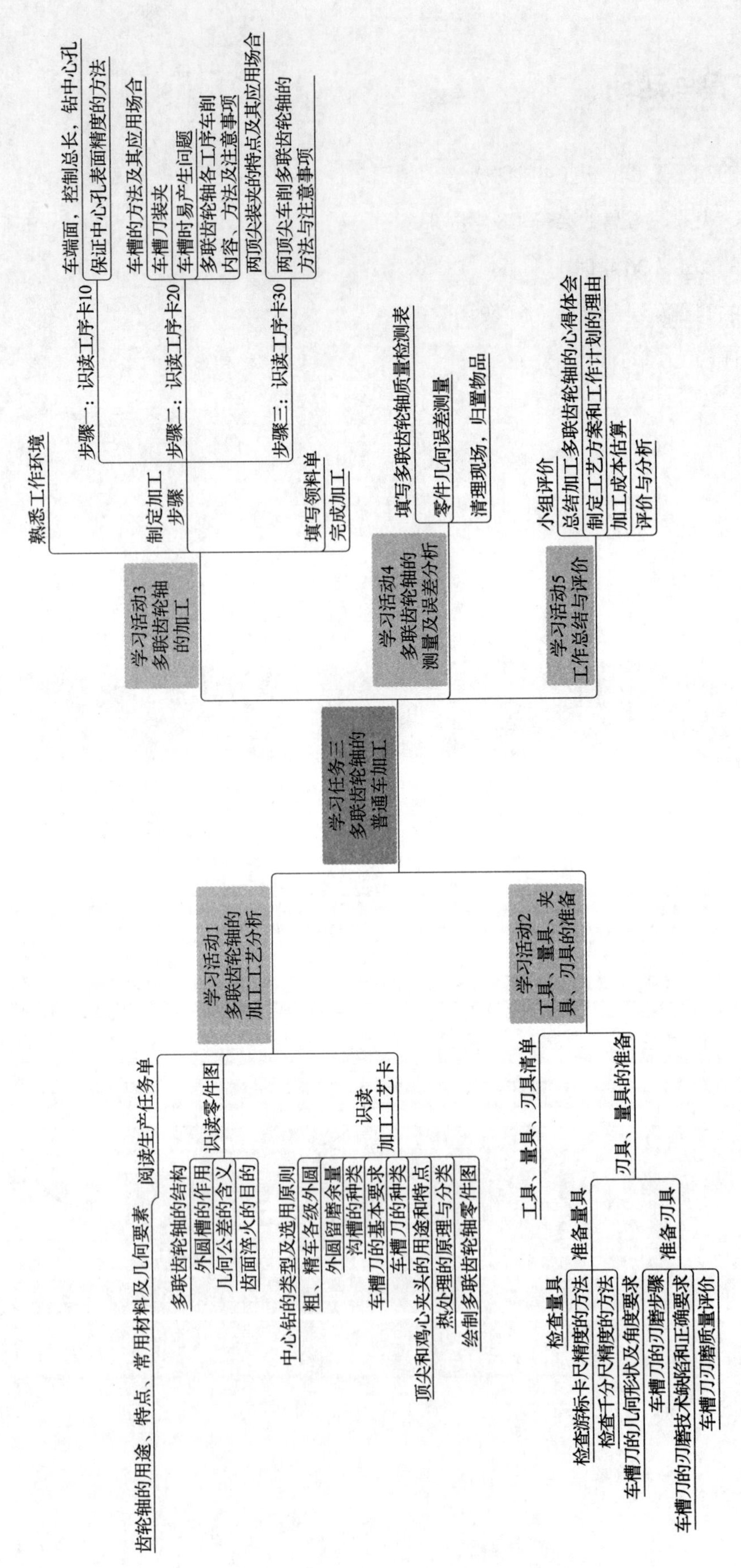
学习任务三 多联齿轮轴的普通车加工
学习活动1 多联齿轮轴的加工工艺分析
阅读生产任务单
齿轮轴的用途、特点、常用材料及几何要素
识读零件图
多联齿轮轴的结构
外圆槽的作用
几何公差的含义
齿面淬火的目的
识读加工工艺卡
中心钻的类型及选用原则
粗、精车各级外圆
外圆留磨余量
沟槽的种类
车槽刀的基本要求
车槽刀的种类
顶尖和鸡心夹头的用途和特点
热处理的原理与分类
绘制多联齿轮轴零件图
学习活动2 工具、量具、夹具、刃具的准备
工具、量具、刃具清单
刃具、量具的准备
准备量具
检查量具
检查游标卡尺精度的方法
检查千分尺精度的方法
准备刃具
车槽刀的几何形状及角度要求
车槽刀的刃磨步骤
车槽刀的刃磨技术缺陷和正确要求
车槽刀刃磨质量评价
学习活动3 多联齿轮轴的加工
熟悉工作环境
制定加工步骤
步骤一：识读工序卡10
车端面，控制总长，钻中心孔
保证中心孔表面精度的方法
步骤二：识读工序卡20
车槽的方法及其应用场合
车槽刀装夹
车槽时易产生问题
多联齿轮轴各工序车削内容、方法及注意事项
步骤三：识读工序卡30
两顶尖装夹的特点及其应用场合
两顶尖车削多联齿轮轴的方法与注意事项
填写领料单
完成加工
学习活动4 多联齿轮轴的测量及误差分析
填写多联齿轮轴质量检测表
零件几何误差测量
清理现场，归置物品
学习活动5 工作总结与评价
小组评价
总结加工多联齿轮轴的心得体会
制定工艺方案和工作计划的理由
加工成本估算
评价与分析

学习活动 1　多联齿轮轴的加工工艺分析

学习目标

1. 能在班组长等相关人员指导下，正确阅读多联齿轮轴生产任务单，明确工作时间、加工数量等要求，叙述所加工零件的用途、功能和分类。

2. 能借助技术手册，查阅多联齿轮轴的材料牌号、热处理要求、传动零件和齿轮基本知识等，理解技术手册在生产中的重要性。

3. 能识读多联齿轮轴零件图和加工工艺卡，明确技术要求和加工工艺。

4. 能识读和绘制回转类零件剖视图，正确绘制多联齿轮轴零件图。

5. 能按要求正确、规范地完成本次学习活动工作页的填写。

建议学时：4 学时。

学习过程

一、阅读生产任务单（表 3–1）

表 3–1　　生产任务单

需方单位名称				完成日期	年　月　日	
序号	产品名称	材料	数量	技术标准、质量要求		
1	多联齿轮轴	45 钢	60 件	按图样要求		
2						
3						
生产批准时间		年　月　日	批准人			
通知任务时间		年　月　日	发单人			
接单时间		年　月　日	接单人		生产班组	车工组

1. 根据表 3-1 生产任务单，明确本次生产任务的相关要求。

加工零件名称：多联齿轮轴

材料：45 钢

加工数量：60 件

2. 在生活和工作中，经常会见到如图 3-2 所示的齿轮轴零件，借助技术手册，明确齿轮轴的用途、特点、材料及几何要素。查阅资料，完成下列问题。

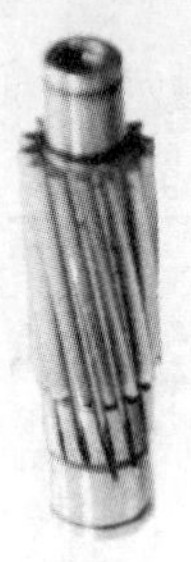

图 3-2　常见齿轮轴零件

（1）简述齿轮轴的用途及特点。

齿轮轴是齿轮与轴做成一体，用来与另一根轴上的齿轮啮合，传递运动与动力的零件。做成齿轮轴的原因是齿轮外径很小，为保证其强度，无法与轴使用键连接，只能做成齿轮轴。

（2）简述齿轮轴常用材料及选择原则。

齿轮轴是依靠本身的结构尺寸和材料强度来承受外载荷的，这就要求其材料具有较高的强度、较好的韧性和耐磨性；由于齿轮轴形状复杂且精度要求高，还要求材料工艺性好。齿轮轴的常用材料为锻钢、铸钢、铸铁。

（3）简述齿轮传动类型。

根据齿轮传动中两轴的相对位置不同，齿轮传动可分为平行轴齿轮传动、相交轴齿轮传动和交错轴齿轮传动三类。

（4）齿轮传动应满足哪些基本要求?

齿轮传动应满足传动平稳、承载能力强的基本要求。

二、识读多联齿轮轴零件图

分析图 3-1 多联齿轮轴零件图，查阅技术手册或询问班组长等技术人员，掌握外圆槽的作用、齿面淬火、几何公差等知识，完成下列问题。

1．填写表 3-2 图样结构内容分类表，并说明加工设备和加工要求。

表 3-2　　图样结构内容分类表

图样结构	加工设备	加工要求
车外圆、车槽	车床	达到 $\phi 48^{0}_{-0.016}$ mm、$\phi 38^{0}_{-0.016}$ mm、长度（69±0.1）mm 的尺寸要求
插齿外圆	插齿机	完成模数 1.5 mm 的两齿轮加工
磨削外圆	磨床	达到 ϕ（20±0.007）mm 的尺寸要求

2．简述外圆槽 2 mm×0.5 mm 的作用及加工外圆槽所用刀具。

外圆槽又称砂轮越程槽，主要用于避空（在下一工序磨削外圆时，避免碰撞轴肩，发生安全事故），一般用车槽刀来加工。

3．简述零件图中的两处外圆 ϕ（20±0.007）mm 的作用。

用于支承两配合轴承。

4．简述多联齿轮轴零件图中几何公差的含义。

（1）| ◎ | ϕ0.02 | *A—B* |：该几何公差分别标注在 ϕ48h11 外圆与 ϕ36h11 外圆的中心线上，表示这两处外圆中心线与基准 *A*、*B* 两外圆的中心线同轴度误差在 ϕ0.02 mm 范围内。

（2）| ⊥ | 0.02 | *A—B* |：该几何公差分别标注在 ϕ48h11 外圆的左侧端面与 ϕ36h11 外圆的右侧端面，表示这两个端面与基准 *A*、*B* 两外圆的中心线同时垂直且误差在 0.02 mm 范围内。

5．简述齿面淬火的目的。

不改变钢的表层化学成分，但改变表层组织，使表层承受比心部更高的应力，同时提高耐磨性。传动轴在磨削前应进行高频淬火。

三、识读多联齿轮轴加工工艺卡（表 3–3）

表 3–3　　多联齿轮轴加工工艺卡

<table>
<tr><td colspan="2" rowspan="2">（单位名称）</td><td rowspan="2">加工
工艺卡</td><td colspan="2">产品名称</td><td></td><td>图号</td><td colspan="3"></td></tr>
<tr><td colspan="2">零件名称</td><td>多联齿轮轴</td><td>数量</td><td colspan="2">60</td><td>第 1 页</td></tr>
<tr><td>材料种类</td><td>中碳钢</td><td>材料成分</td><td>45 钢</td><td colspan="2">毛坯尺寸</td><td colspan="3">ϕ52 mm × 74 mm</td><td>共 1 页</td></tr>
<tr><td rowspan="2">工序号</td><td rowspan="2" colspan="2">工序内容</td><td rowspan="2">车间</td><td rowspan="2">设备</td><td colspan="3">工具</td><td rowspan="2">计划
工时</td><td rowspan="2">实际
工时</td></tr>
<tr><td>夹具</td><td>量具</td><td>刃具</td></tr>
<tr><td>01</td><td colspan="2">下料，ϕ52 mm × 74 mm</td><td>下料</td><td>锯床</td><td>机用虎钳</td><td>钢直尺</td><td>锯条</td><td>20 min</td><td></td></tr>
<tr><td>10</td><td colspan="2">车端面，控制总长，钻中心孔</td><td rowspan="3">车</td><td rowspan="3">CA6140</td><td rowspan="3">三爪自定心卡盘、顶尖、鸡心夹头</td><td rowspan="3">游标卡尺、千分尺</td><td rowspan="3">外圆车刀、车槽刀、中心钻</td><td>10 min</td><td></td></tr>
<tr><td>20</td><td colspan="2">粗车各级外圆</td><td>90 min</td><td></td></tr>
<tr><td>30</td><td colspan="2">精车各级外圆及车槽</td><td>60 min</td><td></td></tr>
<tr><td>40</td><td colspan="2">插齿</td><td>齿</td><td>插齿机</td><td></td><td>公法线千分尺</td><td></td><td>90 min</td><td></td></tr>
<tr><td>50</td><td colspan="2">热处理</td><td>热</td><td>高频机</td><td></td><td>感应圈</td><td></td><td></td><td></td></tr>
<tr><td>60</td><td colspan="2">磨轴承外圆 ϕ20 mm</td><td>磨</td><td>磨床</td><td>鸡心夹头、顶尖</td><td>千分尺</td><td></td><td>30 min</td><td></td></tr>
<tr><td>70</td><td colspan="2">检测</td><td>检测室</td><td></td><td>平板、跳动量仪</td><td>游标卡尺、千分尺、百分表、磁性表座</td><td></td><td></td><td></td></tr>
<tr><td>更改号</td><td colspan="2"></td><td colspan="2">拟定</td><td>校正</td><td colspan="2">审核</td><td colspan="2">批准</td></tr>
<tr><td>更改者</td><td colspan="2"></td><td colspan="2"></td><td></td><td colspan="2"></td><td colspan="2"></td></tr>
<tr><td>日　期</td><td colspan="2"></td><td colspan="2"></td><td></td><td colspan="2"></td><td colspan="2"></td></tr>
</table>

分析加工工艺卡内容，查阅技术手册、车工教材或询问班组长等技术人员，掌握多联齿轮轴的加工精度要求、中心钻的选用原则、沟槽的种类、绘图等相关知识，并完成下列问题。

1．根据加工工艺安排和多联齿轮轴的加工精度要求，简述应选用什么类型的中心钻及选用原则。

应选用 B 型中心钻，因为 B 型中心钻适用于加工精度要求较高或工序较多，需多次使用中心孔的工件。

2．根据工序 20 粗车各级外圆，绘制各级外圆的粗车尺寸要求。

3．根据工序 30 精车各级外圆及车槽，绘制各级外圆的精车尺寸，并说明外圆留磨余量。

查阅机械手册可得，当外圆直径在 11 ~ 20 mm 范围时，且磨削长度在 50 mm 以下，应选择留磨余量为 0.25 ~ 0.3 mm。

4．简述车槽的概念，并根据图 3-3 所示常见沟槽，说明沟槽的种类。

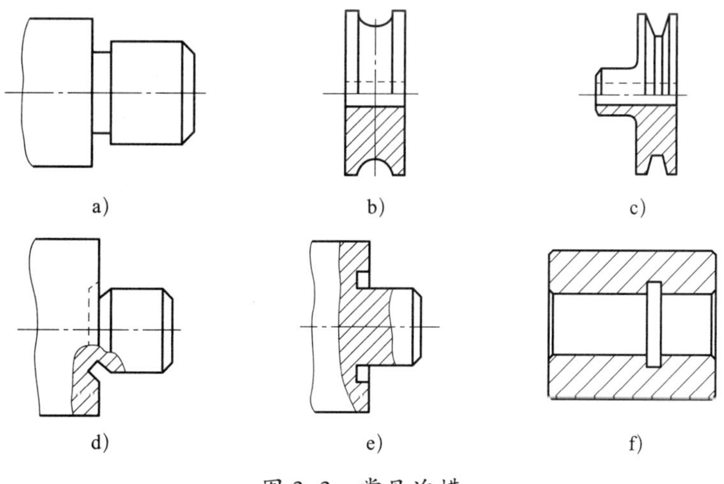

图 3-3　常见沟槽

车槽是用车削方法加工工件的槽。图 3-3a 是矩形外沟槽，图 3-3b 是圆弧形外沟槽，图 3-3c 是梯形外沟槽，图 3-3d 是 45° 外斜沟槽，图 3-3e 是平面沟槽，图 3-3f 是内沟槽。

5．查阅资料，简述车槽刀的基本要求。

（1）车槽刀的刃磨长度一般比槽深长 5 mm。

（2）车槽刀的刀头宽度一般为小于或等于槽宽，槽宽过大就根据直径确定。

（3）车槽刀的两侧副后角要刃磨对称。

（4）车槽刀的两侧副偏角也要刃磨对称。

6．按材料分类，车槽刀分为哪几种?

按材料分类，车槽刀分为高速钢车槽刀和硬质合金车槽刀。

7．表 3–3 多联齿轮轴加工工艺卡中用到顶尖和鸡心夹头，填写表 3–4 顶尖和鸡心夹头的用途和特点。

表 3–4　　顶尖和鸡心夹头的用途和特点

<table>
<tr><th colspan="2">名称</th><th>图示</th><th>用途和特点</th></tr>
<tr><td colspan="2">前顶尖</td><td></td><td>用途：支承被加工工件
特点：安装于三爪自定心卡盘上，制作容易，能利用 60° 顶尖顶住中心孔自动找正</td></tr>
<tr><td rowspan="2">后顶尖</td><td>回转顶尖</td><td></td><td rowspan="2">用途：支承被加工工件
特点：安装、操作方便，自动找正，定心精度高等</td></tr>
<tr><td>固定顶尖</td><td></td></tr>
<tr><td colspan="2">鸡心夹头</td><td></td><td>装夹工件，将三爪自定心卡盘的旋转运动传递给工件</td></tr>
</table>

8. 查阅资料，简述热处理的原理与分类。

热处理是将固态金属或合金，采用适当的方式加热、保温和冷却，以获得所需要的组织结构与性能的工艺。热处理的分类有正火、退火、回火、淬火及表面热处理。

9．请在下面位置 1∶1 绘制多联齿轮轴零件图。

注意：（1）选择合适的比例。（2）布局合理。（3）线型和尺寸标注符合国家标准。（4）满足制图的其他规范和标准。

学习活动 2　工具、量具、夹具、刃具的准备

学习目标

1. 能熟悉车间和工作区的范围及限制，理解企业对环境、安全、卫生和事故的预防标准。

2. 能根据现场条件，查阅技术手册，确定符合多联齿轮轴加工技术要求的工具、量具、夹具、刃具、辅具及切削液。

3. 能检查工作区、设备、工具、材料的状况和功能，并对车床进行点检操作。

4. 能叙述车槽刀的分类、材料、几何形状参数和刃磨方法。

5. 能按照规范的刃磨方法，刃磨车削多联齿轮轴所用的刀具。

6. 能主动获取有效信息，展示工作成果，对学习与工作进行反思总结，并能与他人开展良好合作，进行有效的沟通。

7. 能按要求正确、规范地完成本次学习活动工作页的填写。

建议学时：8 学时。

学习过程

熟悉车间和工作区的范围及限制，理解企业对环境、安全、卫生和事故预防的标准，查阅技术手册，确定符合多联齿轮轴加工技术要求的工具、量具、夹具、刃具、辅具及切削液，领取并检查工具、量具、刃具的状况及功能，完成下列表格和问题。

一、工具、量具、刃具清单

填写表 3–5 工具、量具、刃具清单，并领取本次任务相关的工具、量具、刃具。

表 3–5　　工具、量具、刃具清单

序号	工具、量具、刃具名称	规格	数量	领用人
1	游标卡尺	0 ～ 125 mm	1	
2	千分尺	0 ～ 25 mm、25 ～ 50 mm	2	
3	钢直尺	0 ～ 300 mm	1	
4	外圆车刀	硬质合金或高速钢	2	
5	车槽刀	高速钢；2 mm、3.5 mm	2	
6	中心钻	B2 型	1	
7	回转尾顶尖	莫氏 4 号回转顶尖	1	
8	固定前顶尖	45 钢前顶尖	1	
9	呆扳手	17 ～ 19 mm	1	
10	六角钥匙	6 mm	1	
11	钻夹头	4H	1	

二、刃具、量具的准备

在本次任务中，按照刃磨车槽刀、准备中心钻、准备两顶尖的顺序开始准备工作，并对刃磨好的刀具进行试切削。

1. 准备量具

（1）领取量具时，一般需要先检查量具，简述检查量具的步骤。

检查量具编号、规格是否符合要求；检查量具配件的完整性；检查量具的精度。

（2）简述本次任务涉及的量具应如何检查其精度。

1）游标卡尺：举高游标卡尺，将游标卡尺卡口对准光亮方向，观察卡口的透光度是否均匀，若透光度不均匀，代表游标卡尺的卡口磨损，会产生测量误差，使用前需计算其测量误差。

2）千分尺：用千分尺的检验棒检验其测量误差。

2．准备刃具

根据图 3–4 所示车槽刀的几何形状及角度要求，完成车槽刀的刃磨，并回答下列问题。

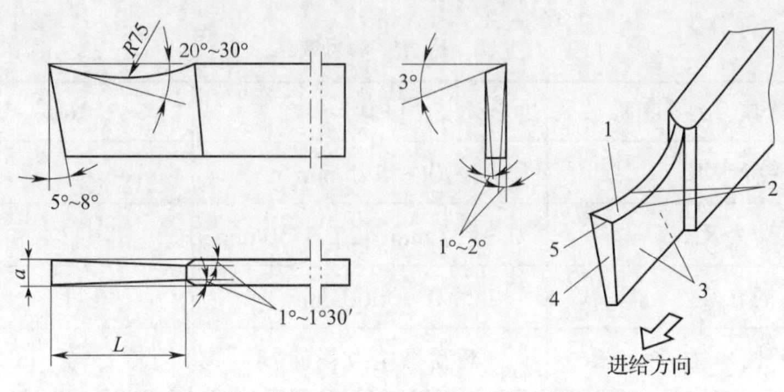

图 3–4　车槽刀的几何形状及角度要求

（1）查阅资料，填写表 3–6 车槽刀角度的作用、要求和取值及公式。

表 3–6　车槽刀角度的作用、要求和取值及计算公式

角度	符号	作用和要求	取值及计算公式
主偏角	κ_r	车槽刀以横向进给为主	κ_r=90°
副偏角	κ_r'	车槽刀的两个副偏角必须对称，其作用是减小副切削刃和工件间的摩擦	κ_r'=1° ~ 1° 30′
前角	γ_o	前角增大能使车刀刃口锋利，切削省力，还可使切屑顺利排出	切断中碳钢工件时，取 γ_o=20° ~ 30°； 切断铸铁工件时，取 γ_o=0° ~ 10°
后角	α_o	减小车槽刀主后面与工件间的摩擦	α_o=5° ~ 8°
副后角	α_o'	减小车槽刀副后面与工件间的摩擦。考虑到车槽刀的刀头狭而长，两个副后角不能太大	车槽刀有两个对称的副后角，一般取 α_o' =1° ~ 2°
主切削刃宽度	a	车狭窄的外沟槽时，将车槽刀的主切削刃宽度刃磨成与工件槽宽相等。车较宽的槽时，选择车槽刀的主切削刃宽度 a 后，可分多次车出	a=3 ~ 3.5 mm
刀头长度	L	刀头长度要适中，刀头太长容易引起振动，甚至使刀头折断	L=h+（2 ~ 3）mm

注：表中 h 为槽深半径值。

（2）检查工作区、设备、工具、材料的状况和功能后，根据图 3–4 所示车槽刀的几何形状及角度要求，完成车槽刀的刃磨，根据表 3–7 中的图示，填写车槽刀的刃磨步骤和方法。

表 3–7　车槽刀的刃磨步骤和方法

刃磨步骤	刃磨方法	图示
刃磨左侧副后面	两手握刀，车刀前面向上，磨出左侧副后角和副偏角	

续表

刃磨步骤	刃磨方法	图示
刃磨右侧副后面	两手握刀，车刀前面向上，磨出右侧副后角和副偏角	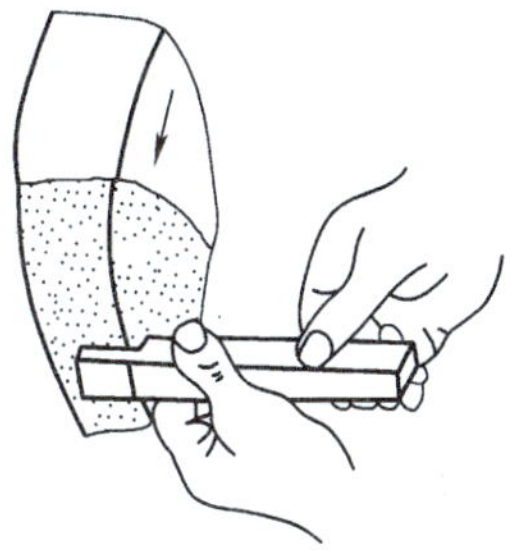
刃磨主后面	两手握刀，车刀前面向上，同时磨出主后面，应保证主切削刃平直	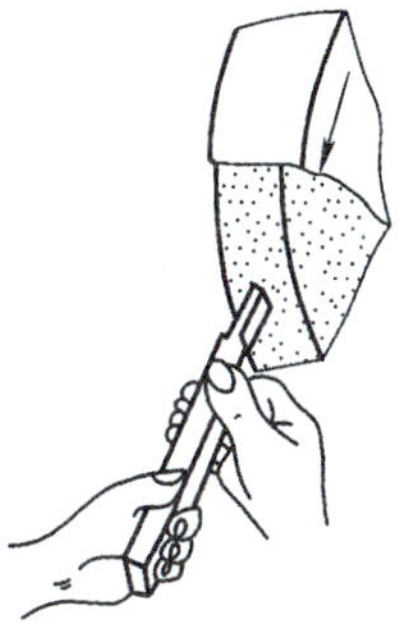
刃磨前面	两手握刀，车刀前面对着砂轮磨削表面，刃磨前面、前角和断屑槽，具体按工件材料的性能而定	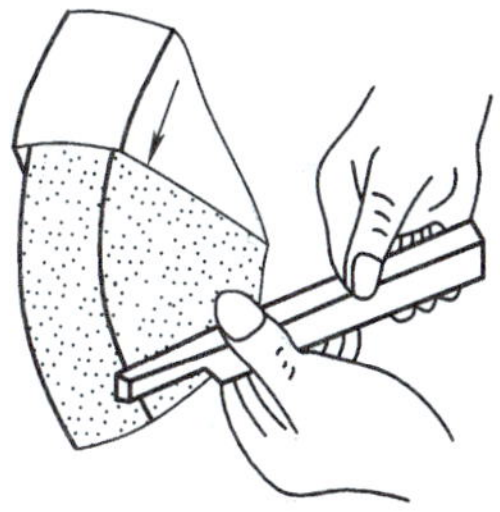

（3）查阅资料，结合车槽刀的刃磨情况和表 3–8 中车槽刀图示，填写车槽刀的刃磨技术缺陷和正确要求。

表 3–8　车槽刀的刃磨技术缺陷和正确要求

名称	车槽刀图示	刃磨技术缺陷	正确要求
前面	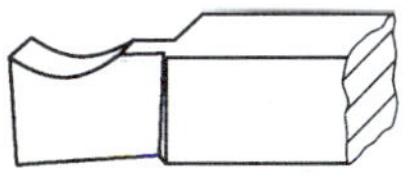	断屑槽太深，刀头强度低，容易“扎刀”或折断	车槽刀的断屑槽不宜磨得太深，一般为 0.75 ~ 1.5 mm
	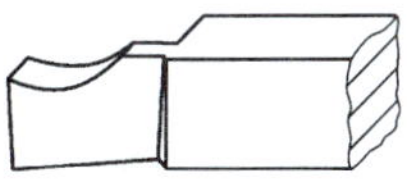	切削刃和前面磨得较低或磨成台阶形，会使切削不顺畅，排屑困难，增大切削负荷，刀头容易被切屑阻塞而折断	一般情况下与刀具顶面平齐

续表

名称	车槽刀图示	刃磨技术缺陷	正确要求
副后角	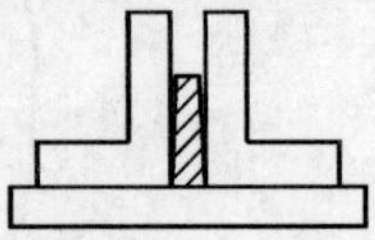	副后角为负值，切断时刀具副后面会与工件侧面产生摩擦	保证副后角为正值，取值为1°～2°
	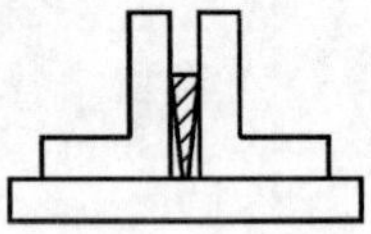	副后角太大，刀头强度差，切削时容易折断	保证副后角为正值，取值为1°～2°
副偏角	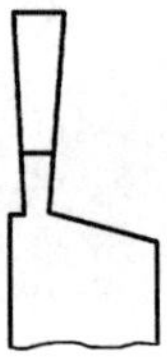	副偏角太大，刀头强度差，容易折断	取副偏角为1°左右
		副偏角为负值，切削力越来越大，容易“扎刀”	保证副偏角为正值
		副切削刃不平直，切削力越来越大，容易“扎刀”	保证副切削刃平直
	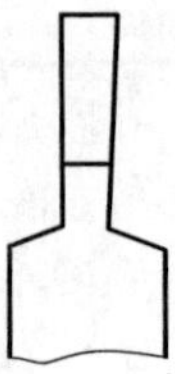	左侧刃磨过多，车左侧台阶时容易干涉到工件	保证左侧副切削刃与工件右侧面有适当间隙

（4）根据图 3–4 所示车槽刀的几何形状及角度要求，对车槽刀的刃磨质量进行评价，并完成表 3–9 的填写。

表 3–9　　车槽刀刃磨质量评价表

序号	考核项目		考核内容及要求	配分	评分标准	检测结果	得分
1	车槽刀	副偏角 κ_r'	κ_r' =1° ~ 1°30′（2 处）	8	超差 3°不得分		
2			副偏角不能为负值	6	不符合要求不得分		
3		副后角 α_o'	α_o' =1° ~ 2°（2 处）	8	超差 3°不得分		
4			副后角不能为负值	6	不符合要求不得分		
5		主偏角 κ_r	κ_r=90°	6	超差 3°不得分		
6		后角 α_o	α_o=5° ~ 8°（2 处）	8	超差 3°不得分		
7		前角 γ_o	γ_o=20° ~ 30°	6	超差 3°不得分		
8		主切削刃宽度 a	a=3 ~ 3.5 mm	6	超差 0.1 mm 不得分		
9		副切削刃	平直	6	不符合要求不得分		
10		刀头长度 L	L=h+（2 ~ 3）mm	8	不符合要求不得分		
11		表面粗糙度	两副后面 Ra0.8 μm	6	不符合要求不得分		
12			前面 Ra1.6 μm、后面 Ra0.8 μm	6	不符合要求不得分		
13	设备及工具、量具、刃具的合理使用与维护		正确、规范地使用砂轮，合理保养及维护设备	10	不符合要求酌情扣分		
			合理清扫砂轮房				
14	安全文明生产		严格遵守国家颁发的相关法规或企业相关规定	10	一项不符合规定扣 2 分		
			操作姿势、动作正确		一处不符合要求扣 2 分		
总分							
指导教师评价			指导教师：　　年　　月　　日				

注：表中 h 为槽深半径值。

学习活动3 多联齿轮轴的加工

学习目标

1. 能检查工作区、设备、工具、材料的状况和功能。

2. 能正确识读多联齿轮轴加工工序卡，进一步明确多联齿轮轴的加工方法。

3. 能按多联齿轮轴零件图要求，测量毛坯外形尺寸，并判断毛坯是否有足够的加工余量。

4. 能检查车床功能情况，按车床操作规程进行加工前润滑、预热等准备工作。

5. 能正确、规范地装夹中心钻、后顶尖以及车槽刀等刀具。

6. 能正确、合理地选择中心钻和车槽刀等刀具的切削用量。

7. 能利用百分表对零件图的同轴度公差进行正确、规范地测量。

8. 能对多联齿轮轴零件的外圆尺寸进行控制，预留足够的磨削余量。

9. 能明确切削液的种类和使用场合，正确选择本次任务要求的切削液。

10. 能进行自检，判断零件是否合格。

11. 能严格按照车间现场管理规定，正确、规范地操作和保养机床。

12. 能按车间现场管理规定和产品加工工艺流程的要求，正确放置多联齿轮轴零件并进行质量检测和确认。

13. 能按照国家环保相关规定和车间要求，正确处置废油液等废弃物。

14. 能按产品加工工艺流程和车间要求，进行产品交接并规范填写交接班记录表。

15. 能主动获取有效信息，展示工作成果，对学习与工作进行反思总结，并能与他人开展良好合作，进行有效的沟通。

16. 能按要求正确、规范地完成本次学习活动工作页的填写。

建议学时：36 学时。

学习过程

一、熟悉工作环境

检查工作区、设备、工具、材料的状况和功能是否达到企业对安全、卫生和事故的预防标准，列举存在的问题。

二、制定加工步骤

1．步骤一：识读多联齿轮轴加工工序卡 10，完成下列问题。

本工序是车端面，控制总长，钻中心孔，加工工序卡 10 见表 3-10。

表 3-10 加工工序卡 10

多联齿轮轴加工工序卡	产品型号		零件图号	3-001		
	产品名称		零件名称	多联齿轮轴	共 1 页	第 1 页

车间	工序号	工序名称	材料牌号
车	10	车端面，控制总长，钻中心孔	45
毛坯种类	毛坯外形尺寸	毛坯可制件数	每台件数
圆棒料	ϕ52 mm × 74 mm	1	
设备名称	设备型号	设备编号	同时加工件数
车床	CA6140	1	1

夹具编号	夹具名称	切削液	
	三爪自定心卡盘	乳化液	
工位器具编号	工位器具名称	工序工时（min）	
		准终	单件

工步号	工步内容	工艺装备	主轴转速 /（r · min^{-1}）	切削速度 /（m · min^{-1}）	进给量 /（mm · r^{-1}）	背吃刀量 /mm	进给次数	工步工时 机动	工步工时 辅助
01	正确装夹工件，车端面，控制总长		560	61.5	0.1 ~ 0.3	0.3 ~ 1	2		
10	钻中心孔	中心钻、外圆车刀、钻夹头	800	5.02	0.1 ~ 0.4	1	1		

设计（日期）	校对（日期）	审核（日期）	标准化（日期）	会签（日期）

（1）简述工序 10 车端面，控制总长，钻中心孔应采用什么定位车削方法。

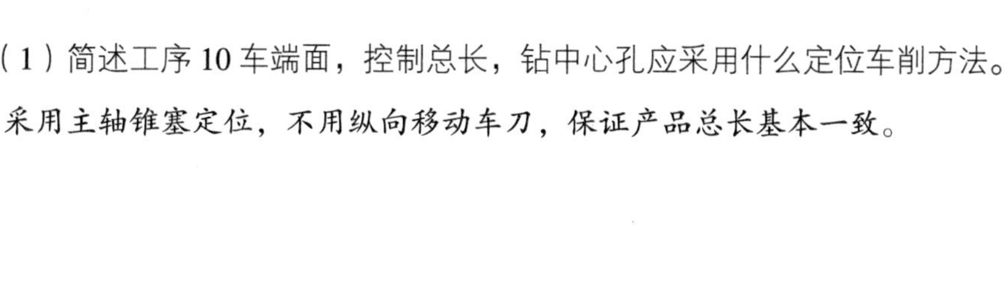

采用主轴锥塞定位，不用纵向移动车刀，保证产品总长基本一致。

（2）简述钻中心孔时怎样保证中心孔的表面精度。

当中心钻接触到工件后，应及时加注切削液进行冷却和润滑，钻孔结束后，中心钻应在孔中稍做停留，然后再退出，保证孔的表面粗糙度和圆度。

2. 步骤二：识读多联齿轮轴加工工序卡 20，完成下列问题。

本工序是粗车各级外圆，用最短时间去除多余材料，加工工序卡 20 见表 3-11。

表 3–11 加工工序卡 20

多联齿轮轴加工工序卡	产品型号		零件图号	3-001		
	产品名称		零件名称	多联齿轮轴	共 1 页	第 1 页
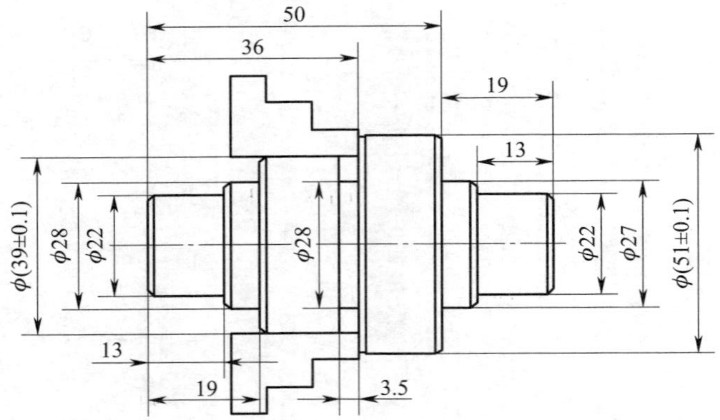	车间	工序号	工序名称	材料牌号		
	车	20	粗车各级外圆	45		
	毛坯种类	毛坯外形尺寸	毛坯可制件数	每台件数		
	圆棒料	ϕ52 mm × 74 mm	1			
	设备名称	设备型号	设备编号	同时加工件数		
	车床	CA6140	1	1		
	夹具编号		夹具名称	切削液		
			三爪自定心卡盘	乳化液		
	工位器具编号		工位器具名称	工序工时（min）		
				准终	单件	

工步号	工步内容	工艺装备	主轴转速 /（r · min^{-1}）	切削速度 /（m · min^{-1}）	进给量 /（mm · r^{-1}）	背吃刀量 /mm	进给次数	工步工时 机动	工步工时 辅助
01	正确装夹工件，工件伸出卡盘长度为 55 mm								
10	粗车外圆 ϕ（51 ± 0.1）mm	外圆车刀、车槽刀、千分尺、游标卡尺	560	89.6	0.1 ~ 0.38	0.5 ~ 1	1		
20	粗车外圆 ϕ（39 ± 0.1）mm × 36 mm		560	68.5	0.1 ~ 0.38	1 ~ 3	3		
30	粗车外圆 ϕ28 mm × 19 mm		560	49.2	0.1 ~ 0.38	1 ~ 3	3		
40	粗车外圆 ϕ22 mm × 13 mm		560	38.6	0.1 ~ 0.38	1 ~ 3	2		
50	车槽 ϕ28 mm × 3.5 mm		360	31.6	0.1 ~ 0.28	3.5	1		
60	倒角 $C1$ mm		360	50	0.1 ~ 0.2	1	1		
70	掉头，夹外圆 ϕ39 mm，找正夹紧								
80	粗车外圆 ϕ27 mm × 19 mm	外圆车刀、车槽刀、游标卡尺	560	47.4	0.1 ~ 0.38	1 ~ 3	6		
90	粗车外圆 ϕ22 mm × 13 mm		560	38.6	0.1 ~ 0.38	1 ~ 3	2		
100	倒角 $C1$ mm		360	40	0.1 ~ 0.2	1	1		

	设计（日期）	校对（日期）	审核(日期)	标准化（日期）	会签（日期）

（1）结合图 3–5 所示，简述车槽的方法及其应用场合。

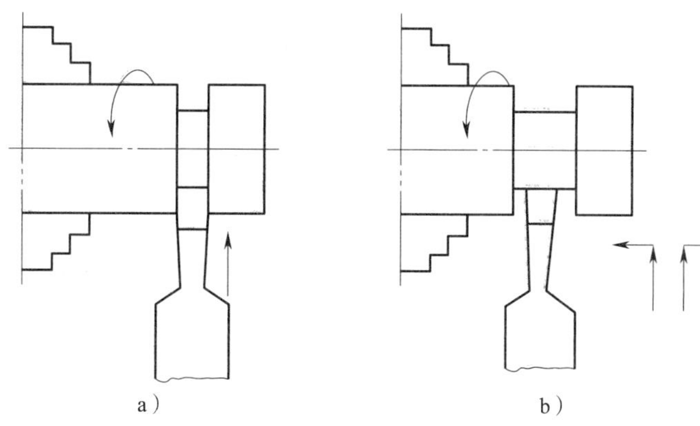

图 3–5　车槽

图 3–5a：直进法是用中滑板带动车刀单向进给切槽，适用于加工精度不高、狭窄的槽。车刀刀头宽度等于槽宽。

图 3–5b：左右借刀法是车刀横向进给车削一定槽深后退出，纵向借刀后再横向车削到上一刀的槽深，再重复以上步骤，适用于加工精度高、较宽的外槽。

（2）车槽刀装夹是否正确对车槽的质量有直接影响，因此，安装车槽刀时，应按照以下原则进行安装。

1）刀杆伸出长度不宜过长，以免发生振动，降低刀具强度。

2）车槽刀的主切削刃应严格对准零件的中心。

3）刀具中心线与零件的回转中心线应重合，保证车槽刀的两个副偏角和两个副后角相等。

（3）外圆槽的最终尺寸为 ϕ26 mm × 5 mm，为什么粗车尺寸为 ϕ28 mm × 3.5 mm？

主要是留精车余量，根据工件最大实体分析可得，粗车时槽外圆应增大，宽度应减小。

（4）当车槽刀刀尖未对准零件回转中心线时，车槽时易发生什么问题?

当刀尖高于零件回转中心线时，主后角减小，增加主后面与零件的摩擦，会造成难以入刀；当刀尖低于零件回转中心线时，后角增大，前角缩小，车削容易，切断时端面会有残余。

（5）根据加工工序卡 10 和 20，完成表 3–12 多联齿轮轴各工序车削内容、方法及注意事项的填写。

表 3–12　多联齿轮轴各工序车削内容、方法及注意事项

车削余量图	车削效果图	车削内容	方法及注意事项
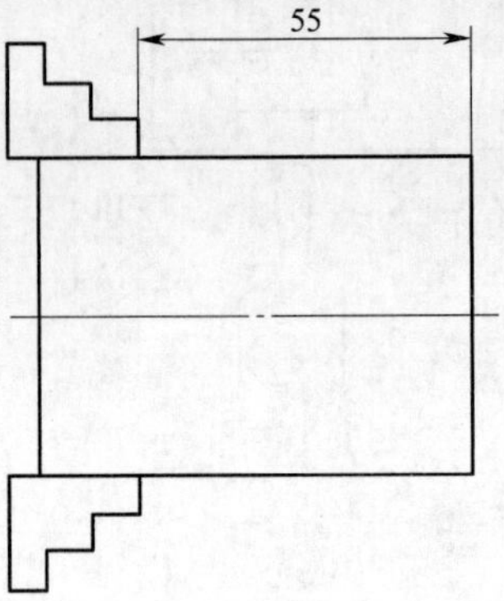 55		毛坯伸出卡盘 55 mm 长，装夹工件并校正	装夹前注意检查毛坯总长，装夹时保证有足够的夹紧力和伸出长度
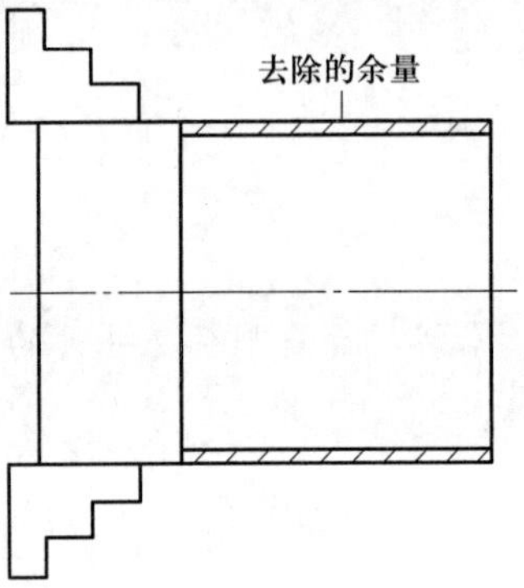 去除的余量	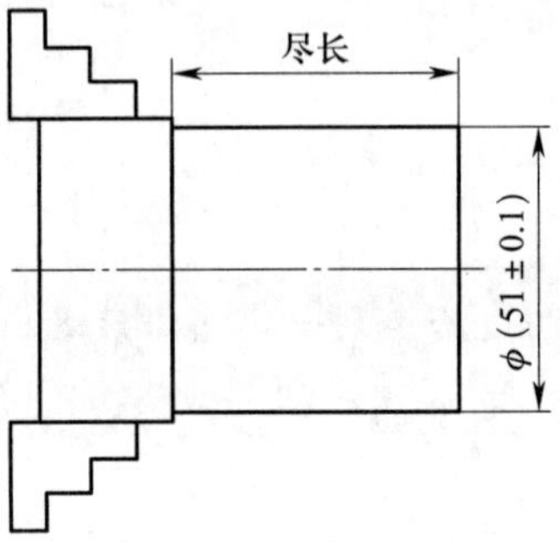 尽长 $\phi(51\pm0.1)$	粗车 ϕ（51±0.1）mm 外圆，尽长	在粗车过程中，尽量使车削长度接近卡爪
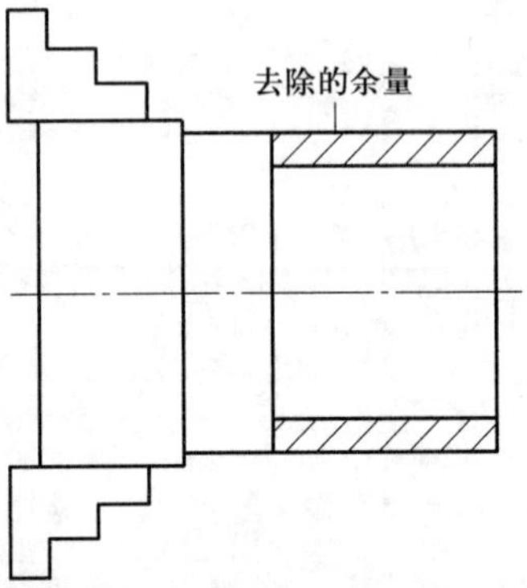 去除的余量	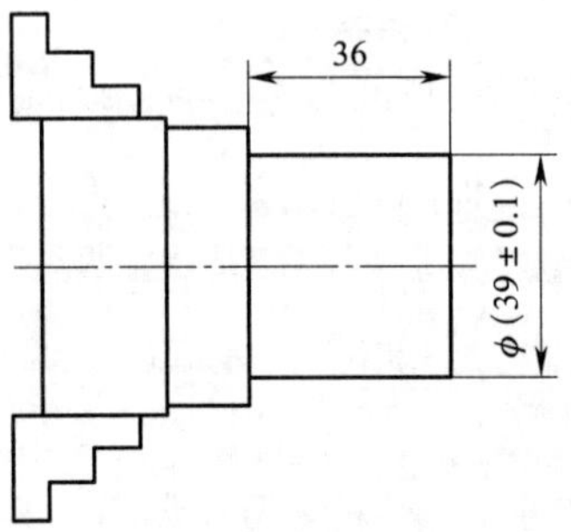 36 $\phi(39\pm0.1)$	粗车 ϕ（39±0.1）mm×36 mm 外圆	注意合理分配车削余量与进给次数
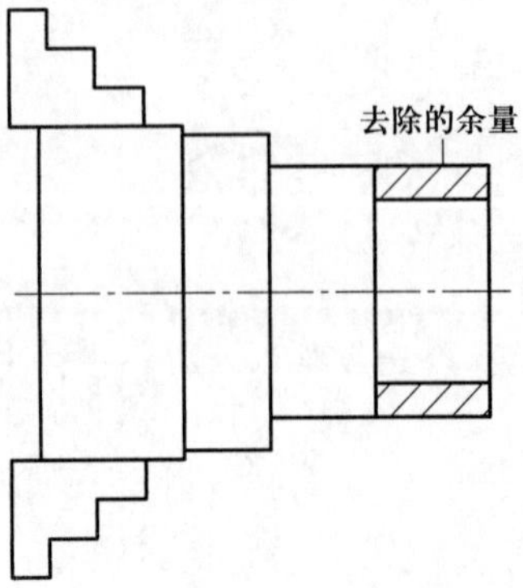 去除的余量	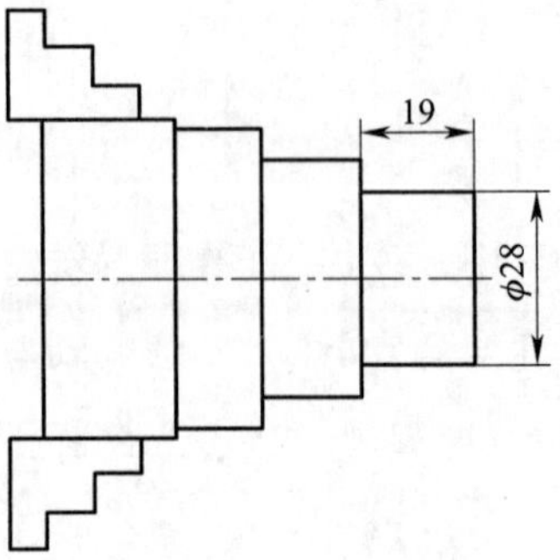 19 $\phi28$	粗车 ϕ28 mm×19 mm 外圆	注意车削时控制尺寸

续表

车削余量图	车削效果图	车削内容	方法及注意事项
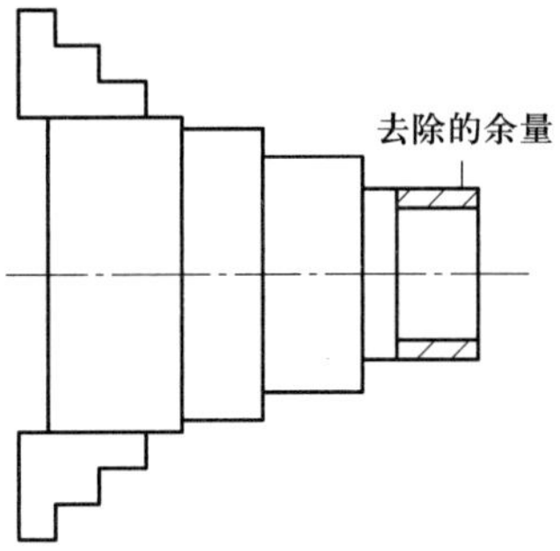 去除的余量	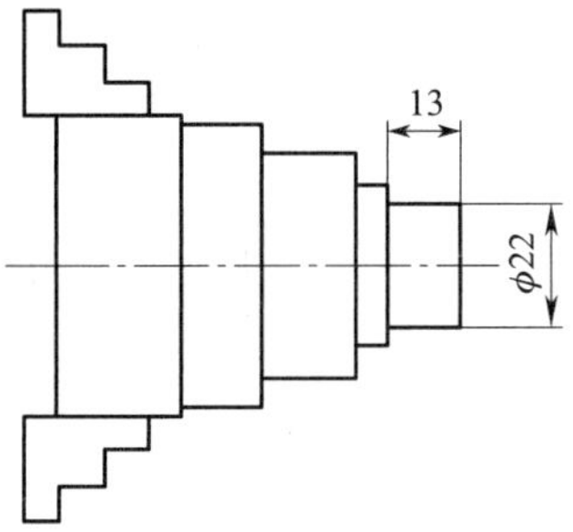 13 φ22	粗车 φ22 mm×13 mm 外圆	注意合理分配车削余量与进给次数
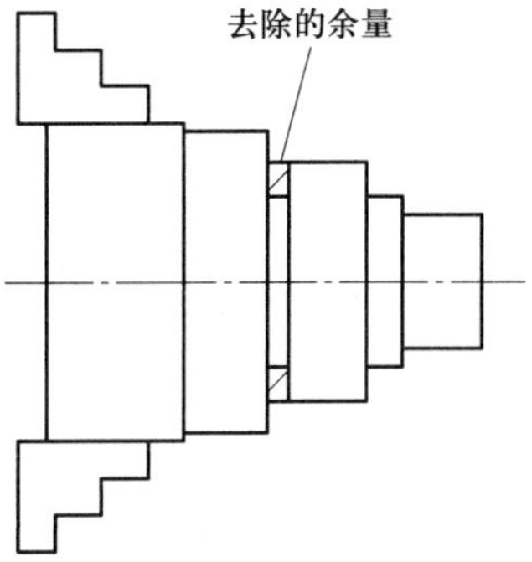 去除的余量	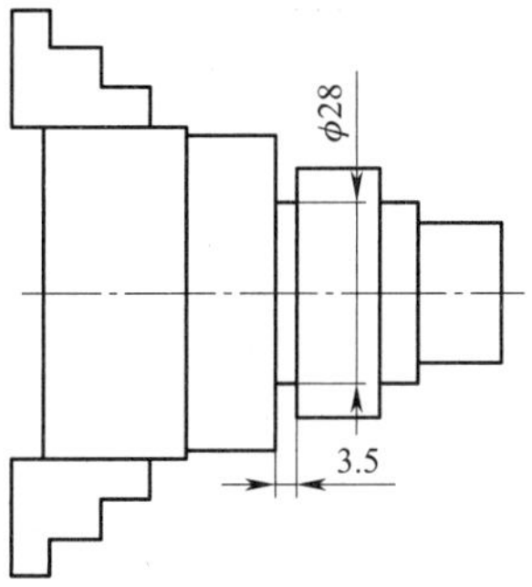 φ28 3.5	粗车 φ28 mm×3.5 mm 槽	车削时注意刀具的位置，保证切削刃平行于外圆表面，且切削刃两侧与工件台阶面有间隙
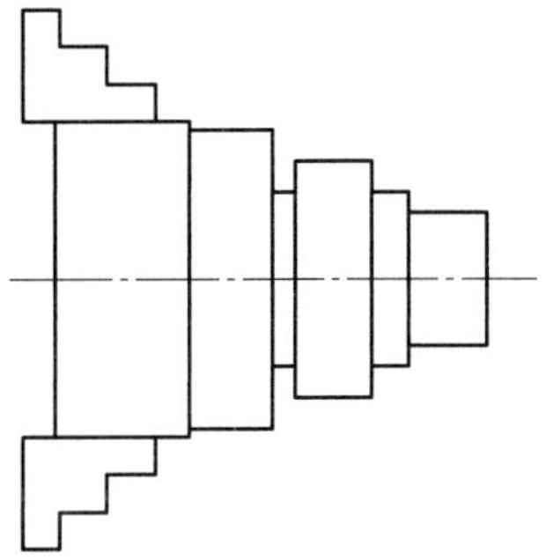	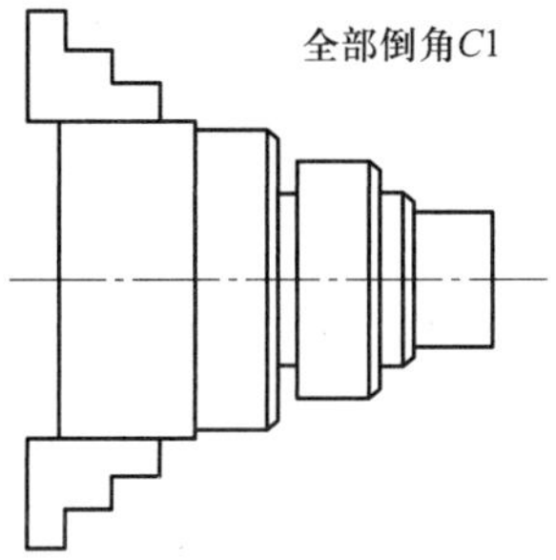 全部倒角C1	全部外圆倒角 C1 mm	调整中滑板刻度，保证倒角宽度
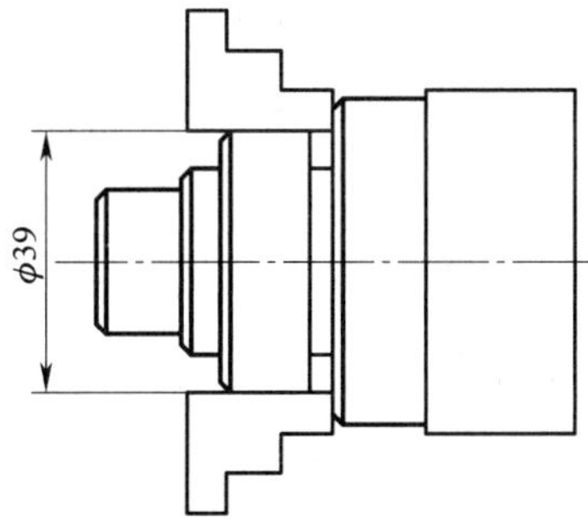 φ39		掉头装夹φ39 mm外圆，校正并夹紧工件	注意夹紧力的大小与工件的位置
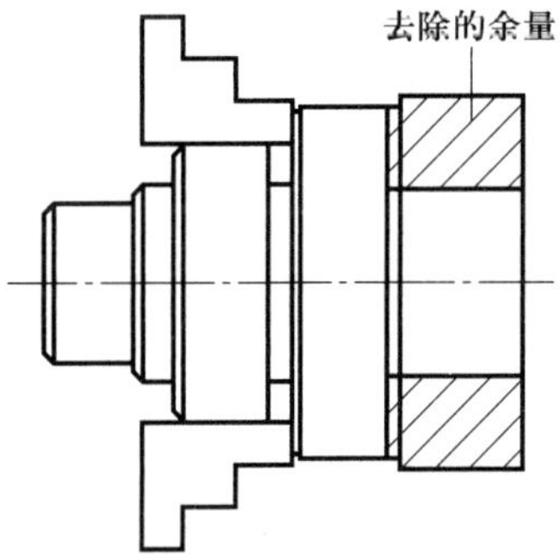 去除的余量	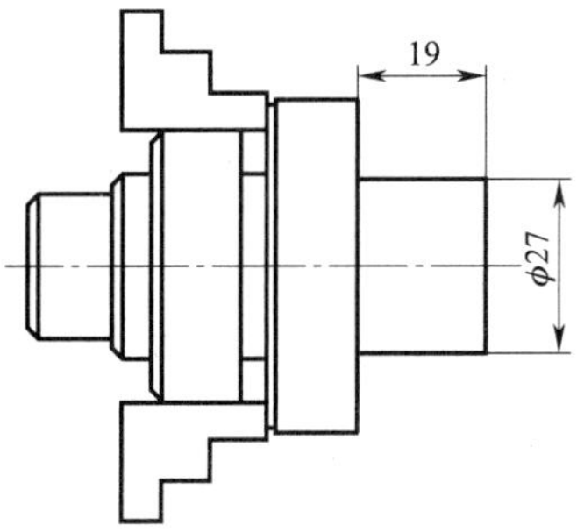 19 φ27	粗车 φ27 mm×19 mm 外圆	注意合理分配车削余量与进给次数，考虑夹紧力的影响

续表

车削余量图	车削效果图	车削内容	方法及注意事项
去除的余量	13 φ22	粗车 ϕ22 mm×13 mm 外圆	注意车削时控制尺寸
	全部倒角C1	全部外圆倒角 C1 mm	调整中滑板刻度，保证倒角宽度

操作提示

1. 由于加工工序20是粗车，因此此工序车削完成后的尺寸与零件图有很大的区别，注意不是按零件图车削。

2. 保证留有足够的精车余量，尤其注意有几何公差要求的外圆与端面。

3. 工件装夹时注意校正，切忌在工件有很大的跳动的情况下车削，否则工件掉头车削时就难以保证同轴度。

4. 钻中心孔前要进行尾座中心线与主轴轴线的校正工作。

5. 车槽时应连续、均匀地进给，如车刀发生“切不进”现象，应立即退出，检查车刀刀尖是否对准工件中心，以及车刀是否锐利，不可强制进给，以防车刀折断。

6. 若车槽时两侧表面凹凸不平或有明显“扎刀”痕迹，应检查车槽刀的刃磨和装夹是否正确，查出原因，纠正后再继续车削，否则容易造成车槽刀折断。

7. 手动进给车槽时，应避免由于车削过程中的停顿造成车槽刀与工件表面摩擦增大，使工件表面产生冷硬现象，而加快刀具磨损。如车槽中要停止切削，应先退刀后停车。

3. 步骤三：识读多联齿轮轴加工工序卡30，完成下列问题。

本工序为通过两顶尖装夹工件，以保证多联齿轮轴的几何公差；两端外圆 ϕ20 mm 留磨削余量；其余外圆和外圆槽车削应依据零件图要求，加工工序卡30见表3–13。

表 3-13　　加工工序卡 30

多联齿轮轴加工工序卡	产品型号		零件图号	3-001		
	产品名称		零件名称	多联齿轮轴	共 2 页	第 1 页

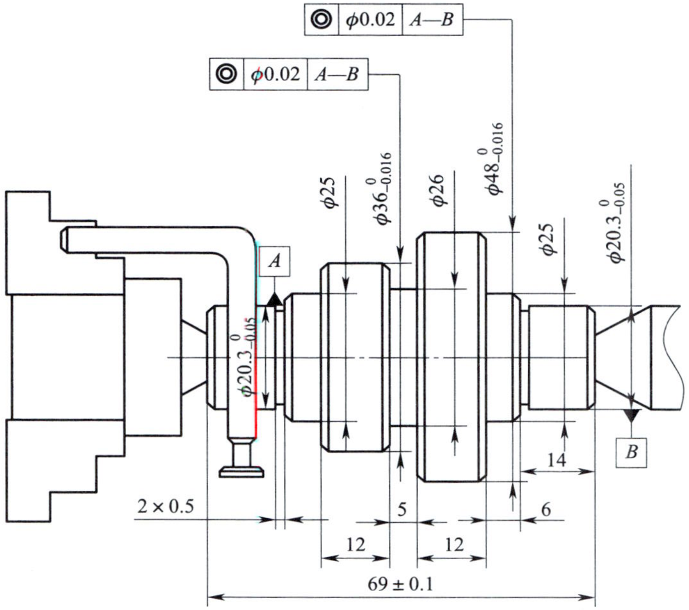

车间	工序号	工序名称	材料牌号
车	1	精车各级外圆及车槽	45
毛坯种类	毛坯外形尺寸	毛坯可制件数	每台件数
圆棒料	ϕ52 mm × 74 mm	1	
设备名称	设备型号	设备编号	同时加工件数
车床	CA6140	1	1

夹具编号	夹具名称	切削液	
	三爪自定心卡盘	乳化液	
工位器具编号	工位器具名称	工序工时（min）	
		准终	单件

工步号	工步内容	工艺装备	主轴转速 /（r · min^{-1}）	切削速度 /（m · min^{-1}）	进给量 /（mm · r^{-1}）	背吃刀量 /mm	进给次数	工步工时	
								机动	辅助
01	两顶尖装夹	鸡心夹头、顶尖							
10	精车外圆 $\phi20.3_{-0.05}^{0}$ mm × 14 mm	外圆车刀、车槽刀、千分尺、游标卡尺	1 400	87.9	0.05 ～ 0.15	0.2 ～ 2	2		
20	精车外圆 ϕ25 mm × 6 mm		1 400	109.9	0.05 ～ 0.15	0.2 ～ 2	2		

续表

工步号	工步内容	工艺装备	主轴转速 /（r·min^{-1}）	切削速度 /（m·min^{-1}）	进给量 /（mm·r^{-1}）	背吃刀量 /mm	进给次数	工步工时	
								机动	辅助
30	精车外圆 $\phi36_{-0.016}^{0}$ mm × 12 mm	外圆车刀、车槽刀、千分尺、游标卡尺	1 400	158.2	0.05 ~ 0.15	0.2 ~ 2	2		
40	精车外圆 $\phi48_{-0.016}^{0}$ mm 尽长		1 400	211	0.05 ~ 0.15	0.2 ~ 2	2		
50	车外圆槽 $\phi26$ mm × 5 mm、2 mm × 0.5 mm，保证 $\phi36_{-0.016}^{0}$ mm 外圆长度为 12 mm		360	29.3	0.05 ~ 0.15	0.2 ~ 2	2		
60	倒角 $C1$ mm、$C1.5$ mm		1 400	100	0.05 ~ 0.15	0.2 ~ 2	2		
70	掉头，两顶尖装夹工件	鸡心夹头、顶尖							
80	精车外圆 $\phi20.3_{-0.05}^{0}$ mm × 14 mm	外圆车刀、车槽刀、千分尺、游标卡尺	1 400	87.9	0.05 ~ 0.15	0.2 ~ 2	2		
90	精车外圆 $\phi25$ mm × 6 mm，保证 $\phi48$ mm 外圆长度为 12 mm		1 400	109.9	0.05 ~ 0.15	0.2 ~ 2	2		
100	车外圆槽 2 mm × 0.5 mm		360	21.4	0.05 ~ 0.15	0.2 ~ 2	2		
110	倒角 $C1$ mm、$C1.5$ mm		1 400	100	0.05 ~ 0.15	0.2 ~ 2	2		

设计（日期）	校对（日期）	审核（日期）	标准化（日期）	会签（日期）

（1）简述两顶尖装夹的特点及其应用场合。

1）两顶尖装夹的特点：装夹方便，不需找正，可以多次掉头重复使用，且定位精度不变；比一夹一顶装夹刚度低，承受切削力小，切削用量不宜过大。

2）应用场合：适用于装夹较长且几何精度要求高，须经多次装夹加工的工件，如细长轴、长丝杠等。也可用于工序较多，在车削后还需要铣削或磨削的工件。

（2）用两顶尖装夹进行车削，如图 3–6 所示，图中的 1、2 分别表示什么？各自有什么作用？

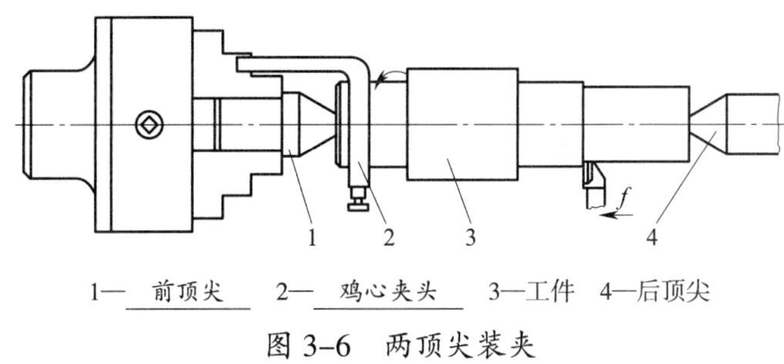

1—前顶尖　2—鸡心夹头　3—工件　4—后顶尖

图 3–6　两顶尖装夹

（3）根据加工工序卡 30，完成表 3–14 多联齿轮轴各工序车削内容、方法及注意事项的填写。

表 3–14　多联齿轮轴各工序车削内容、方法及注意事项

车削效果图	车削内容	方法及注意事项
60°　30°　30°	小滑板逆时针方向转动，使小滑板上的基准线与 30° 刻线对齐，然后锁紧转盘上的螺母，保证前顶尖与刀尖等高，双手配合，均匀不间断地转动小滑板手柄，手动进给分层车削前顶尖的圆锥面	注意在调整小滑板角度时，要把机床表面的切屑清理干净，以免刮伤手
前顶尖　卡盘　鸡心夹头　后顶尖	两顶尖装夹，检查鸡心夹头的位置是否有干涉和碰撞	注意鸡心夹头的装夹位置

续表

车削效果图	车削内容	方法及注意事项
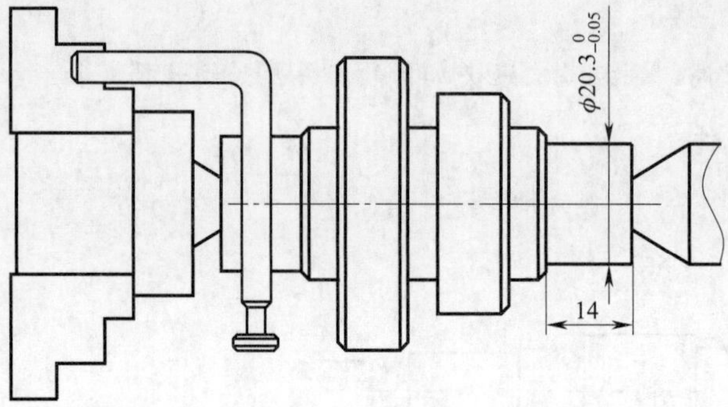 $\phi 20.3_{-0.05}^{0}$ 14	精车 $\phi 20.3_{-0.05}^{0}$ mm 外圆，按要求留磨削余量	注意留磨削余量。图样上的尺寸是磨削后的尺寸，注意不要车错尺寸
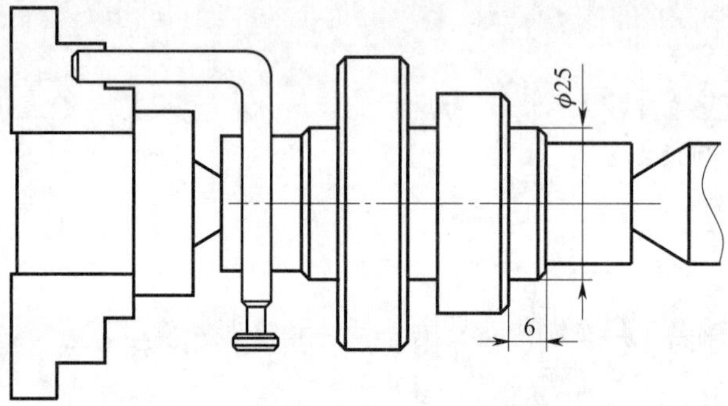 $\phi 25$ 6	精车 $\phi 25$ mm 外圆至尺寸要求	注意标注垂直度要求的端面应车平整
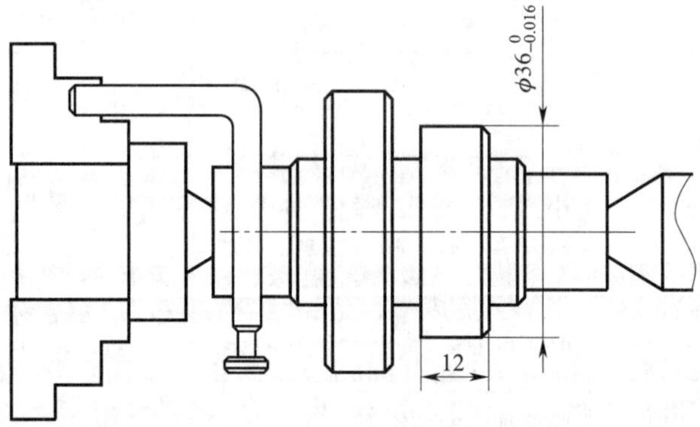 $\phi 36_{-0.016}^{0}$ 12	精车 $\phi 36_{-0.016}^{0}$ mm 外圆至尺寸要求	注意车削后的表面粗糙度
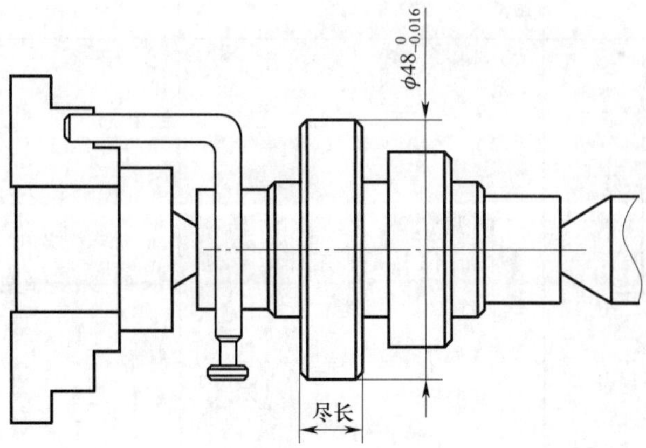 $\phi 48_{-0.016}^{0}$ 尽长	精车 $\phi 48_{-0.016}^{0}$ mm 外圆至尺寸要求	注意车削后的表面粗糙度

续表

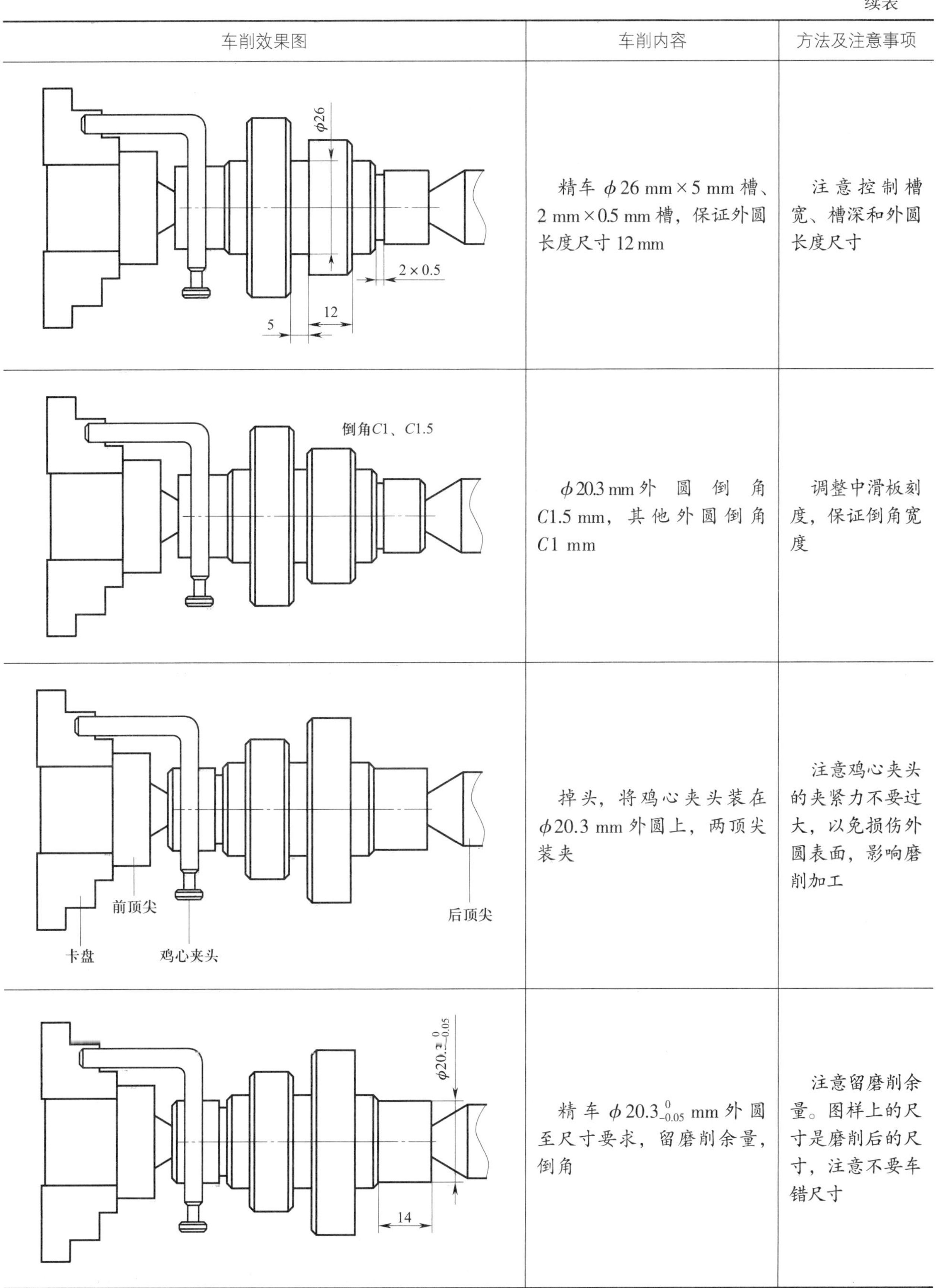

车削效果图	车削内容	方法及注意事项
	精车 ϕ26 mm×5 mm 槽、2 mm×0.5 mm 槽，保证外圆长度尺寸 12 mm	注意控制槽宽、槽深和外圆长度尺寸
	ϕ20.3 mm 外圆倒角 C1.5 mm，其他外圆倒角 C1 mm	调整中滑板刻度，保证倒角宽度
	掉头，将鸡心夹头装在 ϕ20.3 mm 外圆上，两顶尖装夹	注意鸡心夹头的夹紧力不要过大，以免损伤外圆表面，影响磨削加工
	精车 $\phi 20.3_{-0.05}^{\ 0}$ mm 外圆至尺寸要求，留磨削余量，倒角	注意留磨削余量。图样上的尺寸是磨削后的尺寸，注意不要车错尺寸

续表

车削效果图	车削内容	方法及注意事项
ϕ25 6 12	精车 ϕ25 mm 外圆至尺寸要求	注意标注垂直度要求的端面应车平整
2×0.5	换刀，车 2 mm×0.5 mm 槽	注意控制槽宽、槽深尺寸
全部倒角C1、C1.5	ϕ20.3 mm 外圆倒角 C1.5 mm，其他外圆倒角 C1 mm	调整中滑板刻度，保证倒角宽度

操作提示

两顶尖装夹注意事项

1. 用两顶尖装夹车削前，应先左右移动床鞍，观察床鞍有无碰撞现象。

2. 注意防止因鸡心夹头的拨杆太长与卡盘端面相接触而影响顶尖与中心孔的配合，破坏定心精度。

3. 两顶尖与工件中心孔之间的配合必须松紧适当。如果顶尖顶得太松，工件产生轴向窜动和径向跳动，无法准确定心，车削时容易引起振动，会造成外圆圆柱度误差、同轴度受影响等缺陷；如果顶得过紧，会使工件轴向力增大，造成工件弯曲，同时使顶尖因摩擦产生大量的热而“烧坏”顶尖或中心孔。

4. 尾座套筒在不影响车刀切削的前提下，尽可能伸出短些，以提高刚度，减小振动。

5. 中心孔、顶尖应形状正确、光洁，支顶前应清理中心孔，保证中心孔与顶尖接触良好，若后顶尖选用固定顶尖，应在中心孔中加工业润滑脂（即黄油）润滑。

6. 鸡心夹头必须牢靠地夹紧工件，以防切削时移动、打滑而损坏车刀。

7. 应使前后顶尖轴线与主轴轴线重合，否则车出的工件会产生圆柱度误差。

8. 车长轴时，后顶尖的中心线应与车床主轴轴线重合，否则车出的工件会产生锥度。

9. 应注意安全，防止鸡心夹头勾衣伤人。

三、填写领料单

按要求到材料库领取材料，并完成表 3–15 的填写。

表 3–15　　　　领料单

填表日期：　　年　月　日　　　　　　发料日期：　　年　月　日

<table>
<tr><td>领料部门</td><td></td><td colspan="3">产品名称及数量</td><td colspan="3"></td></tr>
<tr><td>领料单号</td><td></td><td colspan="3">零件名称及数量</td><td colspan="3"></td></tr>
<tr><td>材料名称</td><td>材料规格及型号</td><td rowspan="2">单位</td><td colspan="3">数量</td><td rowspan="2">单价</td><td rowspan="2">总价</td></tr>
<tr><td rowspan="2"></td><td rowspan="2"></td><td>请领</td><td colspan="2">实发</td></tr>
<tr><td></td><td></td><td colspan="2"></td><td></td><td></td></tr>
<tr><td colspan="2">材料用途</td><td rowspan="2">材料仓库</td><td>主管</td><td>发料数量</td><td rowspan="2">领料部门</td><td>主管</td><td>领料数量</td></tr>
<tr><td colspan="2"></td><td></td><td></td><td></td><td></td></tr>
</table>

四、完成加工

1．在车床上完成多联齿轮轴零件的加工，并将加工过程中出现的问题记录下来。

2. 加工完毕，按照图样要求进行自检，正确放置零件，并进行产品交接确认；按照国家环保相关规定和车间要求，整理现场，正确处置废油液等废弃物；按车间管理规定填写交接班记录。

3. 多联齿轮轴加工完成后要对车床进行保养，根据车床保养的实际情况填写设备日常保养记录卡。

学习活动 4　多联齿轮轴的测量及误差分析

学习目标

1. 能利用两顶尖形架、杠杆百分表等工具、量具准确、规范地测量多联齿轮轴零件的几何误差。

2. 能根据多联齿轮轴的测量结果，分析几何误差产生的原因。

3. 能正确、规范地使用工具、量具，并对其进行合理保养和维护。

4. 能规范填写多联齿轮轴几何误差测量报告。

5. 能按检测室管理要求，正确放置检测工具、量具。

6. 能主动获取有效信息，展示工作成果，对学习与工作进行反思总结，并能与他人开展良好合作，进行有效的沟通。

7. 能按要求正确、规范地完成本次学习活动工作页的填写。

建议学时：6 学时。

学习过程

一、填写多联齿轮轴质量检测表

对加工完成的多联齿轮轴进行检测，并将检测结果填入表 3–16 中。

表 3–16　　多联齿轮轴质量检测表

序号	考核项目	配分 IT，*Ra*	考核内容及要求	评分标准	检验记录 IT，*Ra*	得分
1	主要尺寸（41 分）	5，4	$\phi48_{-0.016}^{0}$ mm，*Ra*1.6 μm	超差不得分		
2		5，4	$\phi36_{-0.016}^{0}$ mm，*Ra*1.6 μm	超差不得分		
3		8，3	ϕ（20 ± 0.007）mm，*Ra*3.2 μm（2 处）	超差不得分		
4		6	同轴度 ϕ0.02 mm（2 处）	超差不得分		
5		6	垂直度 0.02 mm（2 处）	超差不得分		
6	次要尺寸（35 分）	4	14 mm（2 处）	超差不得分		
7		2	29 mm	超差不得分		
8		2	20 mm	超差不得分		
9		4	ϕ26 mm × 5 mm	超差不得分		
10		2	2 mm × 0.5 mm（2 处）	超差不得分		
11		3	ϕ25 mm（2 处）	超差不得分		
12		4	12 mm（2 处）	超差不得分		
13		4	（69 ± 0.1）mm	超差不得分		
14		4	中心孔（2 处）	超差不得分		
15		3	*C*1 mm（6 处）	超差不得分		
16		3	*C*1.5 mm（2 处）	超差不得分		
17	其余表面粗糙度（10 分）	10	*Ra*6.3 μm（11 处）	降级不得分		
18	主观评分（9 分）	3	已加工零件倒角、倒圆、去毛刺是否符合图样要求			
19		3	已加工零件是否有划伤、碰伤和夹伤			
20		3	已加工零件与图样要求的一致性			
21	更换毛坯（5 分）	5	是否更换毛坯		是 / 否	
22	职业素养	扣分	能正确穿戴工作服、工作鞋、安全帽和护目镜等劳动防护用品。每违反一项扣 2 分			
23			能规范使用设备、工具、量具和辅具。每违规操作一次扣 2 分			
24			能做好设备清洁、保养工作。不清洁、不保养扣 3 分，清洁、保养不彻底扣 2 分			
总配分			100	总得分		

注：时间定额为 360 min，超过 10 min 扣 10 分；超过 30 min 不合格。

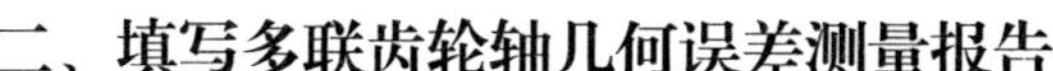

二、填写多联齿轮轴几何误差测量报告

根据多联齿轮轴的同轴度和垂直度检测结果进行误差分析，并将分析结果填入表 3–17 中。

表 3–17　　　　多联齿轮轴几何误差测量报告

测量内容	同轴度	零件名称	多联齿轮轴
测量工具和仪器	V 形架、杠杆百分表等	测量人员	
班级		日期	

1. 测量目的：

保证被测要素 $\phi48^{\ 0}_{-0.016}$ mm 外圆轴线相对于基准要素 A、B（两个 ϕ20js6 外圆轴线）的同轴度要求为 0.02 mm 以内

2. 测量步骤：

（1）将零件放置在标准平板上

（2）将多联齿轮轴放置在 V 形架上，使基准要素 A、B 两个 ϕ20js6 外圆表面与 V 形架表面接触

（3）选取合适的杠杆百分表，使测头分别与基准要素 A、B 两个 ϕ20js6 外圆表面接触，检测其圆柱度

（4）若两基准外圆的圆柱度无误差，使测头与被测要素 $\phi48^{\ 0}_{-0.016}$ mm 外圆表面接触，检测其圆柱度

（5）观察被测要素 $\phi48^{\ 0}_{-0.016}$ mm 外圆轴线相对于基准要素 A、B 两个 ϕ20js6 外圆轴线的同轴度是否在 0.03 mm 以内

3. 测量要领：

（1）选取合适的杠杆百分表和测头

（2）测量时，使多联齿轮轴缓慢、有规律地旋转

（3）测量前准备两个高精度的 V 形架

4. 结论（误差分析）：

续表

测量内容	垂直度	零件名称	多联齿轮轴
测量工具和仪器	V 形架、杠杆百分表等	测量人员	
班　　级		日　　期	

1. 测量目的：

保证被测要素 $\phi48_{-0.016}^{\ 0}$ mm 左侧端面相对于基准要素 A、B（两个 ϕ20js6 外圆轴线）的垂直度要求为 0.02 mm 以内

2. 测量步骤：

（1）将零件放置在标准平板上

（2）将多联齿轮轴放置在 V 形架上，使基准要素 A、B 两个 ϕ20js6 外圆表面与 V 形架表面接触

（3）使测头与被测要素 $\phi48_{-0.016}^{\ 0}$ mm 外圆的左侧端面接触，检测轴向圆跳动

（4）观察被测要素 $\phi48_{-0.016}^{\ 0}$ mm 外圆的左侧端面相对于基准要素 A、B 两个 ϕ20js6 外圆轴线的垂直度是否在 0.03 mm 以内

3. 测量要领：

（1）选取合适的杠杆百分表和测头

（2）测量端面垂直度时，首先测量轴向圆跳动是否合格，如果符合要求，再测量端面垂直度

（3）测量垂直度时，保证两 V 形架在同一直线上，否则会影响测量效果，导致测量结果不准确

4. 结论（误差分析）：

操作提示

偏摆检查仪

偏摆检查仪（图 3–7）主要测量轴类及盘套类零件的圆跳动公差，表架设计精巧合理，上下、前后、左右调节平稳自如，操作方便，表架刚度好，提高了检测仪器的灵敏性。

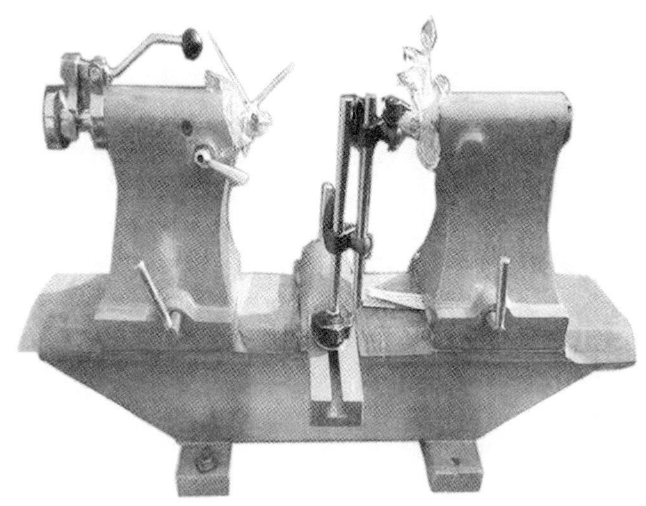

图 3–7　偏摆检查仪

偏摆检查仪的使用方法：拧紧偏心轴把手，首先将固定顶尖在仪表座上固定。按被测零件长度将活动顶尖固定在合适的位置。压下球头手柄，装入零件，用两顶尖顶住零件中心孔。拧紧紧固把手，将顶尖固定。将活动表座放在所需位置。配合百分表（千分表）即可进行检测工作。

偏摆检查仪的规格见表 3–18。

表 3–18　偏摆检查仪规格

型号	中心高 /mm	测量直径 /mm	精度	
			水平方向 /μm	垂直方向 /μm
2010	100	≤ 170	≤ 8	≤ 5
3017	170	≤ 270	≤ 8	≤ 5
5025	250	≤ 460	≤ 8	≤ 5
5030	300	≤ 560	≤ 8	≤ 5
10017	170	≤ 270	≤ 10	≤ 8
10025	250	≤ 460	≤ 10	≤ 8
10030	300	≤ 560	≤ 10	≤ 8
20025	250	≤ 460	≤ 30	≤ 20
20030	300	≤ 560	≤ 30	≤ 20

偏摆检查仪使用规程

1. 偏摆检查仪是精密的检测仪器，操作者必须熟练掌握仪器的操作技能，精心维护、保养，并指定专人使用。

2. 偏摆检查仪必须保持完好，设备安装应平衡可靠，导轨面要光滑，无磕碰伤痕。

3. 零件检测前，应先用长度为 400 mm 的检验棒和百分表对偏摆检查仪进行精度校验，在确保合格后方可使用。

4. 零件检测时，应小心轻放，导轨面上不允许放置任何工具或零件。

5. 零件检测完毕，应立即对仪器进行维护、保养，导轨及顶尖套应涂油防锈，并保持周围环境整洁。

6. 应指定专人每月定期对偏摆检查仪进行精度实测检查，确保设备完好，并做好实测记录。

三、清理现场，归置物品

多联齿轮轴检测完毕，按照“6S”管理规定，正确保养工具、量具，清理现场，合理归置物品。

学习活动 5　工作总结与评价

学习目标

1. 能自信地展示自己的作品，讲述自己作品的优势和特点。

2. 能倾听别人对自己作品的点评。

3. 能总结工作经验，优化加工策略。

4. 能在作业过程中严格执行企业操作规范、安全生产制度、环保管理制度以及“6S”管理规定，严格遵守从业人员的职业道德，树立吃苦耐劳、爱岗敬业的工作态度和职业责任感。

5. 能与班组长、工具管理员等相关人员进行有效的沟通与合作，理解有效沟通和团队合作的重要性。

6. 能按要求正确、规范地完成本次学习活动工作页的填写。

建议学时：6 学时。

学习过程

一、小组评价

1．以小组为单位派出代表介绍自己小组的优秀作品，通过作品展示，锻炼每一位小组成员的表达能力，同时提升自己的专业素养。

选出组内评价较高的作品进行展示，并就作品实用性、工艺性和产品质量等内容做必要介绍，听取并记录其他小组对本组作品的评价和改进建议。

（1）实用性：

（2）工艺性：

（3）产品质量

1）尺寸精度：

2）几何精度：

3）表面粗糙度：

2．所展示作品中有哪些部位存在尺寸缺陷和表面质量缺陷？简述是什么原因导致的，并总结出避免质量缺陷的加工建议。

（1）质量缺陷

1）尺寸缺陷：

2）表面质量缺陷：

（2）分析造成质量缺陷的原因，并写出预防措施。

（3）如果下次接到相似的任务，在加工过程中，应优化哪些加工策略?

二、总结加工多联齿轮轴的心得体会

（1）通过本任务，学习了哪些车削加工知识和技能?

（2）简述按照本任务加工工序卡给定的加工顺序进行加工，对保证零件精度和质量有哪些意义。若变更加工顺序会产生怎样的影响?

三、制定工艺方案和工作计划的理由

通过执行本次加工任务，试简述生产企业在每次执行新的加工任务前制定详细的工艺方案和工作计划的理由。

四、加工成本估算

总结加工工序、工时，填写表 3–19 并进行简单的成本估算。

表 3–19　　加工成本估算表

序号	加工内容	预计工时	成本测算项目			成本估算值
			设备	工具、夹具、刃具	辅具及切削液	
1						
2						

续表

序号	加工内容	预计工时	成本测算项目			成本估算值
			设备	工具、夹具、刃具	辅具及切削液	
3						
4						
5						
6						
7						
8						
9						
10						

五、评价与分析

任务评价由自我评价、小组评价和教师评价 3 部分组成，检验并提升学生的综合职业能力，完成表 3–20 的填写。

表 3–20　　任务评价表

班级：__________　　学生姓名：__________　　学号：__________

项目	自我评价			小组评价			教师评价		
	10 ~ 9 分	8 ~ 6 分	5 ~ 1 分	10 ~ 9 分	8 ~ 6 分	5 ~ 1 分	10 ~ 9 分	8 ~ 6 分	5 ~ 1 分
	占总评 10%			占总评 30%			占总评 60%		
学习活动 1									
学习活动 2									
学习活动 3									
学习活动 4									
学习活动 5									
表达能力									
协作精神									
纪律观念									
工作态度									
任务总体表现									
小计分									
总评分									

任课教师：　　年　月　日

任务拓展

中间齿轮套的普通车加工

学习目标

1．能正确阅读中间齿轮套生产任务单，明确工作时间、加工数量等要求，叙述所加工零件的用途、功能和分类。

2．能识读中间齿轮套零件图样和加工工艺卡，明确加工技术要求和加工工艺。

3．能根据中间齿轮套材料、刀具材料、加工性质等特征，查阅技术手册，确定切削速度、每转进给量和背吃刀量，并能运用切削速度计算公式，计算相应的转速。

4．能根据现场条件，查阅相关资料，确定符合中间齿轮套零件加工技术要求的工具、量具、夹具、刃具、辅具及切削液。

5．能检查车床功能情况，按车床操作规程进行加工前润滑、预热等准备工作。

6．能严格遵守车床操作规程，按工步加工中间齿轮套；根据切削状态调整切削用量，保证正常切削；适时检测，保证加工精度。

建议学时

60 学时。

工作情境描述

某企业接到一个中间齿轮套零件（图 3-8）的加工订单，数量为 50 件，材料为 45 钢，工期为 10 天，来料加工。现生产部门安排车工加工组完成此任务的车削加工。

模数m	2
大齿轮z_1	35
小齿轮z_2	28
压力角a	20°
精度等级	7—FL

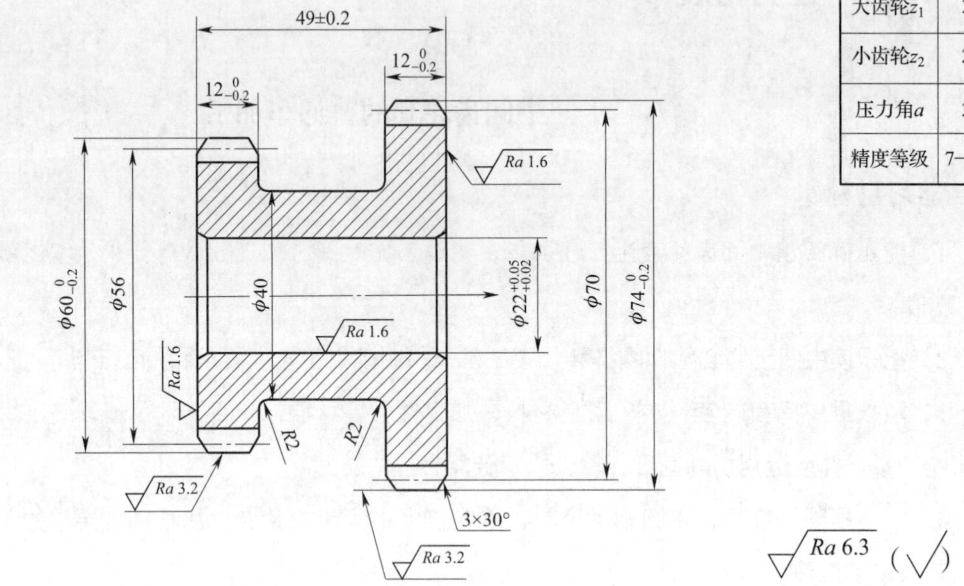

技术要求

1. 齿面淬火40~45HRC。
2. 未注倒角为$C1$。
3. 未注尺寸公差按GB/T 1804—m。

标记	分区	更改文件号	签名	年、月、日	45	中间齿轮套
设计（签名）（年月日）	（标准化）	（签名）	（年月日）		阶段标记 质量 比例	
审核						
工艺	批准				共 张 第 张	

图 3-8　中间齿轮套零件图

学习评价

对加工完成的中间齿轮套进行检测，并将检测结果填入表 3–21 中。

表 3–21 中间齿轮套质量检测表

序号	考核项目	配分 IT，*Ra*	考核内容及要求	评分标准	检验记录 IT，*Ra*	得分
1	主要尺寸（60 分）	7，3	$\phi74_{-0.2}^{\ 0}$ mm，$Ra3.2$ μm	超差不得分		
2		7，3	$\phi60_{-0.2}^{\ 0}$ mm，$Ra3.2$ μm	超差不得分		
3		10，8	$\phi22_{+0.02}^{+0.05}$ mm，$Ra1.6$ μm	超差不得分		
4		8	$12_{-0.2}^{\ 0}$ mm（2 处）	超差不得分		
5		6	（49 ± 0.2）mm	超差不得分		
6		8	$Ra1.6$ μm（2 处）	超差不得分		
7	次要尺寸（10 分）	4	$\phi40$ mm	超差不得分		
8		4	3 × 30°（4 处）	超差不得分		
9		2	*C*1 mm（2 处）	超差不得分		
10	其余表面粗糙度（16 分）	16	$Ra6.3$ μm（16 处）	超差不得分		
11	主观评分（9 分）	3	已加工零件倒角、倒圆、去毛刺是否符合图样要求			
12		3	已加工零件是否有划伤、碰伤和夹伤			
13		3	已加工零件与图样要求的一致性			
14	更换毛坯（5 分）	5	是否更换毛坯		是 / 否	
15	职业素养	扣分	能正确穿戴工作服、工作鞋、安全帽和护目镜等劳动防护用品。每违反一项扣 2 分			
16			能规范使用设备、工具、量具和辅具。每违规操作一次扣 2 分			
17			能做好设备清洁、保养工作。不清洁、不保养扣 3 分，清洁、保养不彻底扣 2 分			
总配分			100	总得分		

注：时间定额为 360 min，超过 10 min 扣 10 分；超过 30 min 不合格。

世赛知识

普通车床加工在世赛制造团队挑战赛项目中的应用

制造团队挑战赛项目要求由项目管理、计算机辅助设计、编程、机械加工、焊接、电工 / 电子和装配方面的专业技术与技能人员组成精干、高效的 3 人团队，进行设备（一次性设备或成批生产的样机）的设计、制造、组装与测试。

世界技能大赛制造团队挑战赛项目比赛赛程为 4 天。前 3 天进行设备的设计、制造和组装，累计比赛时间限制在 21 小时内，所用时间越短越好。第 4 天进行设备的测试，累计比赛时间限制在 7 小时内，所有参赛队依次操作设备实现所有功能。每个团队成员需要具有超越自身专业和技能的思维能力，才能充分发挥团队的综合实力。

应用普通车床进行车削加工是制造团队挑战赛项目的基本考核技能之一，参赛选手需要应用车床加工技能，在竞赛中完成单件零件的车削加工，如车外圆、车锥度、车内外螺纹、镗孔、车槽等操作，图 3–9 所示为第 44 届世界技能大赛制造团队挑战赛全国选拔赛样题，其中件 10、件 12 是车削件。

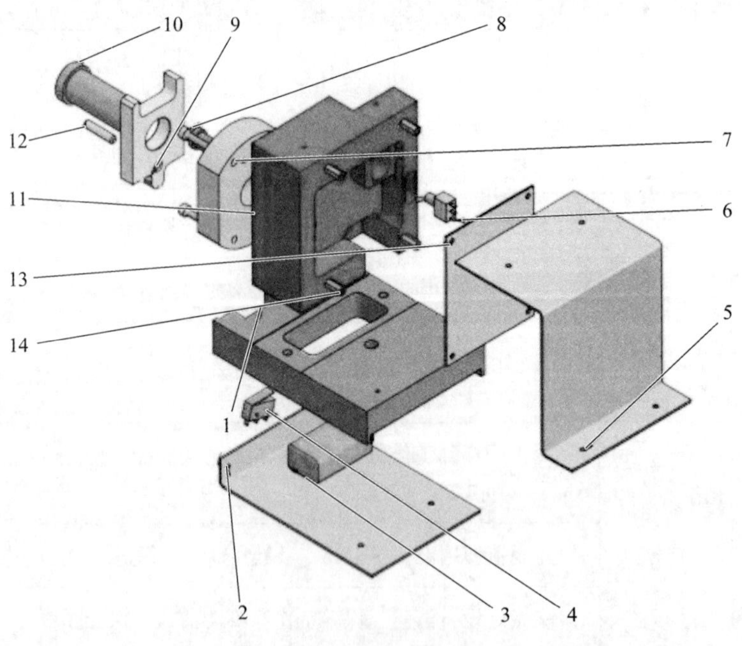

图 3–9　第 44 届世界技能大赛制造团队挑战赛全国选拔赛样题

学习任务四　锥面配合件的普通车加工

学习目标

1. 能正确阅读生产任务单，明确工作时间、加工数量等要求，叙述所加工零件的用途、功能和分类。

2. 能借助技术手册，查阅锥面配合件的材料牌号、热处理要求和几何公差等，理解技术手册在生产中的重要性。

3. 能识读锥面配合件零件图和加工工艺卡，明确加工技术要求和加工工艺。

4. 能识读和绘制回转类零件剖视图和装配图，正确绘制锥面配合件零件图。

5. 能叙述锥面配合件尺寸公差和几何公差的含义，并分析加工中的注意事项。

6. 能运用多种机械加工方法加工锥面配合件，正确选择本次加工任务要求的刀具和切削液。

7. 能叙述量块的结构和检测原理，配合正弦规检测锥柄的锥度。

8. 能叙述正弦规的结构和检测原理，根据加工实际情况调整正弦规，以满足检测需要。

9. 能叙述圆锥量规的结构和检测原理，能用圆锥套规检测锥柄，能用圆锥塞规检测锥套。

10. 能正确使用杠杆百分表进行锥面配合件的检测。

11. 能根据锥面配合件的检测结果，分析几何误差产生的原因。

12. 能按车间现场管理规定和产品工艺流程的要求，正确放置锥面配合件并进行质量检验和确认。

13. 能按照国家环保相关规定和车间要求，正确处置废油液等废弃物。

14. 能按产品加工工艺流程和车间要求，进行产品交接并规范填写交接班记录表。

15. 能主动获取有效信息，展示工作成果，对学习与工作进行反思总结，并能与他人开展良好合作，进行有效的沟通。

建议学时

50 学时。

工作情境描述

某企业接到一批锥面配合件（图 4–1 ~图 4–3）的加工订单，锥面配合件主要起自动定心作用，加工数量为 50 件，材料为 45 钢，工期为 5 天，来料加工。现生产部门安排车工加工组完成此任务的车削加工。

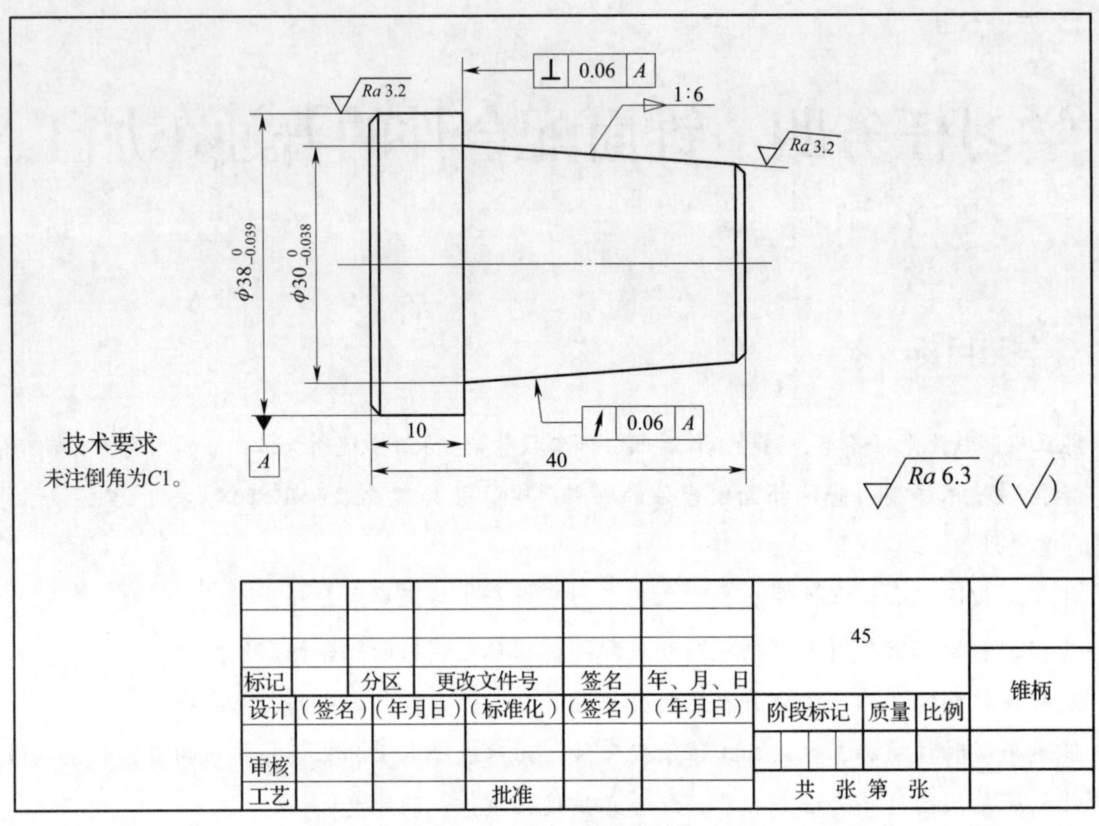

图 4-1 锥柄零件图

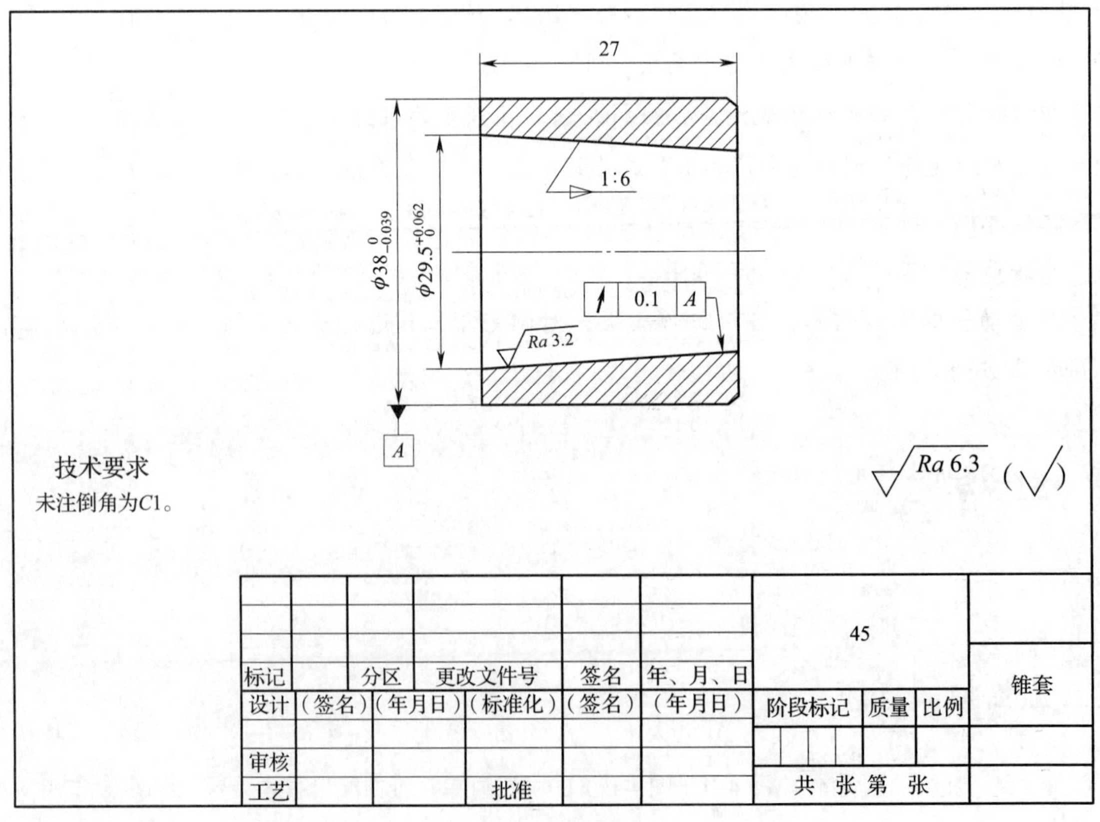

图 4-2 锥套零件图

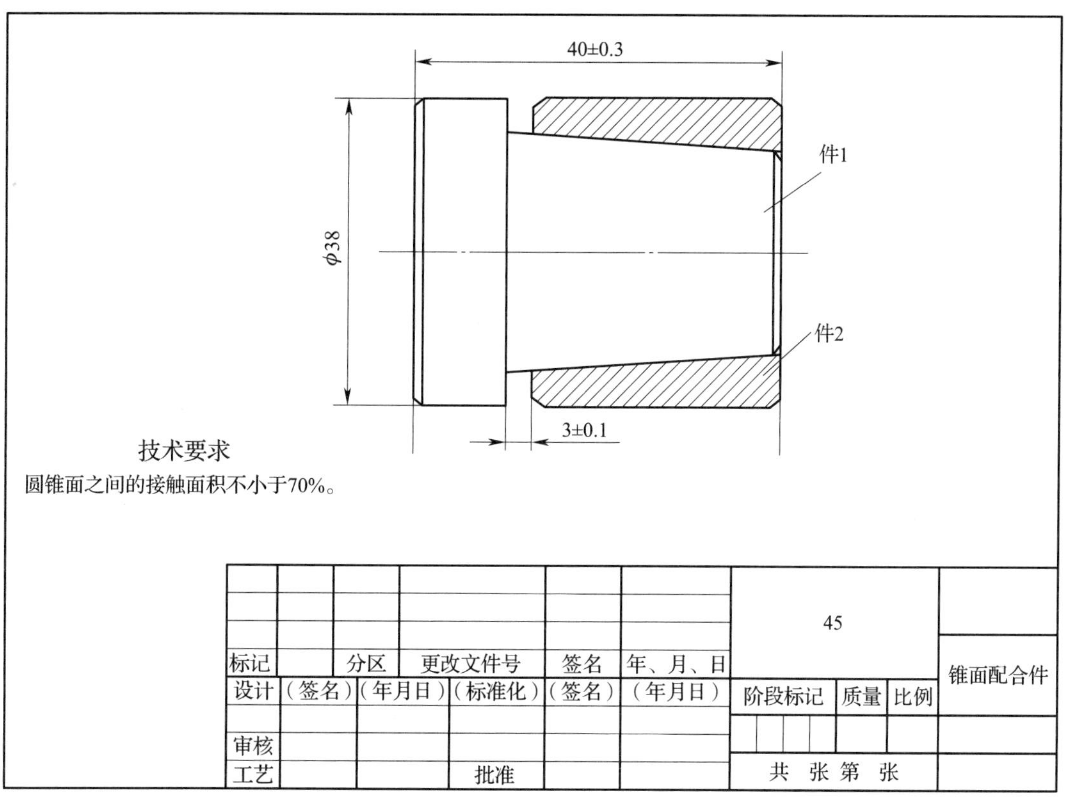

图 4-3　锥面配合件装配图

工作流程与活动

1．锥面配合件的加工工艺分析（4 学时）

2．工具、量具、夹具、刃具的准备（4 学时）

3．锥面配合件的加工（30 学时）

4．锥面配合件的测量及误差分析（4 学时）

5．工作总结与评价（8 学时）

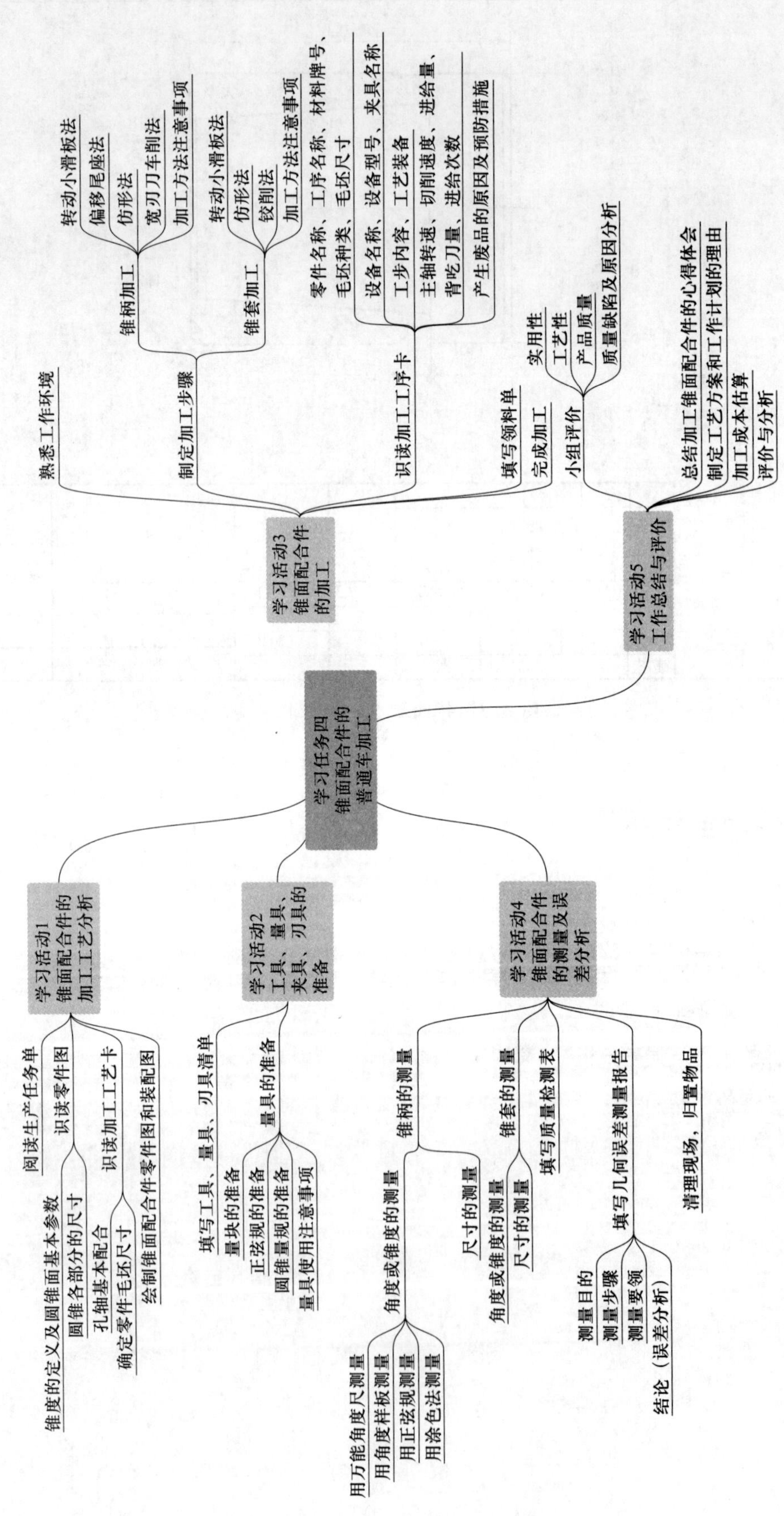
学习任务四 锥面配合件的普通车加工
学习活动1 锥面配合件的加工工艺分析
阅读生产任务单
识读零件图
锥度的定义及圆锥面基本参数
圆锥各部分的尺寸
孔轴基本配合
识读加工工艺卡
确定零件毛坯尺寸
绘制锥面配合件零件图和装配图
学习活动2 工具、量具、夹具、刃具的准备
填写工具、量具、刃具清单
量具的准备
量块的准备
正弦规的准备
圆锥量规的准备
量具使用注意事项
学习活动3 锥面配合件的加工
熟悉工作环境
制定加工步骤
锥柄加工
转动小滑板法
偏移尾座法
仿形法
宽刃刀车削法
加工方法注意事项
锥套加工
转动小滑板法
仿形法
铰削法
加工方法注意事项
识读加工工序卡
零件名称、工序名称、材料牌号、毛坯种类、毛坯尺寸
设备名称、设备型号、夹具名称
工步内容、工艺装备
主轴转速、切削速度、进给量、背吃刀量、进给次数
产生废品的原因及预防措施
填写领料单
完成加工
学习活动4 锥面配合件的测量及误差分析
锥柄的测量
角度或锥度的测量
用万能角度尺测量
用角度样板测量
用正弦规测量
用涂色法测量
尺寸的测量
锥套的测量
角度或锥度的测量
尺寸的测量
填写质量检测表
填写几何误差测量报告
测量目的
测量步骤
测量要领
结论（误差分析）
清理现场，归置物品
学习活动5 工作总结与评价
小组评价
实用性
工艺性
产品质量
质量缺陷及原因分析
总结加工锥面配合件的心得体会
制定工艺方案和工作计划的理由
加工成本估算
评价与分析

学习活动 1　锥面配合件的加工工艺分析

学习目标

1. 能正确叙述锥面配合件的功能与作用。
2. 能正确分析锥面配合件零件图并识读加工工艺卡。
3. 能绘制锥面配合件零件图，分析装配图的画法。
4. 能叙述锥面配合件尺寸公差和几何公差的含义，并分析加工中的注意事项。
5. 能按要求正确、规范地完成本次学习活动工作页的填写。

建议学时：4 学时。

学习过程

一、阅读生产任务单（表 4–1）

表 4–1　生产任务单

需方单位名称				完成日期	年　月　日	
序号	产品名称	材料	数量	技术标准、质量要求		
1	锥柄	45 钢	50 件	按图样要求		
2	锥套	45 钢	50 件	按图样要求		
3						
4						
生产批准时间		年　月　日	批准人			
通知任务时间		年　月　日	发单人			
接单时间		年　月　日	接单人		生产班组	车工组

1．根据表 4–1 生产任务单，明确本次生产任务的相关要求。

加工零件名称：锥面配合件

材料：45 钢

加工数量：50 件

2．在生活和工作中，经常会见到如图 4–4 所示的锥面配合件，借助技术手册，明确锥面配合件的常用材料及主要用途。

（1）常用材料：根据使用要求不同，锥面配合件的材料可以是优质碳素结构钢（如 45 钢）、合金结构钢（如 45Mn2、40Cr、38CrMoAlA 等）、合金工具钢（如 Cr12MoV、5CrNiMo 等）。

（2）主要用途：锥面配合件在机械行业中应用广泛，其具有配合紧密、自动定心、自锁性好、装拆方便、互换性好等特点，常用于机床主轴、尾座锥孔、圆锥齿轮、顶尖和刀具锥柄等零件中。

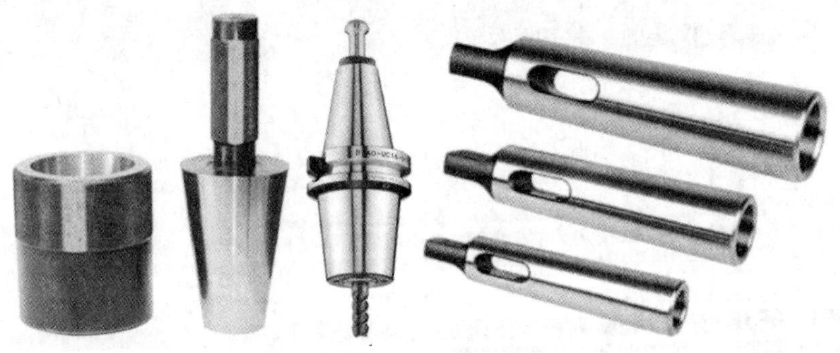

图 4–4 常见锥面配合件

二、识读锥面配合件零件图

1．如图 4–1、图 4–2 和图 4–3 所示，本次任务加工的零件类型是锥面配合类，常见的锥面配合件都有哪些?

常见的锥面配合件有圆锥量规、机床主轴与刀柄、机床主轴与检验棒、钻床主轴与钻头等。

2．简述锥度的定义并列举圆锥面基本参数。用公式表示锥度 C 与圆锥半角 $\alpha/2$ 之间的关系。

最大圆锥直径与最小圆锥直径之差与圆锥长度之比称为锥度 C。圆锥面基本参数有最大圆锥直径 D、最小圆锥直径 d、圆锥长度 L、圆锥半角 $\alpha/2$。锥度 C 与圆锥半角 $\alpha/2$ 之间的关系为$\tan\frac{\alpha}{2}=\frac{C}{2}$ 或 $C=2\tan\frac{\alpha}{2}$。

3．锥面配合件零件图中标注的含义

（1）简述以下两种几何公差在锥面配合件零件图中的具体含义。

| ↗ | 0.06 | A |：被测要素锥柄圆锥面相对于基准要素 A（轴线）的圆跳动要求为 0.06 mm。

| ⊥ | 0.06 | A |：被测要素锥柄中间端面相对于基准要素 A（轴线）的垂直度要求为 0.06 mm。

（2）简述锥面配合件零件图中以下标注的含义。

▷ 1∶6：被测要素锥柄外圆锥面的锥度是 1∶6；被测要素锥套内圆锥面的锥度是 1∶6。

4．识读锥面配合件零件图，简述本次任务中锥面配合件的主要加工内容和加工要求。

主要加工内容有外圆、外圆锥面、内圆锥面和端面等；主要加工要求有外圆、外圆锥面和内圆锥面的直径尺寸公差要求、长度尺寸公差要求、锥度要求、几何公差（垂直度和圆跳动）要求、表面粗糙度要求等。

5．常用的标准工具圆锥有哪几种？每种又可分为哪几种号码？

常用的标准工具圆锥有莫氏圆锥和米制圆锥两种。莫氏圆锥有 0 ～ 6 号 7 种，其中最小的是 0 号（Morse No.0），最大的是 6 号（Morse No.6）。米制圆锥有 7 个号码，即 4 号、6 号、80 号、100 号、120 号、160 号和 200 号。

6．根据表 4–2 所列的已知条件，求 $\alpha/2$、C、d、D、L，并完成表 4–2 的填写。

表 4–2　圆锥各部分的尺寸

序号	大径 D/mm	小径 d/mm	长度 L/mm	锥度 C	圆锥半角 $\alpha/2$
1	100	80	120	1∶6	4.76°
2	46	30	64	1∶4	7.13°
3	68	64	80	1∶20	1.43°
4	52	42	18.66	0.54	15°

三、识读锥面配合件加工工艺卡

锥柄和锥套加工工艺卡分别见表 4–3 和表 4–4。

表 4–3　锥柄加工工艺卡

<table>
<tr><td colspan="2" rowspan="2">（单位名称）</td><td rowspan="2">加工工艺卡</td><td>产品名称</td><td colspan="2"></td><td colspan="2">图号</td><td colspan="4"></td></tr>
<tr><td>零件名称</td><td colspan="2">锥柄</td><td colspan="2">数量</td><td colspan="2">50</td><td colspan="2">第 1 页</td></tr>
<tr><td>材料种类</td><td>中碳钢</td><td>材料成分</td><td>45 钢</td><td colspan="2">毛坯尺寸</td><td colspan="4">ϕ40 mm × 45 mm</td><td colspan="2">共 1 页</td></tr>
<tr><td>工序号</td><td colspan="3">工序内容</td><td>车间</td><td>设备</td><td>夹具</td><td colspan="2">量具</td><td>刃具</td><td>计划工时</td><td>实际工时</td></tr>
<tr><td>01</td><td colspan="3">下料，ϕ40 mm × 45 mm 圆棒料</td><td>下料</td><td>锯床</td><td>机用虎钳</td><td colspan="2">游标卡尺</td><td>锯条</td><td></td><td></td></tr>
<tr><td>10</td><td colspan="3">车锥柄左端</td><td>车</td><td>车床</td><td>三爪自定心卡盘</td><td colspan="2">游标卡尺</td><td>外圆车刀、端面车刀</td><td></td><td></td></tr>
<tr><td>20</td><td colspan="3">车锥柄右端</td><td>车</td><td>车床</td><td>三爪自定心卡盘</td><td colspan="2">游标卡尺</td><td>外圆车刀、端面车刀</td><td></td><td></td></tr>
<tr><td>30</td><td colspan="3">检验</td><td>检验室</td><td></td><td></td><td colspan="2">游标卡尺、杠杆百分表、V 形架、平板、正弦规、量块、圆锥套规</td><td></td><td></td><td></td></tr>
<tr><td>更改号</td><td colspan="3"></td><td colspan="2">拟定</td><td>校正</td><td colspan="3">审核</td><td colspan="2">批准</td></tr>
<tr><td>更改者</td><td colspan="3"></td><td colspan="2"></td><td></td><td colspan="3"></td><td colspan="2"></td></tr>
<tr><td>日　期</td><td colspan="3"></td><td colspan="2"></td><td></td><td colspan="3"></td><td colspan="2"></td></tr>
</table>

表 4-4 锥套加工工艺卡

（单位名称）		加工工艺卡	产品名称			图号				
			零件名称	锥套		数量	50		第 1 页	
材料种类	中碳钢	材料成分	45 钢	毛坯尺寸		ϕ40 mm × 42 mm			共 1 页	
工序号	工序内容			车间	设备	夹具	量具	刃具	计划工时	实际工时
01	下料，ϕ40 mm × 42 mm 圆棒料			下料	锯床	机用虎钳	游标卡尺	锯条		
10	车锥套左端			车	车床	三爪自定心卡盘	游标卡尺	外圆车刀、端面车刀、钻头、内孔车刀		
20	车锥套右端			车	车床	三爪自定心卡盘	游标卡尺	端面车刀		
30	检验			检验室			游标卡尺、杠杆百分表、V 形架、平板、圆锥塞规			
更改号				拟定		校正	审核		批准	
更改者										
日　期										

1．在加工锥柄（图 4-1）和锥套（图 4-2）时，发现轴的加工尺寸小于其基本尺寸，孔的加工尺寸大于其基本尺寸，简述常见的孔轴基本配合。锥面配合件属于哪种孔轴配合？为什么轴的尺寸精度比孔要高一级？

常见的孔轴基本配合有过盈配合、过渡配合和间隙配合。锥面配合件属于间隙配合。轴比孔容易加工，因此轴的尺寸精度比孔要高一级。

2．根据表 4-3 和表 4-4 锥面配合件加工工艺卡，简述确定零件毛坯尺寸的方法。

工件的毛坯尺寸应比待加工零件图中标注的最大尺寸大 2 ～ 10 mm。

3．为进一步明确锥面配合件零件图（图 4–1、图 4–2）及装配图（图 4–3）的画法，请在下面位置 1∶1 绘制锥面配合件零件图和装配图。

学习活动 2　工具、量具、夹具、刃具的准备

学习目标

1. 能根据现场条件，查阅资料，确定符合锥面配合件加工技术要求的工具、量具、夹具、刃具、辅具及切削液。

2. 能根据锥面配合件零件图和加工工艺卡，合理选择检测工具和量具。

3. 能叙述量块的结构和检测原理，并配合正弦规检测锥柄的锥度。

4. 能叙述正弦规的结构和检测原理，并根据加工实际情况调整正弦规，以满足检测需要。

5. 能叙述圆锥量规的结构和检测原理，能用圆锥套规检测锥柄，能用圆锥塞规检测锥套。

6. 能主动获取有效信息，展示工作成果，对学习与工作进行反思总结，并能与他人开展良好合作，进行有效的沟通。

7. 能按要求正确、规范地完成本次学习活动工作页的填写。

建议学时：4 学时。

学习过程

一、工具、量具、刃具清单

填写表 4–5 工具、量具、刃具清单，并领取本次任务相关的工具、量具、刃具。

表 4–5　　工具、量具、刃具清单

序号	工具、量具、刃具名称	规格	数量	领用人
1	90° 外圆车刀	/		
2	45° 端面车刀	/		
3	ϕ20 mm 麻花钻	ϕ20 mm		
4	内孔车刀	内孔车刀（加工 $\phi 29.5^{+0.062}_{0}$ mm×27 mm 圆锥内孔）		
5	游标卡尺	0 ~ 200 mm		
6	杠杆百分表	精度为 0.01 mm		
7	V 形架	105 mm × 105 mm × 90 mm		
8	标准平板	630 mm × 630 mm 大理石平板		
9	正弦规	100 mm		
10	量块	83 块		
11	圆锥量规	80 mm		

二、量具的准备

1．量块的准备

检测外圆锥面时应使用量块，图 4–5 所示为成套量块及其尺寸，说明其作用和常用规格。

a）

b）

图 4–5　量块

a）成套量块　b）每块量块尺寸

作用：用于长度单位的复制、保持和尺寸的标准传递；用于检定和校准长度测量仪器、量具的刻度间距；对准确度要求较高的工件进行校检和测量；精加工中用于对机床与夹具尺寸的调整等。

常用规格：8块编组/盒（规格：125 mm、150 mm、175 mm、200 mm、250 mm、300 mm、400 mm、500 mm）；20块编组/盒（规格：5.12 mm、10.24 mm、15.36 mm、…、50 mm、55.12 mm、60.24 mm、…、100 mm）；83块编组/盒（规格：0.5 mm、1 mm、1.005 mm、1.01 mm、1.02 mm、1.03 mm、…、1.5 mm、1.6 mm、1.7 mm、…、1.9 mm、2.0 mm、2.5 mm、3.0 mm、…、9.5 mm、10 mm、20 mm、30 mm、40 mm、50 mm、60 mm、70 mm、80 mm、90 mm、100 mm）。

操作提示

量块使用注意事项

1. 将被测量对象的测量面擦拭干净并去除毛刺，以防止量块损伤而影响测量精度。

2. 应使被测对象与量块的温度一致，尤其是测量大尺寸零件时，否则应考虑温度修正。

3. 应尽量使用以量块中心为圆心，3 mm 为半径的圆内中心区域进行测量，以减小由量块平面性和平行性引起的测量误差。

4. 注意被测对象不应带水，且不应在磁场附近使用量块。

5. 注意不在带有腐蚀性气体和化学药品的环境中使用量块。

6. 量块组合使用时，可在工作面上涂一层薄油膜，以增加量块的研合强度，量块组合尺寸较大时，可使用量块附件中的夹持器，防止散规而损坏量块。

7. 量块组合成某一尺寸时，选用的块数越少越好，一般不超过4块。

8. 量块组合时，应先研合小尺寸量块，再研合大尺寸量块。这样做的好处是，一不易散规，二量块不易造成人为的变形或折断。在量块的组合使用过程中，不允许工作面长时间研合在一起。

9. 量块上如有灰尘，绝对不允许用嘴吹，应用干净的毛刷扫除或用吹尘器除尘。使用时，应戴细纱手套，以防止引起锈蚀。

10. 量块使用后，应用航空汽油或120#溶剂汽油仔细地清洗并擦拭干净，涂上防锈油脂或放入干燥器内存放，避免多盒同规格量块混淆。

2．正弦规的准备

检测外圆锥面时应使用正弦规，图4–6所示为正弦规，说明其作用和结构组成。

作用：正弦规是利用三角函数中的正弦关系来间接测量角度的一种精密量具，本任务中用来测量锥柄外圆锥面的锥度。

结构组成：正弦规主要由一长方体——主体和固定在其两端的两个直径相同的圆柱体组成。两个圆柱体的中心距 L 要求很高，一般为100 mm或200 mm两种。工作时，两圆柱轴线与主体严格平行，且与主体相切。

图 4–6　正弦规

操作提示

正弦规使用注意事项

1. 正弦规属于精密量具，使用前要清洗干净。
2. 不准用正弦规测量表面粗糙的零件，一般被测零件表面粗糙度值 $Ra \leqslant 3.2\ \mu m$。
3. 被测零件表面不应有毛刺、研磨剂、灰屑等脏物，且被测零件不可带有磁性。
4. 使用时，不准将正弦规在平板上来回拖动。
5. 正弦规要轻拿轻放，不能强烈振动、碰撞，以防两圆柱松动。
6. 正弦规使用完毕要清洗涂油，放入盒中。

3．圆锥量规的准备

检测锥面配合件时应使用圆锥量规，图 4–7 所示为圆锥量规，说明其作用和结构组成。

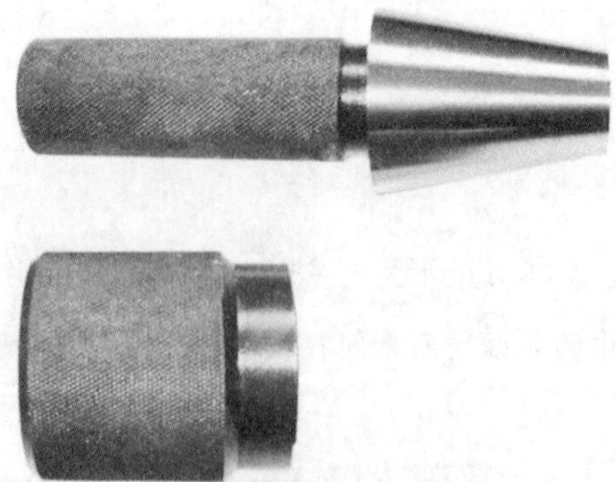

图 4–7　圆锥量规

作用：圆锥量规由圆锥套规和圆锥塞规组成，圆锥套规主要用于检测外圆锥面，本任务中用来检测锥柄的外圆锥面；圆锥塞规用于检测内圆锥面，本任务中用来检测锥套的内圆锥面。

结构组成：圆锥套规和圆锥塞规。

操作提示

圆锥量规使用注意事项

1. 圆锥量规用于检测内、外圆锥角实际偏差的大小和锥体直径，被测内圆锥用圆锥塞规检测，被测外圆锥用圆锥套规检测。圆锥角实际偏差的大小用涂色法检测。

2. 圆锥量规使用时应避免碰伤，远离磁场。使用后应擦干净，涂防锈油，并装入盒内存放。

学习活动3　锥面配合件的加工

学习目标

1. 能熟悉车间和工作区的范围及限制，理解企业对环境、安全、卫生和事故的预防标准。

2. 能检查工作区、设备、工具、材料的状况和功能。

3. 能正确识读锥面配合件加工工序卡，进一步明确锥面配合件的加工方法。

4. 能按锥面配合件零图要求，测量毛坯外形尺寸，并判断毛坯是否有足够的加工余量。

5. 能检查车床功能情况，按车床操作规程进行加工前润滑、预热等准备工作。

6. 能运用多种机械加工方法加工锥面配合件，正确选择本次加工任务要求的刀具和切削液。

7. 能利用游标卡尺对所加工的锥面配合件进行正确、规范的检测。

8. 能对锥面配合件的内外圆锥尺寸进行控制。

9. 能进行自检，判断零件是否合格。

10. 能严格按照车间现场管理规定，正确、规范地操作和保养机床。

11. 能按车间现场管理规定和产品加工工艺流程的要求，正确放置锥面配合件并进行质量检测和确认。

12. 能按照国家环保相关规定和车间要求，正确处置废油液等废弃物。

13. 能按产品加工工艺流程和车间要求，进行产品交接并规范填写交接班记录表。

14. 能主动获取有效信息，展示工作成果，对学习与工作进行反思总结，并能与他人开展良好合作，进行有效的沟通。

15. 能按要求正确、规范地完成本次学习活动工作页的填写。

建议学时：30 学时。

学习过程

一、熟悉工作环境

熟悉车间和工作区的范围及限制，理解企业对环境、安全、卫生和事故的预防标准。

二、制定加工步骤

1．步骤一：锥面配合件中锥柄的加工

锥柄的加工有转动小滑板法、偏移尾座法、仿形法和宽刃刀车削法四种加工方法。

（1）转动小滑板法

1）如图 4-8 所示为转动小滑板法车锥柄，简述其特点。

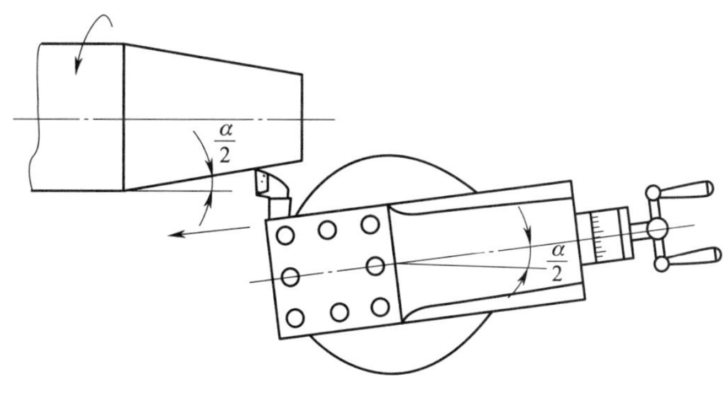

图 4-8　转动小滑板法车锥柄

①可以车削各种角度的外圆锥面，适用范围广。

②操作简便，能保证一定的车削精度。

③由于小滑板只能手动进给，因此劳动强度较大，表面粗糙度也较难控制，而且车削锥面的长度受小滑板行程限制。

④适用于加工圆锥半角较大且锥体不长的工件。

2）简述装夹零件和车刀时的注意事项。

工件旋转中心必须与主轴旋转中心重合；车刀刀尖必须严格对准工件的旋转中心，否则车出的圆锥素线不是直线，而是双曲线。

3）找正圆锥角度可采取什么方法?

将圆锥套规轻轻地套在工件上，用手捏住圆锥套规左、右两端分别做上、下摆动，如果一端有间隙，就表明锥度不正确。大端有间隙，说明圆锥角太小；小端有间隙，说明圆锥角太大。此时可以松开转盘螺母（防止扳手碰撞转盘，引起角度变化），按角度调整方向用铜棒轻轻敲动小滑板，使小滑板做微小转动，然后锁紧转盘螺母。角度调整好后，按中滑板刻度调整切削深度，车外圆锥面。再次用圆锥套规检测，若左、右两端均不能摆动，表明圆锥角度基本正确。也可用涂色法做精确检查，根据擦痕情况判断圆锥角大小，确定小滑板调整的方向和调整量，调整后再试车，直到圆锥角度找正为止。

操作提示

转动小滑板法车锥柄时的注意事项

1. 车刀刀尖必须严格对准零件旋转中心，避免车圆锥面时产生双曲线误差。
2. 车圆锥前所加工的圆柱直径应大于圆锥大端直径，留余量 1 mm 左右。
3. 用圆锥套规检查时，套规和零件表面均用绢绸擦干净；零件表面粗糙度值 $Ra \leqslant 3.2\ \mu m$，并去毛刺；涂色要薄而均匀，转动量应在半圈以内，不可来回旋转。
4. 车削过程中，锥度一定要严格、精确地计算和调整；长度尺寸必须严格控制。
5. 车刀切削刃要始终保持锋利，零件表面应一刀车出。

（2）偏移尾座法

如图 4-9 所示，尾座偏移量 S 的近似计算公式如下：

$$S \approx L_0 \tan\frac{\alpha}{2} = L_0 \times \frac{D-d}{2L} \text{或} S = \frac{C}{2} L_0$$

式中 S——尾座偏移量，mm；

D——最大圆锥直径，mm；

d——最小圆锥直径，mm；

L——圆锥长度，mm；

L_0——工件全长，mm；

C——锥度。

1）用偏移尾座法车锥柄，已知 D=75 mm，d=70 mm，L=100 mm，L_0=120 mm，求尾座偏移量 S。

$$S \approx L_0 \tan\frac{\alpha}{2} = L_0 \times \frac{D-d}{2L} = 120\ \text{mm} \times \frac{75\ \text{mm} - 70\ \text{mm}}{2 \times 100\ \text{mm}} = 3\ \text{mm}$$

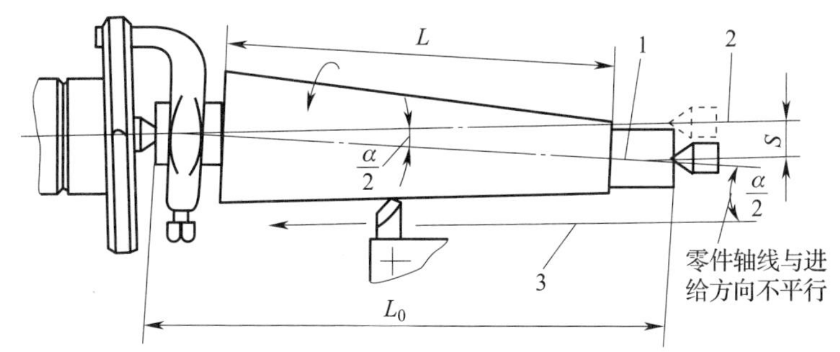

图 4–9　偏移尾座法车锥柄

1—零件回转轴线　2—车床主轴轴线　3—进给方向

2）常用的偏移尾座的方法有哪些?

常用的偏移尾座的方法有用尾座的刻度偏移尾座、用百分表偏移尾座、用锥度量棒或试件偏移尾座。

3）简述偏移尾座法车锥柄的特点。

①采用纵向机动进给，表面粗糙度 Ra 值小，圆锥的表面质量较好。

②顶尖在中心孔中是歪斜的，因而接触不良，致使顶尖和中心孔磨损不均匀。

③不能加工整个锥体或内圆锥。

④偏移尾座法适用于加工锥度小、精度不高、锥体较长的外圆锥工件。

操作提示

偏移尾座法车锥柄时的注意事项

1. 粗车圆锥面时，进刀不宜过深，应先找正锥度，以防止零件报废；精车圆锥面时，背吃刀量 a_p 和进给量 f 都不能太大，否则会影响圆锥面加工质量。

2. 应随时注意两顶尖间松紧和前顶尖的磨损情况，以防止零件飞出伤人。

3. 偏移尾座时，应仔细、耐心调整，熟练掌握偏移方向。

4. 若零件数量较多，其长度和中心孔的深浅、大小必须一致，否则将引起零件总长 L_0 的变化，从而使加工出的零件锥度不一致。

（3）仿形法

仿形法也称靠模法，如图 4–10 所示为用仿形法车锥柄的基本原理。

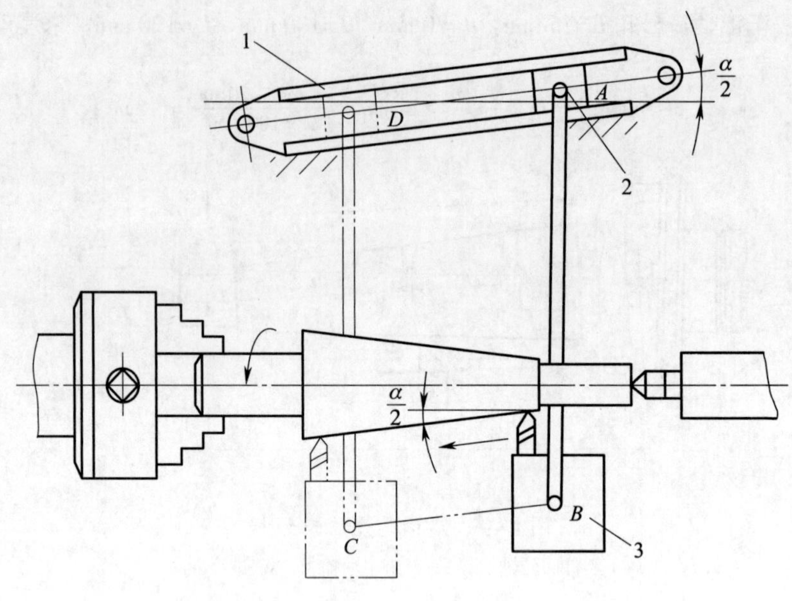

图 4-10　仿形法车锥柄的基本原理

1—靠模板　2—滑块　3—刀架

1）简述仿形法所加工零件的特点。

仿形法适用于加工长度较长、精度要求较高、生产批量大的圆锥工件。

2）简述仿形法的特点。

①调整锥度准确、方便，生产效率高，适用于批量生产。

②中心孔接触良好，又能自动进给，因此圆锥表面质量好。

③靠模装置角度调整范围较小，一般适用于车圆锥半角 $\alpha/2<12°$ 的工件。

（4）宽刃刀车削法（图 4-11）

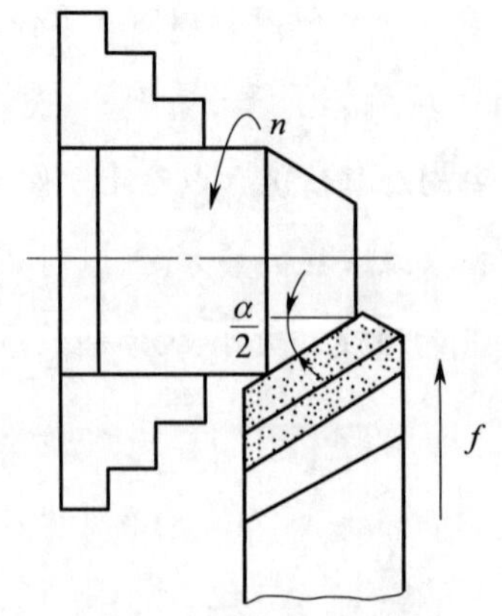

图 4-11　宽刃刀车削法

简述宽刃刀车削法所加工零件的特点。

宽刃刀车削法主要适用于长度较短的圆锥的精加工。

2．步骤二：锥面配合件中锥套的加工

内圆锥面的加工有转动小滑板法、仿形法和铰削法三种加工方法。

（1）转动小滑板法（图 4–12）

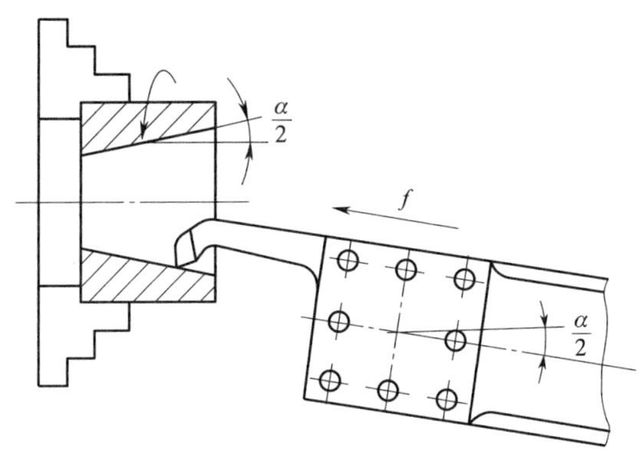

图 4–12　转动小滑板法车内圆锥面

1）转动小滑板法所加工零件的特点是什么?

适用于单件、小批量生产，特别适用于锥孔直径较大、长度较短、锥度较大的圆锥孔及配套的外圆锥面。

2）简述转动小滑板法车内圆锥面的步骤。

①钻孔。

②内圆锥孔车刀的选择及装夹。

③转动小滑板。

④粗车内圆锥面。

⑤找正圆锥角度。

⑥精车内圆锥面。

操作提示

转动小滑板法车内圆锥面时的注意事项

1. 尽量选用刚度大的内圆锥车刀，车刀刀尖必须严格对准零件中心。

2. 粗车时不宜进刀过深，应大致找正锥度（检查零件与圆锥塞规配合是否有间隙）。

3. 用圆锥塞规涂色检查时，必须注意孔内清洁，显示剂必须涂在圆锥塞规表面，转动量在半圈之内且只可沿一个方向转动。

4. 取出圆锥塞规时要注意安全，不能敲击，以防零件移位。

5. 精车锥孔时要以圆锥塞规上的刻线来控制锥孔尺寸。

（2）仿形法

仿形法车内圆锥面的加工原理和加工方法与车锥柄时相同，只要将图 4–10 所示的锥度靠模板 1 按与车锥柄时相反方向旋转，再装上内圆锥车刀加工即可。

（3）铰削法

1）铰削法所加工零件的特点是什么？

铰削法适用于加工直径较小的标准圆锥的内圆锥面，用铰削法加工的内圆锥面比车削的精度高，表面粗糙度值可达到 $Ra1.6 \sim 0.8\,\mu m$。

2）简述铰内圆锥面的加工工艺方法。

钻→铰内圆锥面；钻→扩→铰内圆锥面；钻→车→铰内圆锥面。

操作提示

铰削法铰削内圆锥面时的注意事项

1. 铰削内圆锥面时，铰刀轴线必须与主轴轴线重合，可以将铰刀装夹在浮动夹头上，浮动夹头装在尾座套筒锥孔中，以免因铰孔时由于轴线偏斜而引起零件孔径扩大。

2. 内圆锥面的尺寸精度和表面质量是由铰刀的切削刃保证的，因此必须将铰刀切削刃保护好，不准碰毛，使用前要先检查铰刀切削刃是否完好。铰刀磨损后，应在工具磨床上修磨，不要用油石研磨。铰刀使用完毕要擦干净，涂上防锈油，并妥善保管。

3. 铰削锥孔时，要求孔内清洁、无切屑且应达到较小的表面粗糙度值。在铰孔过程中应经常退出铰刀，清除切屑，并加注充足的切削液冲刷孔内切屑，以防止由于切屑过多使铰刀在铰孔过程中卡住，造成零件报废。

4. 铰削内圆锥面时，车床主轴只能顺时针方向转动，不能反转，否则会使铰刀切削刃损坏。

5. 铰削锥孔时，若铰刀锥柄在尾座套筒内打滑旋转，必须立即停车，绝不能用手握住铰刀锥柄，以防划伤；铰孔完毕，应先退出铰刀后停车。

6. 铰削内圆锥面时，手动进给应缓慢而均匀。

三、识读锥面配合件加工工序卡

识读锥柄加工工序卡 10（表 4–6）、锥柄加工工序卡 20（表 4–7）、锥套加工工序卡 10（表 4–8）和锥套加工工序卡 20（表 4–9），完成下列问题。

表 4-6　锥柄加工工序卡 10

锥柄加工工序卡	产品型号		零件图号	4-001		
	产品名称		零件名称	锥柄	共 1 页	第 1 页

车间	工序号	工序名称	材料牌号
车	10	车锥柄左端	45
毛坯种类	毛坯外形尺寸	毛坯可制件数	每台件数
圆棒料	ϕ 40 mm × 45 mm	1	
设备名称	设备型号	设备编号	同时加工件数
车床	CA6140		1

夹具编号	夹具名称	切削液	
CJJ-01	三爪自定心卡盘	乳化液	
工位器具编号	工位器具名称	工序工时（min）	
		准终	单件

Ra 3.2　$\phi 38_{-0.039}^{0}$　12　42

技术要求

未注倒角为 C1。Ra 6.3 (√)

工步号	工步内容	工艺装备	主轴转速 /（r·min^{-1}）	切削速度 /（m·min^{-1}）	进给量 /（mm·r^{-1}）	背吃刀量 / mm	进给次数	工步工时 机动	工步工时 辅助
01	车端面	端面车刀、游标卡尺	600	75.36	0.15	1.5	2		
10	粗车 $\phi 38_{-0.039}^{0}$ mm 外圆至 $\phi 38.5_{0}^{+0.2}$ mm	外圆车刀、游标卡尺	600	75.36	0.2	0.75	1		
20	精车 $\phi 38_{-0.039}^{0}$ mm 外圆至图样要求	外圆车刀、游标卡尺	800	96.71	0.1	0.25	1		

	设计（日期）	校对（日期）	审核（日期）	标准化（日期）	会签（日期）

表 4-7 锥柄加工工序卡 20

锥柄加工工序卡	产品型号		零件图号	4-001		
	产品名称		零件名称	锥柄	共 1 页	第 2 页

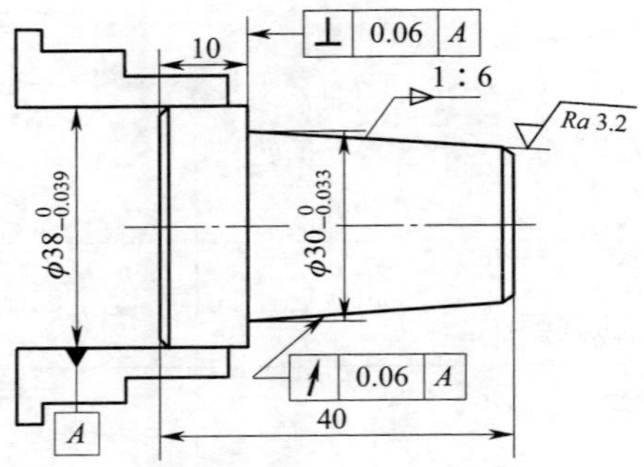

车间	工序号	工序名称	材料牌号
车	20	车锥柄右端	45
毛坯种类	毛坯外形尺寸	毛坯可制件数	每台件数
圆棒料	ϕ40 mm × 45 mm	1	
设备名称	设备型号	设备编号	同时加工件数
车床	CA6140		1

夹具编号	夹具名称	切削液	
CJJ-01	三爪自定心卡盘	乳化液	
工位器具编号	工位器具名称	工序工时（min）	
		准终	单件

技术要求

未注倒角为C1。 $\sqrt{Ra\ 6.3}$（$\sqrt{}$）

工步号	工步内容	工艺装备	主轴转速 /（r·min^{-1}）	切削速度 /（m·min^{-1}）	进给量 /（mm·r^{-1}）	背吃刀量 / mm	进给次数	工步工时 机动	工步工时 辅助
01	车端面	端面车刀、游标卡尺	600	75.36	0.15	1	2		
10	粗车 $\phi 30_{-0.033}^{0}$ mm 外圆锥面至 $\phi 30.5_{0}^{+0.2}$ mm	外圆车刀、游标卡尺	600	75.36	0.2	2.42	3		
20	精车 $\phi 30_{-0.033}^{0}$ mm 外圆锥面至图样要求	外圆车刀、游标卡尺	800	76.62	0.1	0.25	1		

	设计（日期）	校对（日期）	审核（日期）	标准化（日期）	会签（日期）

表 4-8

锥套加工工序卡 10

锥套加工工序卡	产品型号		零件图号	4-002		
	产品名称		零件名称	锥套	共 1 页	第 1 页

车间	工序号	工序名称	材料牌号
车	10	车锥套左端	45
毛坯种类	毛坯外形尺寸	毛坯可制件数	每台件数
圆棒料	ϕ40 mm × 42 mm	1	
设备名称	设备型号	设备编号	同时加工件数
车床	CA6140		1

夹具编号	夹具名称	切削液	
CJJ-01	三爪自定心卡盘	乳化液	
工位器具编号	工位器具名称	工序工时（min）	
		准终	单件

技术要求
未注倒角为C1。$\sqrt{Ra\ 6.3}$ （√）

工步号	工步内容	工艺装备	主轴转速 /（$r\cdot min^{-1}$）	切削速度 /（$m\cdot min^{-1}$）	进给量 /（$mm\cdot r^{-1}$）	背吃刀量 / mm	进给次数	工步工时 机动	工步工时 辅助
01	车端面	端面车刀、游标卡尺	600	75.36	0.15	1	2		
10	粗车 $\phi 38^{0}_{-0.039}$ mm 外圆至 $\phi 38.5^{-0.2}_{0}$ mm	外圆车刀、游标卡尺	600	75.36	0.2	0.75	1		
20	精车 $\phi 38^{0}_{-0.039}$ mm 外圆至图样要求	外圆车刀、游标卡尺	800	96.71	0.1	0.25	1		
30	钻底孔	ϕ20 mm 麻花钻、游标卡尺	350	21.98	0.3	10	1		
40	粗车 $\phi 29.5^{-0.052}_{0}$ mm 内圆锥面至 $\phi 29^{0}_{-0.2}$ mm	内孔车刀、游标卡尺	600	54.64	0.2	2.25	2		
50	精车 $\phi 29.5^{+0.052}_{0}$ mm 内圆锥面至图样要求	内孔车刀、游标卡尺	800	74.10	0.1	0.25	1		

	设计（日期）	校对（日期）	审核（日期）	标准化（日期）	会签（日期）

表 4-9　　锥套加工工序卡 20

锥套加工工序卡	产品型号		零件图号	4-002		
	产品名称		零件名称	锥套	共 1 页	第 1 页

车间	工序号	工序名称	材料牌号
车	20	车锥套右端	45
毛坯种类	毛坯外形尺寸	毛坯可制件数	每台件数
圆棒料	ϕ40 mm × 42 mm	1	
设备名称	设备型号	设备编号	同时加工件数
车床	CA6140		1

夹具编号	夹具名称	切削液	
CJJ-01	三爪自定心卡盘	乳化液	
工位器具编号	工位器具名称	工序工时（min）	
		准终	单件

27

技术要求

未注倒角为$C1$。 $\sqrt{Ra\ 6.3}$ （$\surd$）

工步号	工步内容	工艺装备	主轴转速 /（r·min^{-1}）	切削速度 /（m·min^{-1}）	进给量 /（mm·r^{-1}）	背吃刀量 / mm	进给次数	工步工时 机动	工步工时 辅助
01	车端面，控制总长 27 mm	端面车刀、游标卡尺	600	75.36	0.15	3	5		

设计（日期）	校对（日期）	审核（日期）	标准化（日期）	会签（日期）

车内外圆锥面对操作者技能要求较高，在生产实践中，往往会因种种原因而产生很多缺陷，填写表 4–10 车圆锥时产生废品的原因及预防措施。

表 4–10　车圆锥时产生废品的原因及预防措施

<table>
<tr><th>废品种类</th><th colspan="2">产生原因</th><th>预防措施</th></tr>
<tr><td rowspan="5">角度（锥度）不正确</td><td>用转动小滑板法车削</td><td>1. 小滑板转动角度计算错误或小滑板角度调整不当
2. 车刀未装夹牢固
3. 小滑板移动时松紧不均匀</td><td>1. 仔细计算小滑板应转动的角度和方向，反复试车找正
2. 紧固车刀
3. 调整小滑板的楔铁间隙，使小滑板移动均匀</td></tr>
<tr><td>用偏移尾座法车削</td><td>1. 尾座偏移位置不正确
2. 工件长度不一致</td><td>1. 重新计算和调整尾座偏移量
2. 若工件数量较多，其长度必须一致，且两端中心孔深度一致</td></tr>
<tr><td>用仿形法车削</td><td>1. 靠模角度调整不正确
2. 滑块与靠模板配合不良</td><td>1. 重新调整靠模板角度
2. 调整滑块和靠模板之间的间隙</td></tr>
<tr><td>用宽刃刀车削法车削</td><td>1. 装刀不正确
2. 切削刃不平直
3. 刃倾角 $\lambda_s \neq 0°$</td><td>1. 调整切削刃的角度，使其对准工件轴线
2. 修磨切削刃，保证其直线度
3. 重磨刃倾角，使 $\lambda_s = 0°$</td></tr>
<tr><td>铰削内圆锥孔</td><td>1. 铰刀的角度不正确
2. 铰刀中心线与主轴轴线不重合</td><td>1. 更换、修磨铰刀
2. 用百分表和圆棒调整尾座套筒轴线，使其与主轴轴线重合</td></tr>
<tr><td>最大和最小圆锥直径不正确</td><td colspan="2">1. 未经常检测最大和最小圆锥直径
2. 未控制车刀的背吃刀量</td><td>1. 经常检测最大和最小圆锥直径
2. 及时检测，用计算法或移动床鞍法控制背吃刀量</td></tr>
<tr><td>双曲线误差</td><td colspan="2">车刀刀尖未严格对准工件轴线</td><td>车刀刀尖必须严格对准工件轴线</td></tr>
<tr><td>表面粗糙度达不到要求</td><td colspan="2">1. 切削用量选择不当
2. 小滑板楔铁间隙不当
3. 未留足够的精车或铰削余量
4. 手动进给忽快忽慢
5. 车刀角度不正确，刀尖不锋利</td><td>1. 正确选择切削用量
2. 调整小滑板楔铁间隙
3. 要留适当的精车或铰削余量
4. 手动进给要均匀
5. 刃磨车刀，保证车刀角度正确，刀尖锋利</td></tr>
</table>

四、填写领料单

按要求到材料库领取材料，并完成表 4–11 的填写。

表 4–11　　　　领料单

填表日期：　年　月　日　　　　　　　　　　　　　　　　　　发料日期：　年　月　日

<table>
<tr><td>领料部门</td><td></td><td colspan="3">产品名称及数量</td><td colspan="3"></td></tr>
<tr><td>领料单号</td><td></td><td colspan="3">零件名称及数量</td><td colspan="3"></td></tr>
<tr><td>材料名称</td><td rowspan="2">材料规格及型号</td><td rowspan="2">单位</td><td colspan="3">数量</td><td rowspan="2">单价</td><td rowspan="2">总价</td></tr>
<tr><td></td><td>请领</td><td colspan="2">实发</td></tr>
<tr><td></td><td></td><td></td><td></td><td colspan="2"></td><td></td><td></td></tr>
<tr><td colspan="2">材料用途</td><td rowspan="2">材料仓库</td><td>主管</td><td>发料数量</td><td rowspan="2">领料部门</td><td>主管</td><td>领料数量</td></tr>
<tr><td colspan="2"></td><td></td><td></td><td></td><td></td></tr>
</table>

五、完成加工

1．在车床上完成锥面配合件的加工，并将加工过程中出现的问题记录下来。

2．加工完毕，按照图样要求进行自检，正确放置零件，并进行产品交接确认；按照国家环保相关规定和车间要求，整理现场，正确处置废油液等废弃物；按车间管理规定填写交接班记录。

3．锥面配合件加工完成后要对车床进行保养，根据车床保养的实际情况填写设备日常保养记录卡。

学习活动 4 锥面配合件的测量及误差分析

学习目标

1. 能利用标准平板、V 形架、杠杆百分表、正弦规、量块、圆锥量规等工具和量具准确、规范地检测锥面配合件的几何误差。

2. 能根据锥面配合件的测量结果，分析几何误差产生的原因。

3. 能正确、规范地使用工具、量具，并对其进行合理保养和维护。

4. 能规范填写锥面配合件几何误差测量报告。

5. 能按检测室管理要求，正确放置检测工具、量具。

6. 能主动获取有效信息，展示工作成果，对学习与工作进行反思总结，并能与他人开展良好合作，进行有效的沟通。

7. 能按要求正确、规范地完成本次学习活动工作页的填写。

建议学时：4 学时。

学习过程

一、锥面配合件中锥柄的测量

1．角度或锥度的测量

（1）用游标万能角度尺测量（图 4–13）

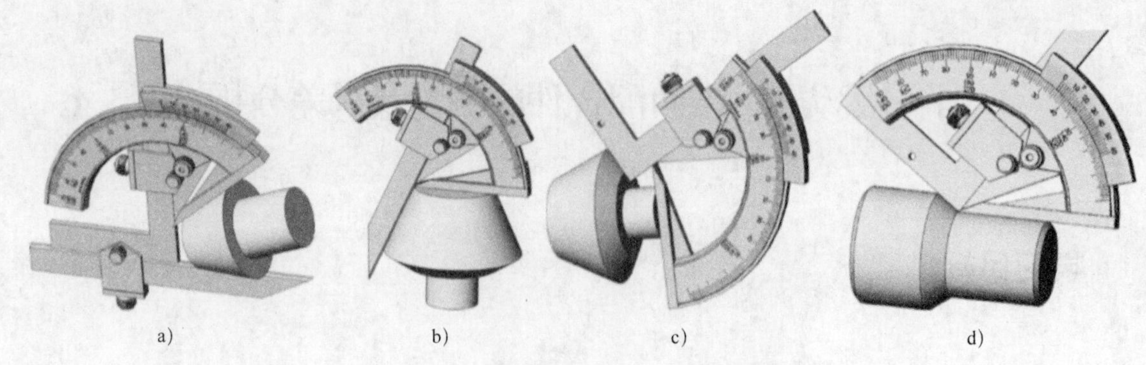

a)　　b)　　c)　　d)

图 4–13　用游标万能角度尺测量零件

图 4–13 所示测量零件的角度范围：

图 4–13a 所示测量零件的角度范围为 0° ~ 50°；图 4–13b 所示测量零件的角度范围为 50° ~ 140°；图 4–13c 所示测量零件的角度范围为 140° ~ 230°；图 4–13d 所示测量零件的角度范围为 140° ~ 230°。

（2）用角度样板测量（图 4–14）

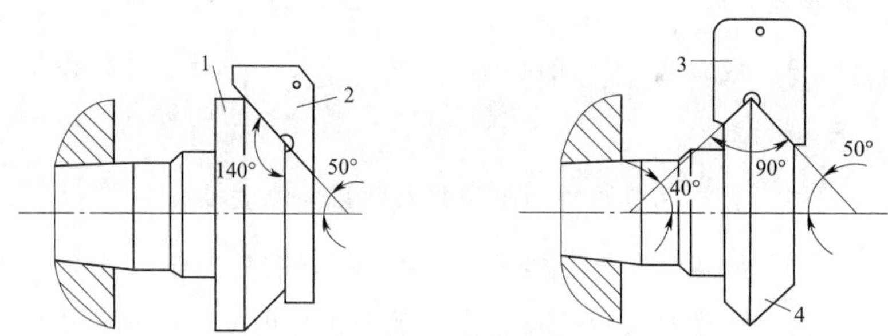

图 4–14　用角度样板测量零件

1、4—齿轮坯　2、3—角度样板

待检测零件特点：

常用于成批、大量生产时检测工件，以减少辅助时间。

（3）用正弦规测量（图 4–15）

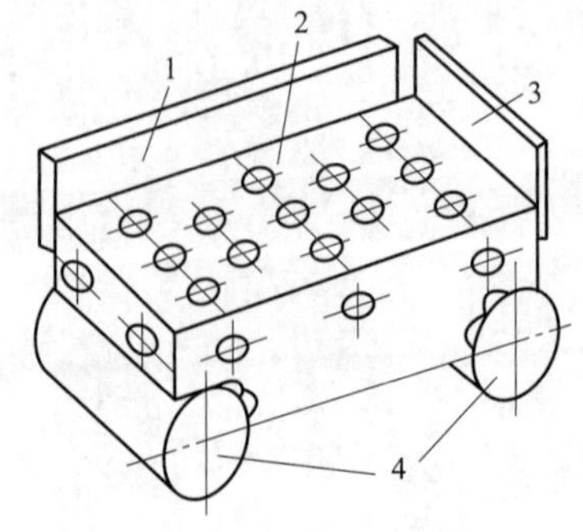

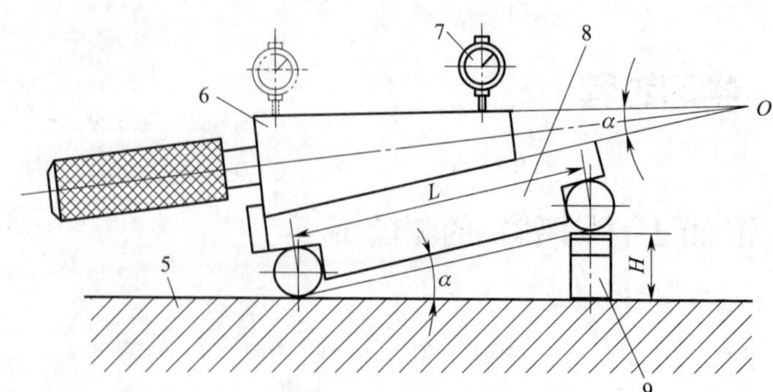

图 4–15　用正弦规测量零件

1—后挡板　2—长方体　3—侧挡板　4—圆柱体　5—平板　6—零件　7—百分表　8—正弦规　9—量块

1）测量过程：

测量时，将正弦规放在标准平板上，圆柱体的一端用量块垫高，将被测工件放在正弦规的平面上。量块组高度可以根据被测工件的圆锥角精确计算获得。用百分表测量工件圆锥面两端的高度，如果读数相同，则说明工件圆锥角正确。

2）圆锥角度计算：

$$\sin\frac{\alpha}{2}=\frac{H}{L}$$

（4）用涂色法检测（图 4–16）

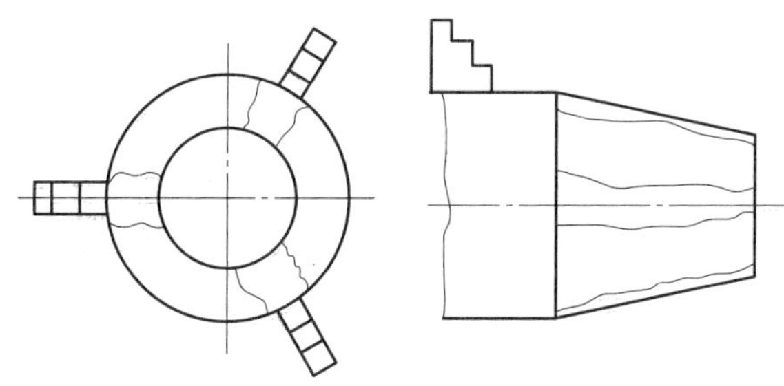

图 4–16　用涂色法检测零件

检测过程：

1）在工件的圆周上顺着圆锥素线，薄而均匀地涂上三条显示剂（可用印油、红丹粉或机械油等的调和物）。

2）手握圆锥套规轻轻地套在工件上，稍加周向推力，将圆锥套规转动半圈。

3）取下圆锥套规，观察工件表面显示剂被擦去的情况。若三条显示剂全长擦痕均匀，圆锥表面接触良好，说明锥度正确；若小端被擦去，大端未被擦去，说明工件圆锥角小；若大端被擦去，小端未被擦去，说明工件圆锥角大。

2．尺寸的测量

锥柄的尺寸用圆锥量规（图 4–17）来测量。

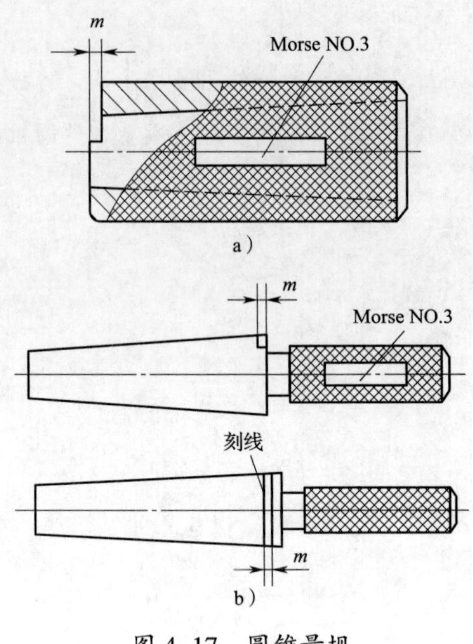

图 4-17 圆锥量规

a）圆锥套规 b）圆锥塞规

结合图 4-18 所示，简述用圆锥套规测量锥柄的过程。

圆锥套规除了有一个精确的内圆锥表面外，端面上还有一个台阶（或刻线）。台阶长度（或刻线之间的距离）m 即为最小圆锥直径的公差范围。检测外圆锥面时，若工件的端面位于圆锥套规的台阶（或两刻线）之间，说明外圆锥面的最小圆锥直径合格。

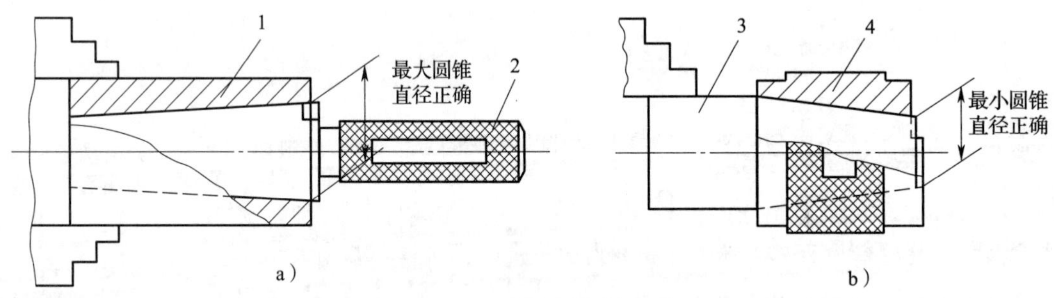

图 4-18 用圆锥量规测量零件

a）测量内圆锥的最大圆锥直径 b）测量外圆锥的最小圆锥直径

1、3—零件 2—圆锥塞规 4—圆锥套规

二、锥面配合件中锥套的测量

1．角度或锥度的测量

检测内圆锥的角度可以使用圆锥塞规，其检测方法与用圆锥套规检测外圆锥基本相同，只是显示剂应涂在圆锥塞规上，这里不再赘述。

2．尺寸的测量

简述用圆锥塞规测量锥套的过程。

如图 4-18a 所示，圆锥塞规除了有一个精确的外圆锥表面外，端面上还有一个台阶（或刻线）。台阶长度（或刻线之间的距离）m 即为最大圆锥直径的公差范围。检测内圆锥面时，若工件的端面位于圆锥塞规的台阶（或两刻线）之间，说明内圆锥面的最大圆锥直径合格。

三、填写锥面配合件质量检测表（表 4-12）

表 4-12　　锥面配合件质量检测表

序号	考核项目		配分 IT，*Ra*	考核内容及要求	评分标准	检验结果 IT，*Ra*	得分
1	主要尺寸（70 分）	锥柄	4，1	$\phi 38_{-0.039}^{0}$ mm，*Ra*3.2 μm	超差不得分		
2			4，1	$\phi 30_{-0.033}^{0}$ mm，*Ra*3.2 μm	超差不得分		
3			6	锥度 1∶6	超差不得分		
4			6	垂直度 0.06 mm	超差不得分		
5			6	圆跳动 0.06 mm	超差不得分		
6		锥套	5	$\phi 38_{-0.039}^{0}$ mm	超差不得分		
7			4，1	$\phi 29.5_{0}^{+0.052}$ mm，*Ra*3.2 μm	超差不得分		
8			6	锥度 1∶6	超差不得分		
9			6	圆跳动 0.1 mm	超差不得分		
10		配合件	10，10	（40±0.3）mm，（3±0.1）mm	超差不得分		
11	次要尺寸（9 分）	锥柄	3，3	10 mm，40 mm	超差不得分		
12		锥套	3	27 mm	超差不得分		
13	其余表面粗糙度（6 分）	锥柄	3	*Ra*6.3 μm（3 处）	降级不得分		
14		锥套	3	*Ra*6.3 μm（3 处）	降级不得分		
15	主观评分（10 分）		3.5	已加工零件倒角、倒圆、去毛刺是否符合图样要求			
16			3.5	已加工零件是否有划伤、碰伤和夹伤			
17			3	已加工零件与图样要求的一致性			
18	更换毛坯（5 分）		5	是否更换毛坯		是 / 否	
19	职业素养		扣分	能正确穿戴工作服、工作鞋、安全帽和护目镜等劳动防护用品。每违反一项扣 2 分			
20				能规范使用设备、工具、量具和辅具。每违规操作一次扣 2 分			
21				能做好设备清洁、保养工作。不清洁、不保养扣 3 分，清洁、保养不彻底扣 2 分			
22	总配分			100	总得分		

注：时间定额为 150 min，超过 10 min 扣 10 分；超过 30 min 不合格。

四、填写锥面配合件几何误差测量报告（表 4–13）

表 4–13　　锥面配合件几何误差测量报告

检测内容	垂直度	零件名称	锥柄
检测工具和仪器	标准平板、V 形架、杠杆百分表等	测量人员	
班级		日期	

1. 测量目的：

保证被测要素锥柄中间端面相对于基准要素 A（$\phi 38_{-0.039}^{0}$ mm 轴线）的垂直度在 0.06 mm 以内

2. 测量步骤：

（1）将 V 形架放置于标准平板上，然后将基准要素 $\phi 38_{-0.039}^{0}$ mm 轴段放置于 V 形架上，使轴段外表面与 V 形架表面接触

（2）用磁性表座夹头夹住杠杆百分表，然后将磁性表座放置于标准平板上，并尽量靠近待测工件测量面

（3）调整杠杆百分表角度，使其测头轻轻接触被测要素（中间端面），缓慢、均匀地旋转工件

（4）观察被测要素（中间端面）相对于基准要素 A（$\phi 38_{-0.039}^{0}$ mm 轴线）的垂直度是否在 0.06 mm 以内

3. 测量要领：

（1）选取合适的杠杆百分表及测头

（2）选取与工件尺寸相匹配的 V 形架，防止测量干涉

（3）工件旋转过程中，不能使轴段外表面与 V 形架表面脱离

（4）尽量在直径较大处的被测端面测量垂直度，百分表指示的读数差即为端面对基准轴线的垂直度误差

4. 结论（误差分析）：

续表

检测内容	圆跳动	零件名称	锥柄
检测工具和仪器	标准平板、V 形架、杠杆百分表等	测量人员	
班级		日期	

1. 测量目的：

保证被测要素锥柄圆锥面相对于基准要素 A（$\phi 38_{-0.039}^{0}$ mm 轴线）的圆跳动在 0.06 mm 以内

2. 测量步骤：

（1）将 V 形架放置于标准平板上，然后将基准要素 $\phi 38_{-0.039}^{0}$ mm 轴段放置于 V 形架上，使轴段外表面与 V 形架表面接触

（2）用磁性表座夹头夹住杠杆百分表，然后将磁性表座放置于标准平板上，并尽量靠近待测工件测量面

（3）调整杠杆百分表角度，使其测头轻轻接触被测要素（外圆锥面），缓慢、均匀地旋转工件

（4）观察被测要素（外圆锥面）相对于基准要素 A（$\phi 38_{-0.039}^{0}$ mm 轴线）的圆跳动是否在 0.06 mm 以内

3. 测量要领：

（1）选取合适的杠杆百分表及测头

（2）选取与工件尺寸相匹配的 V 形架，防止测量干涉

（3）工件旋转过程中，不能使轴段外表面与 V 形架表面脱离

（4）在外圆锥面大端处和小端处分别测量，两端处百分表指示的最大读数差即为外圆锥面对基准轴线的圆跳动误差

4. 结论（误差分析）：

五、清理现场，归置物品

锥面配合件检测完毕，按照“6S”管理规定，正确保养工具、量具，清理现场，合理归置物品。

学习活动5　工作总结与评价

学习目标

1. 能自信地展示自己的作品，讲述自己作品的优势和特点。

2. 能倾听别人对自己作品的点评。

3. 能总结工作经验，优化加工策略。

4. 能在作业过程中严格执行企业操作规范、安全生产制度、环保管理制度以及“6S”管理规定，严格遵守从业人员的职业道德，树立吃苦耐劳、爱岗敬业的工作态度和职业责任感。

5. 能与班组长、工具管理员等相关人员进行有效的沟通与合作，理解有效沟通和团队合作的重要性。

6. 能按要求正确、规范地完成本次学习活动工作页的填写。

建议学时：8学时。

学习过程

一、小组评价

1．以小组为单位派出代表介绍自己小组的优秀作品，通过作品展示，锻炼每一位小组成员的表达能力，同时提升自己的专业素养。

选出组内评价较高的作品进行展示，并就作品实用性、工艺性和产品质量等内容做必要介绍，听取并记录其他小组对本组作品的评价和改进建议。

（1）实用性：

（2）工艺性：

（3）产品质量

1）尺寸精度：

2）几何精度：

3）表面粗糙度：

2．所展示作品中有哪些部位存在尺寸缺陷和表面质量缺陷？简述是什么原因导致的，并总结出避免质量缺陷的加工建议。

（1）质量缺陷

1）尺寸缺陷：

2）表面质量缺陷：

（2）分析造成质量缺陷的原因，并写出预防措施。

（3）如果下次接到相似的任务，在加工过程中，应优化哪些加工策略？

二、总结加工锥面配合件的心得体会

1．通过本任务，学习了哪些有关金属材料及热处理技术应用的知识?

2．在绘图方面有了哪些提高?

3．简述按照本任务加工工序卡给定的加工顺序进行加工，对保证零件精度和质量有哪些意义。若变更加工顺序会产生怎样的影响?

三、制定工艺方案和工作计划的理由

通过执行本次加工任务，试简述生产企业在每次执行新的加工任务前制定详细的工艺方案和工作计划的理由。

四、加工成本估算

总结加工工序、工时，填写表4–14并进行简单的成本估算。

表4–14　　加工成本估算表

序号	加工内容	预计工时	成本测算项目			成本估算值
			设备	工具、夹具、刃具	辅具及切削液	
1						
2						
3						
4						
5						
6						

续表

<table>
<tr><td rowspan="2">序号</td><td rowspan="2">加工内容</td><td rowspan="2">预计工时</td><td colspan="3">成本测算项目</td><td rowspan="2">成本估算值</td></tr>
<tr><td>设备</td><td>工具、夹具、刃具</td><td>辅具及切削液</td></tr>
<tr><td>7</td><td></td><td></td><td></td><td></td><td></td><td></td></tr>
<tr><td>8</td><td></td><td></td><td></td><td></td><td></td><td></td></tr>
<tr><td>9</td><td></td><td></td><td></td><td></td><td></td><td></td></tr>
<tr><td>10</td><td></td><td></td><td></td><td></td><td></td><td></td></tr>
</table>

五、评价与分析

任务评价由自我评价、小组评价和教师评价 3 部分组成，检验并提升学生的综合职业能力，完成表 4–15 的填写。

表 4–15　　任务评价表

班级：__________　　学生姓名：____________　　学号：__________

<table>
<tr><td rowspan="3">项目</td><td colspan="3">自我评价</td><td colspan="3">小组评价</td><td colspan="3">教师评价</td></tr>
<tr><td>10 ~ 9 分</td><td>8 ~ 6 分</td><td>5 ~ 1 分</td><td>10 ~ 9 分</td><td>8 ~ 6 分</td><td>5 ~ 1 分</td><td>10 ~ 9 分</td><td>8 ~ 6 分</td><td>5 ~ 1 分</td></tr>
<tr><td colspan="3">占总评 10%</td><td colspan="3">占总评 30%</td><td colspan="3">占总评 60%</td></tr>
<tr><td>学习活动 1</td><td></td><td></td><td></td><td></td><td></td><td></td><td></td><td></td><td></td></tr>
<tr><td>学习活动 2</td><td></td><td></td><td></td><td></td><td></td><td></td><td></td><td></td><td></td></tr>
<tr><td>学习活动 3</td><td></td><td></td><td></td><td></td><td></td><td></td><td></td><td></td><td></td></tr>
<tr><td>学习活动 4</td><td></td><td></td><td></td><td></td><td></td><td></td><td></td><td></td><td></td></tr>
<tr><td>学习活动 5</td><td></td><td></td><td></td><td></td><td></td><td></td><td></td><td></td><td></td></tr>
<tr><td>表达能力</td><td></td><td></td><td></td><td></td><td></td><td></td><td></td><td></td><td></td></tr>
<tr><td>协作精神</td><td></td><td></td><td></td><td></td><td></td><td></td><td></td><td></td><td></td></tr>
<tr><td>纪律观念</td><td></td><td></td><td></td><td></td><td></td><td></td><td></td><td></td><td></td></tr>
<tr><td>工作态度</td><td></td><td></td><td></td><td></td><td></td><td></td><td></td><td></td><td></td></tr>
<tr><td>任务总体表现</td><td></td><td></td><td></td><td></td><td></td><td></td><td></td><td></td><td></td></tr>
<tr><td>小计分</td><td colspan="3"></td><td colspan="3"></td><td colspan="3"></td></tr>
<tr><td>总评分</td><td colspan="9"></td></tr>
</table>

任课教师：　　　年　　月　　日

任务拓展

锥面配合件的普通车加工

学习目标

1．能正确阅读锥面配合件生产任务单，明确工作时间、加工数量等要求，叙述所加工零件的用途、功能和分类。

2．能识读锥面配合件零件图和加工工艺卡，明确加工技术要求和加工工艺。

3．能运用多种机械加工方法加工锥面配合件，正确选择本次加工任务要求的刀具，合理选择切削液。

4．能叙述量块、正弦规的结构和检测原理，并根据加工实际情况调整量块和正弦规，以满足检测需要。

5．能叙述圆锥量规的结构和检测原理，能用圆锥套规检测锥柄，能用圆锥塞规检测锥套。

6．能根据锥面配合件的检测结果，分析几何误差产生的原因。

建议学时

50 学时。

工作情境描述

某企业接到一个锥面配合件（图 4–19）的加工订单，该锥面配合件主要起自动定心作用。加工数量为 50 件，材料为 45 钢，工期为 5 天，来料加工。现生产部门安排车工加工组完成此任务的车削加工。

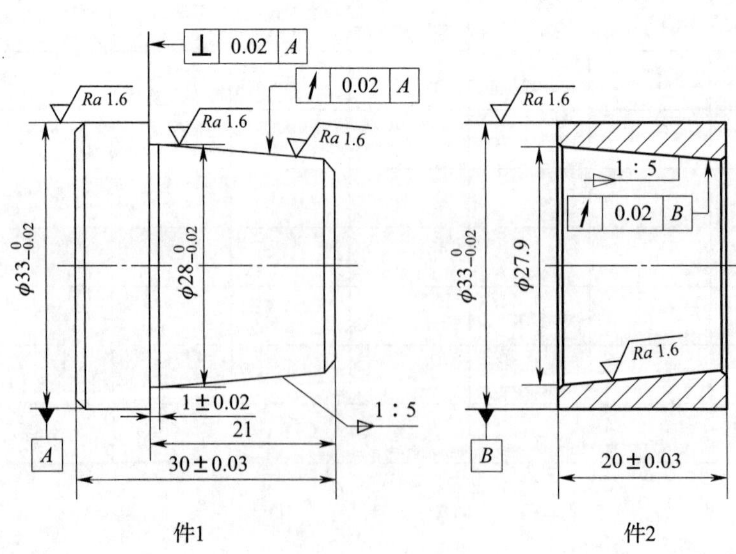

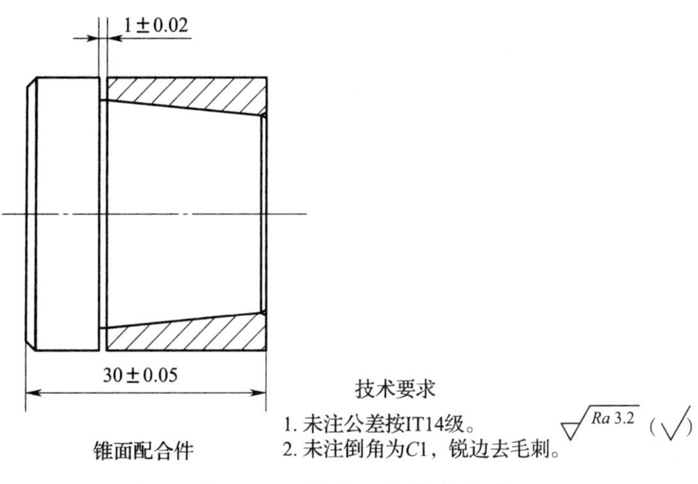

图 4-19　锥面配合件零件图

学习评价

对加工完成的锥面配合件进行检测，并将检测结果填入表 4-16 中。

表 4-16　　锥面配合件质量检测表

序号	考核项目		配分 IT，Ra	考核内容及要求	评分标准	检验结果 IT，Ra	得分
1	主要尺寸（70 分）	件 1	4，1	$\phi 33_{-0.02}^{0}$ mm，Ra1.6 μm	超差不得分		
2			4，1	$\phi 28_{-0.02}^{0}$ mm，Ra1.6 μm	超差不得分		
3			6	锥度 1∶5	超差不得分		
4			6	垂直度 0.02 mm	超差不得分		
5			6	圆跳动 0.02 mm	超差不得分		
6		件 2	4，1	$\phi 33_{-0.02}^{0}$ mm，Ra1.6 μm	超差不得分		
7			4，1	$\phi 27.9$ mm，Ra1.6 μm	超差不得分		
8			6	锥度 1∶5	超差不得分		
9			6	圆跳动 0.02 mm	超差不得分		
10		配合件	10，10	（1±0.02）mm，（30±0.05）mm	超差不得分		
11	次要尺寸（10 分）	件 1	3，2，2	（1±0.02）mm，21 mm，（30±0.03）mm	超差不得分		
12		件 2	3	（20±0.03）mm	超差不得分		

续表

序号	考核项目		配分 IT，Ra	考核内容及要求	评分标准	检验结果 IT，Ra	得分
13	其余表面粗糙度（5分）	件1	3	Ra3.2 μm（3处）	降级不得分		
14		件2	2	Ra3.2 μm（2处）	降级不得分		
15	主观评分（10分）		3.5	已加工零件倒角、倒圆、去毛刺是否符合图样要求			
16			3.5	已加工零件是否有划伤、碰伤和夹伤			
17			3	已加工零件与图样要求的一致性			
18	更换毛坯（5分）		5	是否更换毛坯		是/否	
19	职业素养		扣分	能正确穿戴工作服、工作鞋、安全帽和护目镜等劳动防护用品。每违反一项扣2分			
20				能规范使用设备、工具、量具和辅具。每违规操作一次扣2分			
21				能做好设备清洁、保养工作。不清洁、不保养扣3分，清洁、保养不彻底扣2分			
22	总配分			100	总得分		

注：时间定额为180 min，超过10 min扣10分；超过30 min不合格。

世赛知识

世赛数控车项目介绍

世赛数控车项目是使用带有三爪自定心卡盘和相应车削刀具的数控车床，对金属零件进行加工的竞赛项目，其中也包括用常用的手动工具配合完成的相关工作。参赛选手需要根据技术图样进行数控编程、刀具选择、刀具安装、设定刀具参数等工作，加工含 IT6 级精度和高于 IT6 级精度的回转体零件。数控车竞赛项目允许在机床数控系统中直接编程，也可以利用 CAM 软件来进行自动编程，在规定的时间内按照图样要求完成零件的外圆、内孔、沟槽、内外螺纹、外圆曲线轮廓等基本要素的加工。

第 44 届世界技能大赛数控车项目需要考核 3 个模块。模块 1 的材料为中碳钢，毛坯为原始棒料，批量生产，锥面配合零件，限时 4 小时；模块 2 的材料为硬铝合金，毛坯为原始棒料，单件生产，刀柄类零件，限时 4 小时；模块 3 的材料为中碳钢，毛坯为半成品，批量生产，定位夹具类零件，限时 4 小时。竞赛分两天进行。每位选手第一天完成前两个模块的加工任务，第二天完成最后一个模块的加工任务，满分 100 分。

锥面配合件的普通车床加工是数控车工的基本操作技能，参赛选手需要运用这种操作技能才能全部完成数控车比赛。图 4–20 所示为第 44 届世界技能大赛数控车项目真题模块 1（锥面配合件加工）。

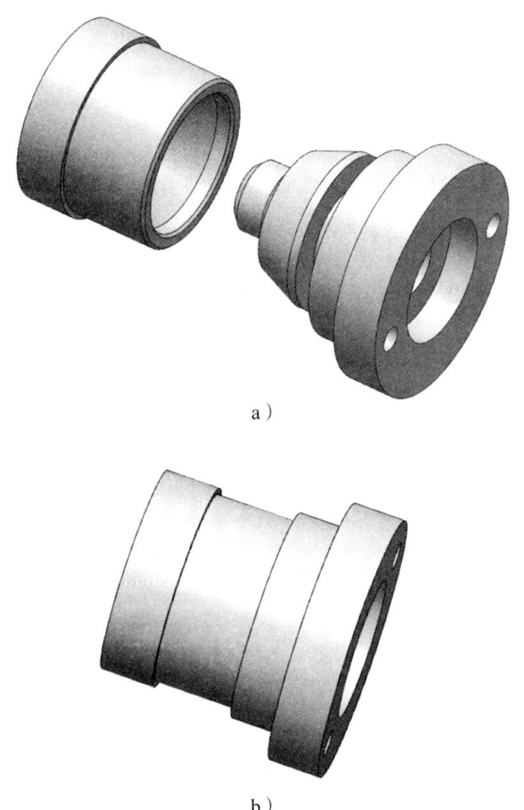

a）

b）

图 4–20　第 44 届世界技能大赛数控车项目真题模块 1（锥面配合件加工）

a）配合前　b）配合后

学习任务五　台阶细长轴的普通车加工

学习目标

1. 能在班组长等相关人员指导下，正确阅读台阶细长轴生产任务单，明确工作时间、加工数量等要求，叙述所加工零件的用途、功能和分类。

2. 能借助技术手册，查阅台阶细长轴的材料牌号、热处理要求和几何公差等，理解技术手册在生产中的重要性。

3. 能识读台阶细长轴零件图和加工工艺卡，明确加工技术要求和加工工艺。

4. 能正确绘制台阶细长轴零件图。

5. 能根据台阶细长轴的特征，正确分析台阶细长轴加工难点。

6. 能根据加工要求正确选择外圆车刀几何参数，并叙述车刀几何参数对加工的影响。

7. 能根据零件特征，通过查阅切削手册，正确选择外三角螺纹车刀的材料和结构形式。

8. 能根据加工要求正确刃磨、安装外三角螺纹车刀，明确外三角螺纹车削的加工方法。

9. 能正确使用量具对台阶细长轴零件的螺纹进行测量。

10. 能熟悉车间和工作区的范围及限制，理解企业对环境、安全、卫生和事故预防的标准。

11. 能检查工作区、设备、工具、材料的状况和功能，并对车床进行点检操作。

12. 能根据加工要求，合理选择切削用量和切削液。

13. 能规范操作车床完成台阶细长轴的车削，并适时检测和调整切削要素。

14. 能按车间现场管理规定和产品加工工艺流程的要求，正确放置台阶细长轴零件并进行质量检测和确认。

15. 能按照国家环保相关规定和车间要求，正确处置废油液等废弃物。

16. 能按产品加工工艺流程和车间要求，进行产品交接并规范填写交接班记录表。

17. 能总结工作经验，优化加工策略。

18. 能在作业过程中严格执行企业操作规范、安全生产制度、环保管理制度以及“6S”管理规定，严格遵守从业人员的职业道德，树立吃苦耐劳、爱岗敬业的工作态度和职业责任感。

19. 能与班组长、工具管理员等相关人员进行有效的沟通与合作，理解有效沟通和团队合作的重要性。

建议学时

50 学时。

工作情境描述

某企业接到一个台阶细长轴零件（图 5-1）的加工订单，数量为 50 件，材料为 45 钢（调质），工期为 5 天，来料加工。现生产部门安排车工加工组完成此任务的车削加工。

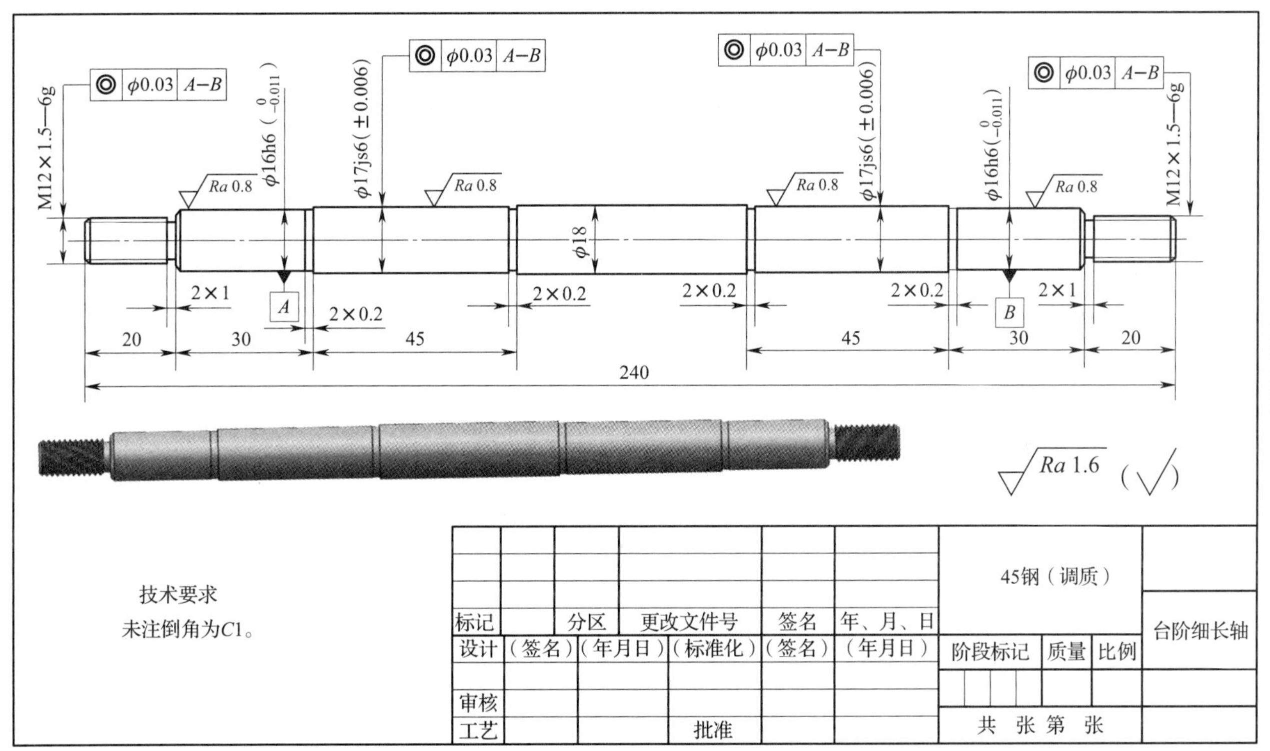

图 5-1　台阶细长轴零件图

工作流程与活动

1．台阶细长轴的加工工艺分析（4 学时）

2．工具、量具、夹具、刃具的准备（6 学时）

3．台阶细长轴的加工（30 学时）

4．台阶细长轴的测量及误差分析（6 学时）

5．工作总结与评价（4 学时）

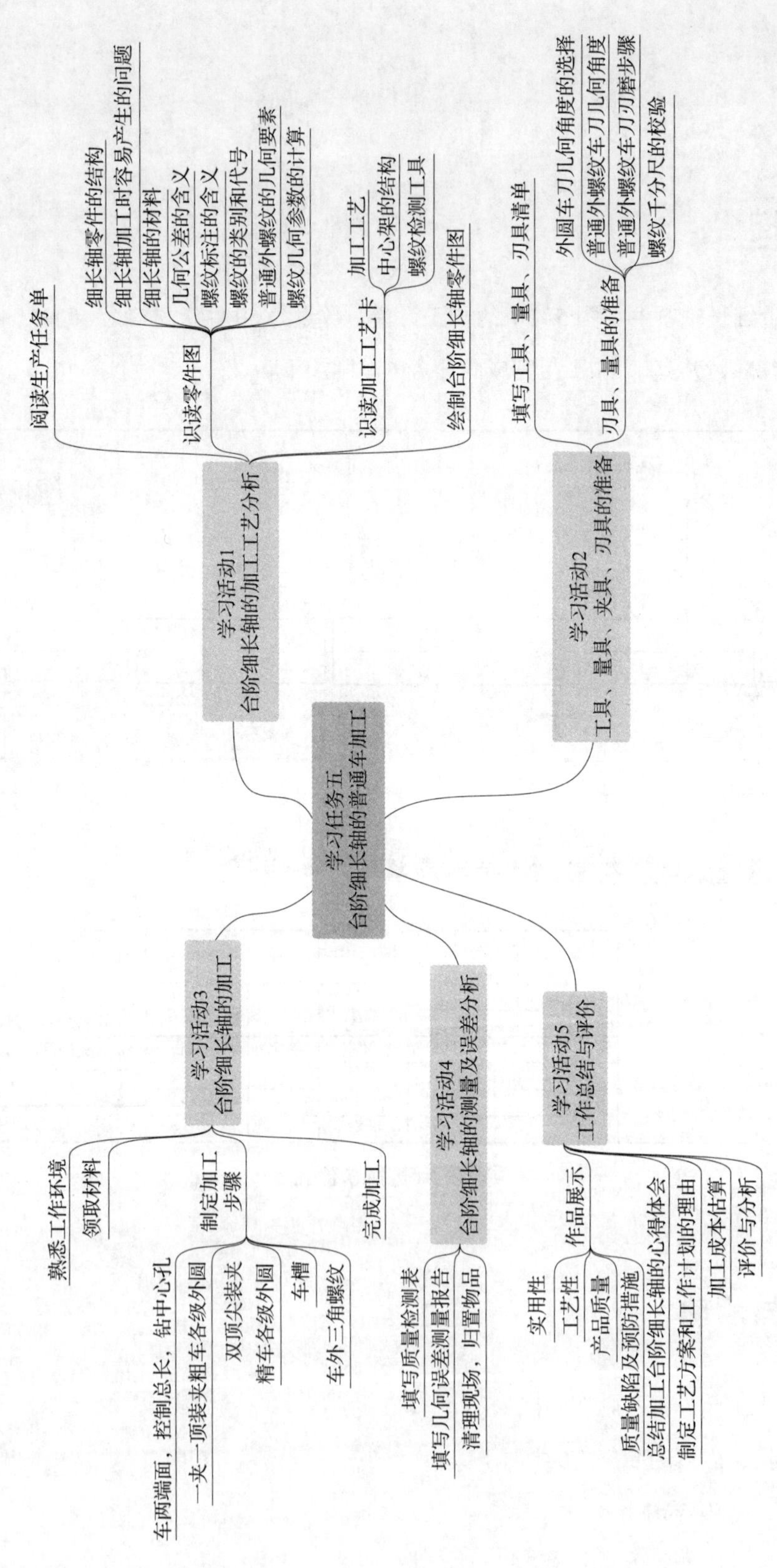
学习任务五
台阶细长轴的普通车加工
学习活动1
台阶细长轴的加工工艺分析
阅读生产任务单
识读零件图
细长轴零件的结构
细长轴加工时容易产生的问题
细长轴的材料
几何公差的含义
螺纹标注的含义
螺纹的类别和代号
普通外螺纹的几何要素
螺纹几何参数的计算
识读加工工艺卡
加工工艺
中心架的结构
螺纹检测工具
绘制台阶细长轴零件图
学习活动2
工具、量具、夹具、刃具的准备
填写工具、量具、刃具清单
刃具、量具的准备
外圆车刀几何角度的选择
普通外螺纹车刀几何角度
普通外螺纹车刀刃磨步骤
螺纹千分尺的校验
学习活动3
台阶细长轴的加工
熟悉工作环境
领取材料
制定加工步骤
车两端面，控制总长，钻中心孔
一夹一顶装夹粗车各级外圆
双顶尖装夹
精车各级外圆
车槽
车外三角螺纹
完成加工
学习活动4
台阶细长轴的测量及误差分析
填写质量检测表
填写几何误差测量报告
清理现场，归置物品
学习活动5
工作总结与评价
作品展示
实用性
工艺性
产品质量
质量缺陷及预防措施
总结加工台阶细长轴的心得体会
制定工艺方案和工作计划的理由
加工成本估算
评价与分析

学习活动 1　台阶细长轴的加工工艺分析

学习目标

1. 能在班组长等相关人员指导下，正确阅读台阶细长轴生产任务单，明确工作时间、加工数量等要求，叙述所加工零件的用途、功能和分类。

2. 能借助技术手册，查阅台阶细长轴的材料牌号、热处理要求和几何公差等，理解技术手册在生产中的重要性。

3. 能识读台阶细长轴零件图和加工工艺卡，明确加工技术要求和加工工艺。

4. 能正确绘制台阶细长轴零件图。

5. 能按要求正确、规范地完成本次学习活动工作页的填写。

建议学时：4 学时。

学习过程

一、阅读生产任务单（表 5–1）

表 5–1　生产任务单

需方单位名称				完成日期	年　月　日	
序号	产品名称	材料	数量	技术标准、质量要求		
1	台阶细长轴	45 钢（调质）	50 件	按图样要求		
2						
3						
生产批准时间		年　月　日	批准人			
通知任务时间		年　月　日	发单人			
接单时间		年　月　日	接单人		生产班组	车工组

1. 请根据表 5–1 生产任务单，明确本次生产任务的相关要求。

加工零件名称：台阶细长轴

材料：45 钢（调质）

加工数量：50 件

2．在生活和工作中，经常会见到如图 5–2 所示常见台阶细长轴零件，借助技术手册，明确台阶细长轴的常用材料及主要用途。

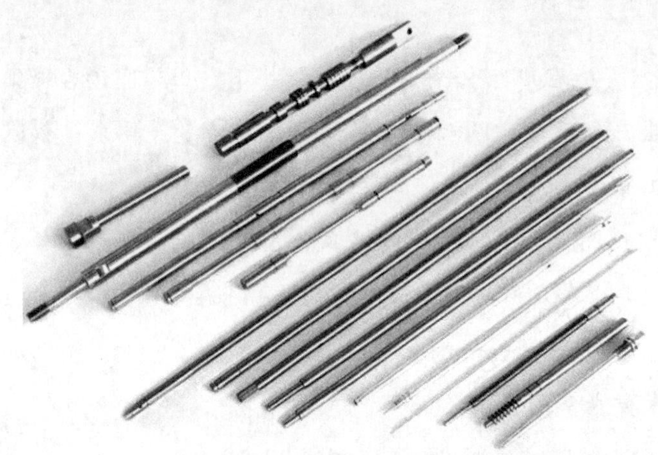

图 5–2 常见台阶细长轴零件

（1）常用材料：45 钢、40Cr 钢、黄铜、铝合金、不锈钢等。

（2）主要用途：支承转动零件并与之一起回转，以传递运动、扭矩或弯矩。

3．什么是台阶细长轴？它与细长轴的区别是什么？

台阶细长轴是指工件长度与直径之比大于 25，且具有多台阶外圆的轴类工件。

4．台阶细长轴的加工难点是什么？

细长轴的外形并不复杂，但由于其本身的刚度低，车削时又受切削力、重力、切削热等因素的影响，容易产生弯曲变形、振动、锥度、腰鼓形变形、竹节形变形等缺陷，难以保证加工精度，甚至无法加工。

二、识读台阶细长轴零件图

分析图 5-1 台阶细长轴零件图，查阅技术手册或询问班组长等技术人员，叙述细长轴加工特点、热变形、45 钢（调质）、螺纹标注、几何公差等相关知识，并完成下列问题。

1．如图 5-1 所示台阶细长轴零件图，本次任务加工的零件类型是轴类零件，简述轴类零件的结构特点和车削内容。

轴类零件的结构特点是外圆直径较小而长度较长。

车削内容有车台阶、车外圆、车端面、车外沟槽、车螺纹等。

2．如何绘制零件图可以清楚地表达较长的细长轴零件的结构？简述台阶细长轴零件图中槽的作用。

对于形状简单而轴向尺寸较长的部分常用断裂画法来绘制。

2 mm × 1 mm 为螺纹退刀槽，其作用是在加工螺纹时便于退刀，且在装配时与相邻零件保证靠紧，在轴肩处应加工出退刀槽。2 mm × 0.2 mm 为砂轮越程槽，其作用是在磨削时方便退出砂轮而沿圆周方向开的槽。

3．加工细长轴时容易产生什么问题？如何解决？

加工细长轴时，细长轴容易产生弯曲变形、振动、锥度、腰鼓形变形、竹节形变形等缺陷，难以保证加工精度，甚至无法加工。

可通过中心架支承车细长轴、跟刀架支承车细长轴、减小工件的热变形伸长、合理选择车刀的几何参数等方法解决。

4．热变形是如何产生的？对细长轴加工有什么影响？

车削时，由于切削热的影响，工件随车削温度升高而逐渐伸长变形。在车削一般轴类工件时可不考虑热变形伸长问题，但是车细长轴时，因为工件长度较长，热变形伸长量大，因此要考虑热变形的影响。

5．车细长轴时，因为零件长，热变形伸长量大，假设车削直径为 18 mm，长度为 250 mm，材料为 45 钢（调质），车削时因受切削热影响，零件的温度由原来的 21 ℃上升到 61 ℃，常用材料的线膨胀系数 α_L 见表 5-2，试计算细长轴的热变形伸长量。

$$\Delta L=\alpha_L L\Delta t=(11.59\times10^{-6})(℃^{-1})\times250\ \text{mm}\times(61-21)℃=0.115\,9\ \text{mm}。$$

表 5-2 常用材料的线膨胀系数 α_L

材料名称	温度范围 /℃	$\alpha_L \times 10^{-6}$/ (℃ $^{-1}$)
灰铸铁	0 ~ 100	10.4
45 钢	20 ~ 100	11.59
40Cr	25 ~ 100	11.0
黄铜	20 ~ 100	17.8
锡青铜	20 ~ 100	18.0
铝	0 ~ 100	23.8

6．查阅相关资料，写出 45 钢（调质）与 45 钢的区别。

45 钢是中碳结构钢，冷热加工性能都不错，机械性能较好，且价格低、来源广，因此应用广泛，其最大缺点是淬透性低，截面尺寸大的工件不宜采用。

45 钢（调质）有较好的切削性能，能获得较高的强度和韧性，淬火后表面硬度可达 45 ~ 52HRC。

7．绘制台阶细长轴零件图中 ϕ17js6 和 ϕ16h6 的公差带图。

8．简述以下几何公差在台阶细长轴零件图中的具体含义。

| ◎ | ϕ0.03 | A—B |: 被测要素 ϕ17js6、M12×1.5—6g 的轴线相对于基准要素 A（左侧 ϕ16h6 外圆轴线）和基准要素 B（右侧 ϕ16h6 外圆轴线）的同轴度要求为 0.03 mm。

9．简述台阶细长轴零件图中螺纹标注 M12×1.5—6g 的具体含义。

表示公称直径为 12 mm，螺距为 1.5 mm，中径公差带为 6g 的右旋细牙普通三角螺纹。

10．查阅资料，分别指出图 5-3 所示螺纹的类别和代号。

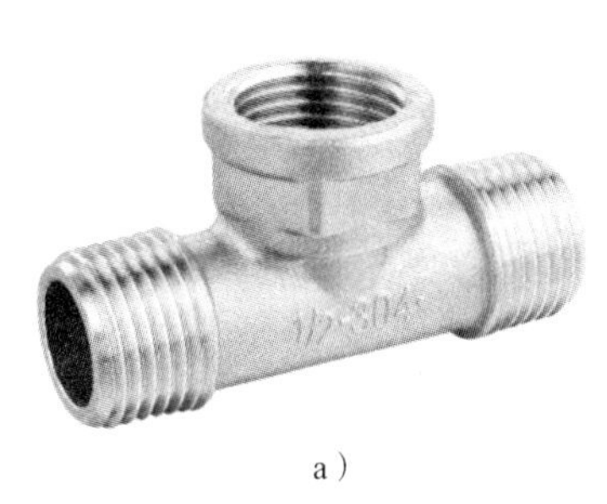

a）

b）

c）

图 5-3　螺纹类别

图 5-3a 为管螺纹，代号为 G；图 5-3b 为梯形螺纹，代号为 Tr；图 5-3c 为矩形螺纹。

11．组成普通外螺纹各部分的几何要素有哪些？结合图 5-4 所示，解释各几何要素的含义。

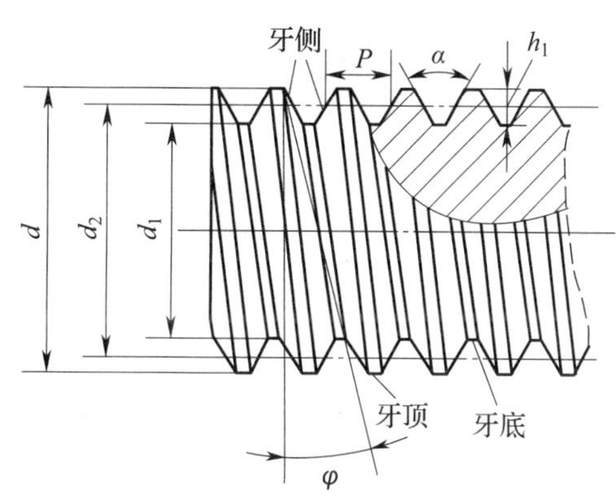

图 5-4　螺纹几何要素

牙型角 α 是在螺纹牙型上，两相邻牙侧间的夹角。

牙型高度 h_1 是在螺纹牙型上，牙顶到牙底在垂直于螺纹轴线方向上的距离。

螺纹大径 d 是指与外螺纹牙顶或内螺纹牙底相切的假想圆柱或圆锥的直径。

螺纹小径 d_1 是指与外螺纹牙底或内螺纹牙顶相切的假想圆柱或圆锥的直径。

螺纹中径 d_2 是指一个假想圆柱或圆锥的直径，该圆柱或圆锥的母线通过牙型上沟槽和凸起宽度相等的地方。

螺纹公称直径是指代表螺纹规格大小的直径，一般是指螺纹的大径。

螺距 P 是指相邻两牙在螺纹中径线上对应两点间的轴向距离。

螺纹升角 φ 是指在螺纹中径圆柱上，螺旋线的切线与垂直于螺纹轴线的平面间的夹角。

12．如图 5-5 所示，如何判定普通外螺纹的旋向？

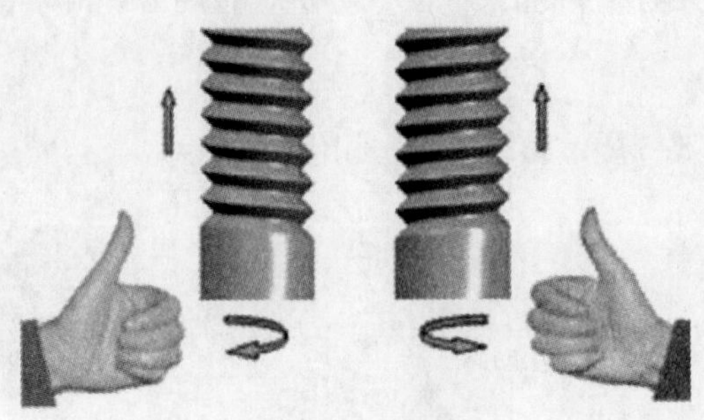

图 5-5　螺纹的旋向

将螺纹竖直放置，观看螺纹螺旋线，右高左低是右旋螺纹，反之就是左旋螺纹。

13．如图 5-6 所示，普通外螺纹螺旋线的形成原理是什么？

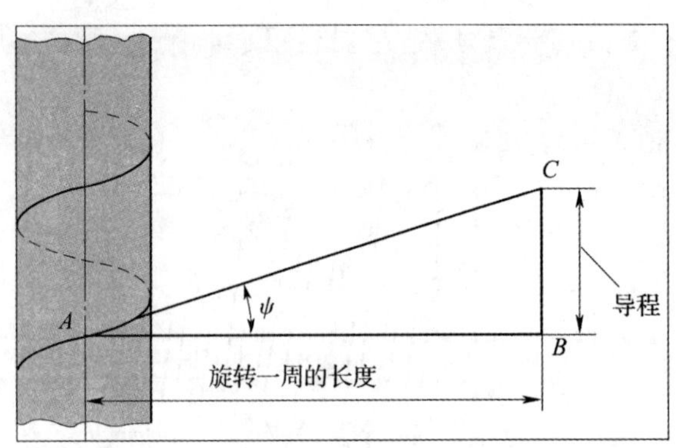

图 5-6　普通外螺纹螺旋线的形成

直角三角形 ABC 绕圆柱旋转一周，斜边 AC 在圆柱表面上所形成的曲线就是螺旋线。

14．试计算 M12×1.5—6g 螺纹的牙高 h_1、中径 d_2、小径 d_1，并计算螺纹升角。

$h_1=0.5413P=0.5413\times1.5\text{ mm}=0.81195\text{ mm}$

$d_2=d-0.6495P=12\text{ mm}-0.6495\times1.5\text{ mm}=11.02575\text{ mm}$

$d_1=d-1.0825P=12\text{ mm}-1.0825\times1.5\text{ mm}=10.37625\text{ mm}$

$\tan\varphi=P/\pi d_2=\dfrac{1.5\text{ mm}}{3.14\times11.02575\text{ mm}}\approx0.04332$　螺纹升角 $\varphi\approx2°28'$

15．试查表确定 M12×1.5—6g 普通外螺纹中径公差值。

由机械手册可得 6g 中径公差为 –0.14 mm。

16．普通螺纹的螺距和导程有什么关系？

导程 P_h 是指同一条螺旋线上相邻两牙在中径线上对应两点的轴向距离，$P_h=nP$（n 为螺旋线数）。

三、识读台阶细长轴加工工艺卡（表 5–3）

表 5–3　　台阶细长轴加工工艺卡

<table>
<tr><td colspan="2" rowspan="2">（单位名称）</td><td rowspan="2">加工工艺卡</td><td>产品名称</td><td colspan="2"></td><td>图号</td><td colspan="5"></td></tr>
<tr><td>零件名称</td><td colspan="2">台阶细长轴</td><td>数量</td><td colspan="3">50</td><td colspan="2">第 1 页</td></tr>
<tr><td>材料种类</td><td>调质钢</td><td>材料成分</td><td>45 钢</td><td colspan="2">毛坯尺寸</td><td colspan="4">ϕ23 mm×245 mm</td><td colspan="2">共 1 页</td></tr>
<tr><td>工序号</td><td colspan="3">工序内容</td><td>车间</td><td>设备</td><td>夹具</td><td>量具</td><td>刃具</td><td colspan="2">计划工时</td><td>实际工时</td></tr>
<tr><td>01</td><td colspan="3">下料，ϕ23 mm×245 mm 棒料</td><td>下料</td><td>锯床</td><td>机用虎钳</td><td>钢直尺</td><td>锯条</td><td colspan="2">10 min</td><td></td></tr>
<tr><td>10</td><td colspan="3">车两端面，控制总长</td><td rowspan="2">车</td><td rowspan="2">车床</td><td rowspan="3">卡盘、顶尖、鸡心夹头、中心架</td><td rowspan="3">千分尺、游标卡尺、百分表、磁性表座、螺纹千分尺、螺纹环规等</td><td rowspan="3">外圆车刀、中心钻、车槽刀</td><td colspan="2">10 min</td><td></td></tr>
<tr><td>20</td><td colspan="3">粗车各级外圆</td><td colspan="2">60 min</td><td></td></tr>
<tr><td>30</td><td colspan="3">精车各级外圆及螺纹</td><td>车</td><td>车床</td><td colspan="2">90 min</td><td></td></tr>
<tr><td>40</td><td colspan="3">磨削</td><td>磨</td><td>外圆磨床</td><td></td><td></td><td></td><td colspan="2">30 min</td><td></td></tr>
<tr><td>50</td><td colspan="3">检测</td><td>检测室</td><td></td><td>平板、跳动量仪</td><td>游标卡尺、千分尺、百分表、磁性表座</td><td></td><td colspan="2">60 min</td><td></td></tr>
<tr><td>更改号</td><td colspan="3"></td><td colspan="2">拟定</td><td>校正</td><td colspan="2">审核</td><td colspan="3">批准</td></tr>
<tr><td>更改者</td><td colspan="3"></td><td colspan="2"></td><td></td><td colspan="2"></td><td colspan="2"></td><td></td></tr>
<tr><td>日　期</td><td colspan="3"></td><td colspan="2"></td><td></td><td colspan="2"></td><td colspan="2"></td><td></td></tr>
</table>

分析加工工艺卡内容，查阅技术手册、车工教材或询问班组长等技术人员，叙述细长轴同轴度公差、中心架、螺纹千分尺、螺纹环规等相关知识，并完成下列问题。

1．如图 5-1 所示台阶细长轴的同轴度公差，在加工时应采取怎样的加工工艺来保证其精度？

（1）车两端面取总长，钻中心孔。

（2）一夹一顶装夹，粗车各外圆。

（3）双顶尖装夹，架中心架，并校正锥度和圆跳动量以保证同轴度要求，精加工各级外圆及螺纹。

2．查阅资料，确定台阶细长轴加工工艺卡中 ϕ17js6、ϕ16h6 外圆磨削前的车削尺寸。

查阅资料可得，直径为 10 ~ 18 mm、长度为 100 ~ 250 mm 的细长轴留磨余量为 0.35 mm，因此 ϕ17js6、ϕ16h6 外圆磨削前的车削尺寸为 ϕ17.35 mm、ϕ16.35 mm。

3．查阅资料，正确填写图 5-7 所示普通中心架的结构名称。

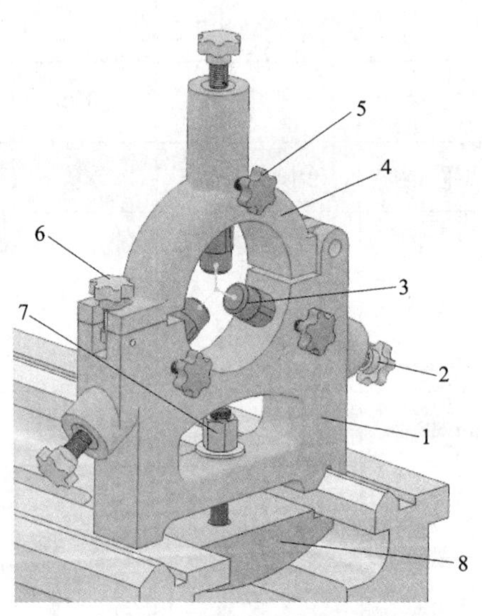

图 5-7　普通中心架

1—架体；2—调整螺钉；3—支承爪；4—上盖；

5—紧固螺钉；6—螺钉；7—螺母；8—压板。

4．如图 5-8 所示，简述普通中心架与滚动轴承中心架的区别以及各自的优缺点。

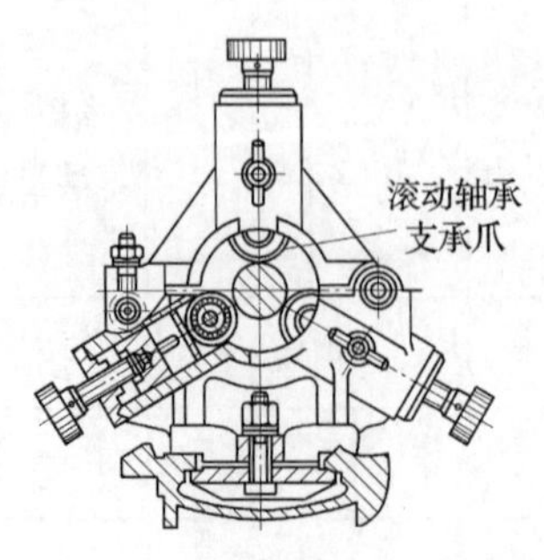

图 5-8　滚动轴承中心架

滚动轴承中心架结构与普通中心架相同，区别在于滚动轴承中心架的支承爪前端有三个滚动轴承，以滚动摩擦代替滑动摩擦。

滚动轴承中心架的优点是能高速车削，不会损伤工件表面；缺点是同轴度稍差。

5．中心架支承爪具备哪些性能？其常用的材料有哪些？

中心架的支承爪是易损件，磨损后可以更换，应选用耐磨性好、不易磨损的材料，通常采用青铜、球墨铸铁、胶木、尼龙 1010 等。

6．根据台阶细长轴加工工艺卡，说明本次加工任务应选用的螺纹环规的规格是多少。

本次加工任务选用的螺纹环规的规格是 M12×1.5—6g。

7．常用来加工普通外螺纹的刀具有哪些？其各适用于什么场合？

常用的螺纹车刀有高速钢螺纹车刀和硬质合金螺纹车刀两类。高速钢螺纹车刀容易磨得锋利且韧性较好，刀尖不易崩裂，车出的螺纹表面粗糙度较小，但高速钢的耐热性较差，因此适用于低速车削螺纹；硬质合金螺纹车刀的硬度高，耐热性较好，但韧性较差，适用于高速车削螺纹。

8．本次加工任务中检测螺纹时涉及螺纹千分尺的使用，如图 5-9 所示螺纹千分尺结构图，简述其常用规格和结构组成。

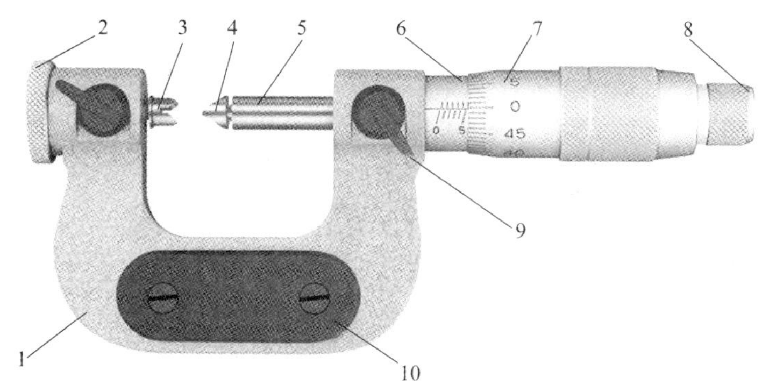

图 5-9　螺纹千分尺结构图

常用规格：0 ~ 25 mm、25 ~ 50 mm、50 ~ 75 mm、75 ~ 100 mm、100 ~ 125 mm、125 ~ 150 mm 等。

结构组成：

1—尺架；2—调零装置；3—V 形测头；4—锥形测头；

5—测微螺杆；6—固定套筒；7—微分筒；8—测力装置；

9—锁紧装置；10—隔热板。

9．如图 5–10 所示，简述用螺纹千分尺检测螺纹中径时的测量要点。

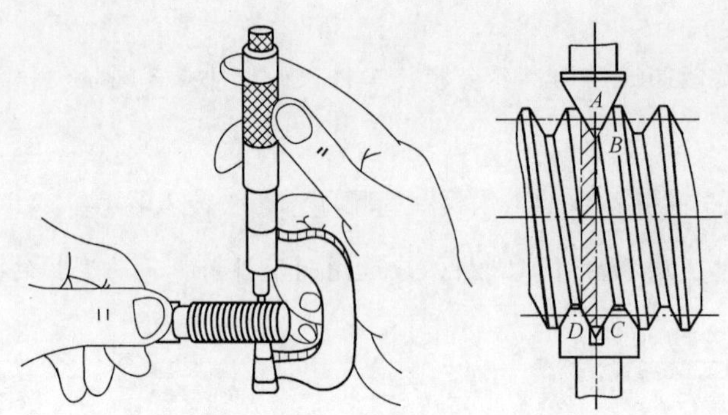

图 5–10　螺纹千分尺检测螺纹中径

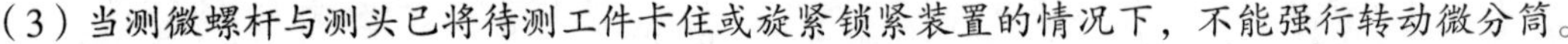

（1）微分筒和测力装置在转动时都不能用力过度。

（2）当转动微分筒使测微螺杆靠近待测工件时，一定要旋转测力装置，不能转动微分筒使测微螺杆压在待测工件上。

（3）当测微螺杆与测头已将待测工件卡住或旋紧锁紧装置的情况下，不能强行转动微分筒。

（4）使用螺纹千分尺测同一长度时，一般应反复测量几次，取其平均值作为测量结果。

（5）螺纹千分尺使用后应用纱布擦干净，在测头与测微螺杆之间留出一定空隙，放入盒中。如长期不用可抹上黄油或润滑油，放置在干燥的地方，注意不要接触腐蚀性的气体。

10．如图 5–11 所示螺纹环规，比较螺纹环规与螺纹千分尺检测普通外螺纹的主要区别，并简述用螺纹环规检测的测量要点。

图 5–11　螺纹环规

（1）与螺纹千分尺的主要区别：螺纹千分尺只能测量螺纹中径尺寸，属于单项测量。螺纹环规能对螺纹和部分尺寸同时进行综合检测，检测效率高，使用方便，能较好地保证互换性，可广泛应用于对标准螺纹或大批量生产螺纹的检测。

（2）螺纹环规测量要点：测量时，根据螺纹精度选用对应的螺纹环规，若螺纹环规通端（螺纹环规中较厚的一个，端面有字母 T）能顺利拧入工件，止端（螺纹环规中较薄的一个，端面有字母 Z）拧不进，说明螺纹合格。螺纹环规是精密量具，不允许拧坏螺纹环规，以免引起严重磨损，降低其检测精度。

11．台阶细长轴零件几何误差的测量

本次任务中涉及同轴度的测量，如图 5-12 所示，简述同轴度的测量方法。

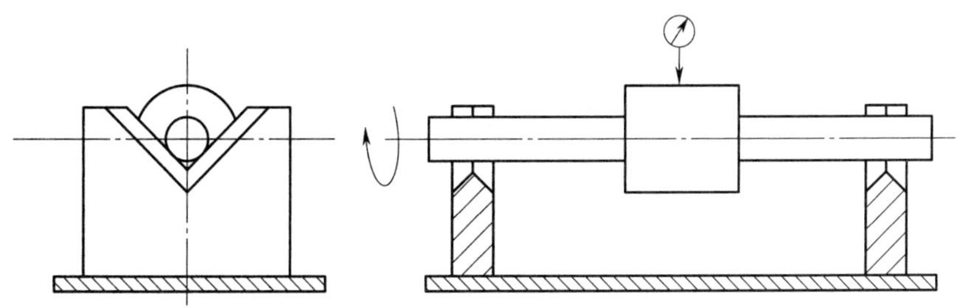

图 5-12　同轴度的测量方法

（1）将准备好的刃口状 V 形架放置在平板上，并调整水平。

（2）将被测零件基准要素的中截面（圆柱的中间位置）放置在两个等高的刃口状 V 形架上，基准轴线由 V 形架模拟。

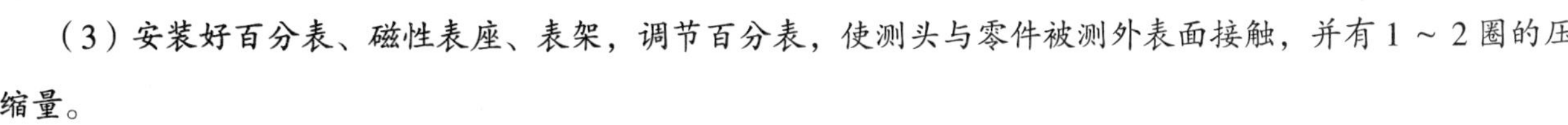

（3）安装好百分表、磁性表座、表架，调节百分表，使测头与零件被测外表面接触，并有 1 ～ 2 圈的压缩量。

（4）缓慢且均匀地转动零件一周，观察百分表指针的波动，取最大读数 *M*max 与最小读数 *M*min 的差值之半，作为该截面的同轴度误差。

（5）转动被测零件，按上述方法测量四个不同截面（截面 *A*、*B*、*C*、*D*），取各截面测得的最大读数 *M*max 与最小读数 *M*min 差值之半中的最大值（绝对值）作为该零件的同轴度误差。

（6）完成检测报告，整理实验器具。

12．绘制台阶细长轴零件图

注意：（1）选择合适的比例。（2）布局合理。（3）线型和尺寸标注符合国家标准。（4）满足制图的其他规范和标准。

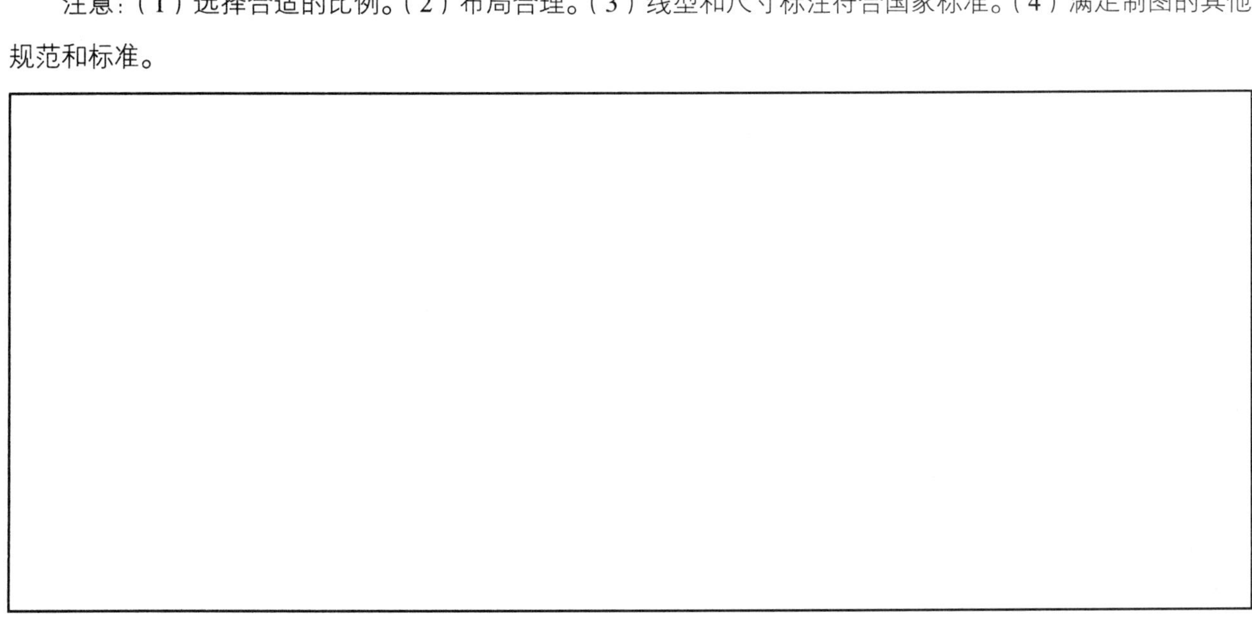

学习活动2　工具、量具、夹具、刃具的准备

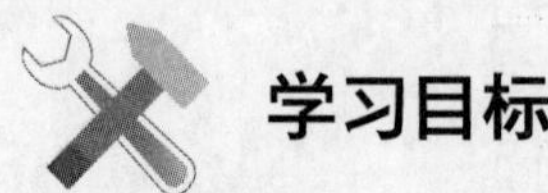

1. 能熟悉车间和工作区的范围及限制，理解企业对环境、安全、卫生和事故的预防标准。

2. 能检查工作区、设备、工具、材料的状况和功能，并对车床进行点检操作。

3. 能根据现场条件，查阅技术手册，确定符合台阶细长轴零件加工技术要求的工具、量具、夹具、刃具、辅具及切削液。

4. 能根据加工要求选用合理车刀的几何参数。

5. 能叙述螺纹车刀的分类、材料和几何形状等知识。

6. 能叙述普通外螺纹车刀刃磨的方法及注意事项。

7. 能叙述螺纹环规、螺纹千分尺的结构和测量原理，并根据加工实际情况调整螺纹千分尺，以满足测量需要。

8. 能主动获取有效信息，展示工作成果，对学习与工作进行反思总结，并能与他人开展良好合作，进行有效的沟通。

9. 能按要求正确、规范地完成本次学习活动工作页的填写。

建议学时：6学时。

学习过程

熟悉车间和工作区的范围及限制，理解企业对环境、安全、卫生和事故的预防标准，查阅技术手册或车工教材，确定符合台阶细长轴加工技术要求的工具、量具、夹具、刃具、辅具及切削液，领取并检查工具、量具、刃具的状况及功能，完成下列表格和问题。

一、工具、量具、刃具清单

填写表 5-4 工具、量具、刃具清单，并领取本次任务相关的工具、量具、刃具。

表 5-4　　工具、量具、刃具清单

序号	工具、量具、刃具名称	规格	数量	领用人
1	90° 外圆车刀	/		
2	45° 端面车刀	/		
3	中心钻	B2		
4	车槽刀	3 mm		
5	60° 外螺纹车刀	/		
6	百分表	0 ～ 10 mm		
7	游标卡尺	0 ～ 200 mm、0 ～ 300 mm		
8	千分尺	0 ～ 25 mm		
9	螺纹千分尺	0 ～ 25 mm		
10	螺纹环规	M12 × 1.5—6 g		
11	鸡心夹头	鸡心夹头（夹 ϕ16 mm 外圆）		
12	中心架	/		
13	磁性表座	/		
14	莫氏顶尖	/		

二、刃具、量具的准备

在本次任务中，按照选择外圆车刀、刃磨普通外螺纹车刀和螺纹量具的顺序开始准备工作，并对刃磨好的刀具进行试切削。

1．准备刃具

（1）本次台阶细长轴加工任务中，由于工件刚度低，车刀的几何参数对切削力、切削热、振动和工件弯曲变形等均有明显影响，下面对外圆车刀几何角度进行选择。

1）如图 5-13 所示，车外圆时，径向分力 F_y 会对工件产生什么影响?

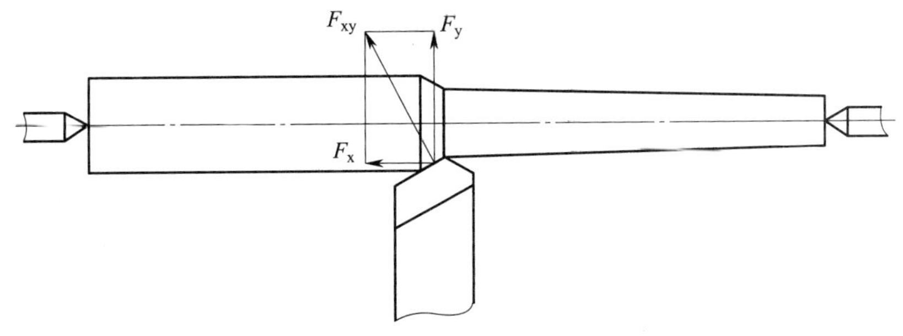

图 5-13　径向分力 F_y 对切削加工的影响

在车细长轴外圆时，径向分力 F_y 会使工件在水平面内弯曲，它会影响工件的形状精度，也是产生振动的主要因素。

2）分析主偏角的变化对切削加工的影响，并完成表 5-5 的填写。

表 5-5　主偏角的变化对切削加工的影响

主偏角	κ_r=30°	κ_r=60°	κ_r=90°
图示	30° F_x F_y F_{xy}	60° F_x F_y F_{xy}	90° F_{xy}=F_x
对加工的影响	当主偏角变化时切削分力 F_{xy} 的作用方向改变，从图中得知，当 κ_r 增大时，F_y 减小，F_x 增大；反之当 κ_r 减小时，F_y 增大，F_x 减小。在车细长轴外圆时 F_y 会使工件在水平面内弯曲，它会影响工件的形状精度，是产生振动的主要因素		

3）查阅资料，根据表 5-6 车细长轴时切削用量的参考值和细长轴加工特性，填写表 5-7 外圆车刀几何参数的定义及取值范围，并在图 5-14 所示 90°外圆车刀中标出几何参数的取值。

表 5-6　车细长轴时切削用量的参考值

加工性质	切削速度 /（$m \cdot min^{-1}$）	进给量 /（$mm \cdot r^{-1}$）	背吃刀量 /mm
粗车	50 ~ 60	0.3 ~ 0.4	1.5 ~ 2
精车	60 ~ 100	0.08 ~ 0.12	0.5 ~ 1

表 5-7　外圆车刀几何参数的定义及取值范围

几何参数	定义	取值范围	备注
前角	前面和基面间的夹角	15° ~ 30°	
刃倾角	主切削刃与基面间的夹角	3°	
倒棱	在平直的主切削刃上磨出 -10° 左右的前角	0.5f	
断屑槽	开在刀具近切削刃的前面上，使已变形的切屑进一步弯曲变形，导致其断裂或改变其流向	R1.5 ~ 3 mm	

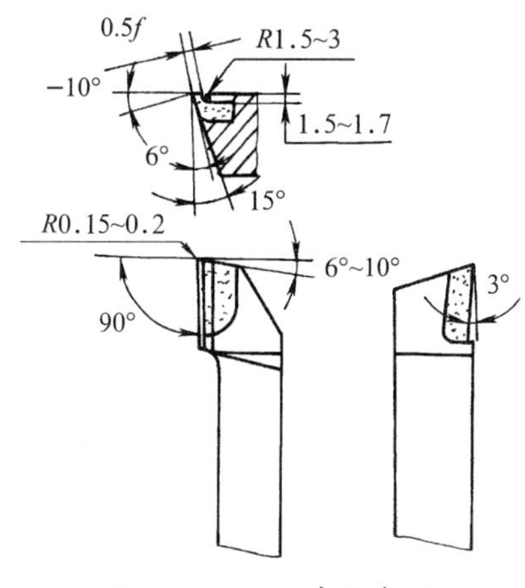

图 5-14　90° 外圆车刀

（2）图 5-15 所示为高速钢普通外螺纹车刀，试辨别哪幅图表示螺纹粗车刀，哪幅图表示螺纹精车刀。

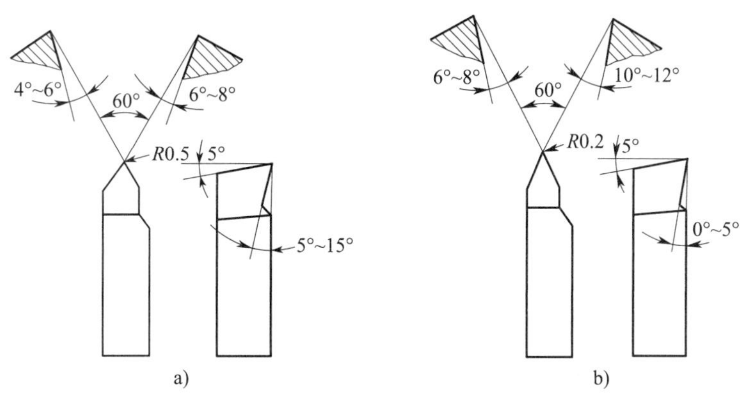

图 5-15　高速钢普通外螺纹车刀

图 5-15a 表示螺纹粗车刀，图 5-15b 表示螺纹精车刀。为了保证车削顺利，粗车刀应选用较大的前角；为了获得正确的牙型，精车刀应选用较小的前角。

（3）螺纹车刀左、右侧后角是如何确定的？与哪些因素有关？

当车右旋螺纹时，左侧的刃磨后角应等于工作后角加螺纹升角，为了保证刀头有足够的强度，右侧的刃磨后角应等于工作后角减去螺纹升角；当车左旋螺纹时则反之。螺纹车刀左、右侧后角的确定与螺纹旋向和螺纹升角有关。

（4）根据图 5–16 所示，简述螺纹车刀径向前角对刀尖角的影响。

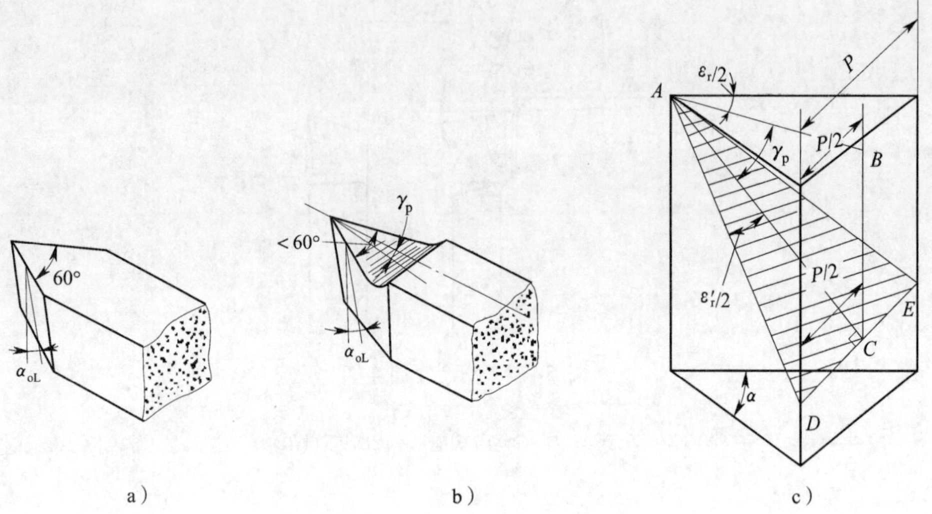

图 5–16　螺纹车刀径向前角对刀尖角的影响

螺纹车刀的径向前角不等于 0° 时，两侧切削刃不通过工件轴线，车出的螺纹牙侧不是直线而是曲线；当径向前角较大时，对牙型角的影响较大。△*ADE* 是螺纹车刀的前面，其径向前角 $\gamma_p > 0°$ 时，两侧切削刃之间的夹角∠*DAE* 将小于所要求的刀尖角，当∠*DAE* 等于螺纹牙型角时，车出的螺纹牙型角将大于规定要求。

（5）如图 5–17 所示硬质合金螺纹车刀，并回答下列问题。

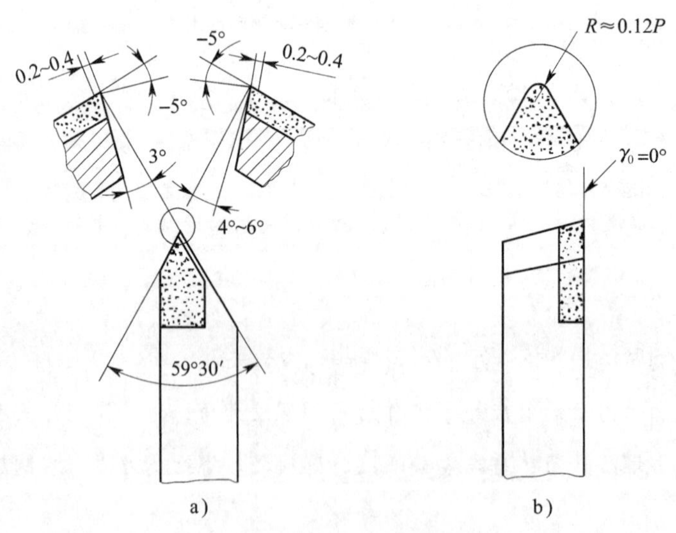

图 5–17　硬质合金螺纹车刀

前角 γ_0：＿前面＿与＿基面＿的夹角，在＿截＿面中测量，其值是＿0°＿。

主后角 α_0：＿主后面＿与＿切削平面＿的夹角，在＿截＿面中测量，其值是＿4° ~ 6°＿。

副后角 α_0'：＿副后面＿与＿切削平面＿的夹角，在＿截＿面中测量，其值是＿3°＿。

刀尖角 λ_s：主切削刃 与 副切削刃 的夹角，在 基 面中测量，其值是 59° 30′ 。

刀尖倒棱：$R=0.12P$。

（6）图 5-18 所示为用螺纹样板检查螺纹车刀刀尖角的两种情况，简述哪一种情况是正确的，为什么？

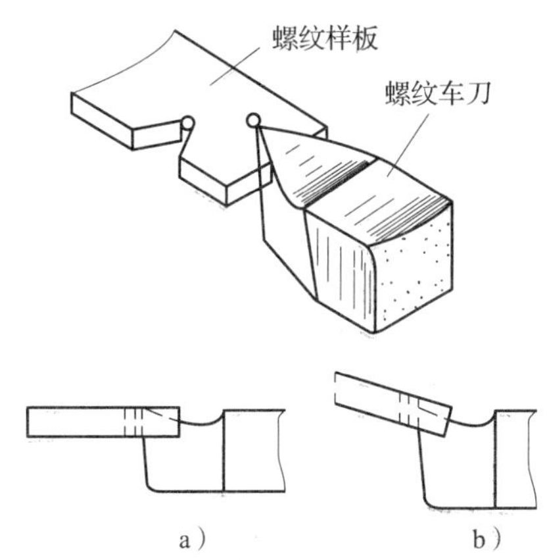

图 5-18　螺纹样板检查螺纹车刀刀尖角

图 5-18a 是正确的。车刀有径向前角时，用螺纹样板平行于基面检查车刀刀尖角的误差较小，图 5-18b 误差较大。

（7）普通外螺纹车刀的刃磨

1）查阅资料，完成表 5-8 普通外螺纹车刀刃磨过程的填写。

表 5-8　普通外螺纹车刀刃磨过程

步骤	刃磨的内容	图示
粗磨主后面	刃磨的要求： 去除焊渣，控制主后角为 2° 刃磨的方法： 左手握刀柄，右手捏刀头，刀柄与砂轮的夹角为刀尖半角，约 30°，保证刀尖角平分线与刀杆平行，磨主后面	
粗磨副后面	刃磨的要求： 去除焊渣，控制主后角约为 0°，刀尖角约为 60° 刃磨的方法： 右手握刀柄，左手捏刀头，刀柄与砂轮的夹角为刀尖半角，约 30°，保证刀尖角平分线与刀杆平行，刀尖角约 60°，磨出副后面	

续表

步骤	刃磨的内容	图示
粗磨前面	刃磨的要求： 去除焊渣，控制前角为0° 刃磨的方法： 右手握刀柄，左手捏刀头，刀柄保持平直，磨出前面	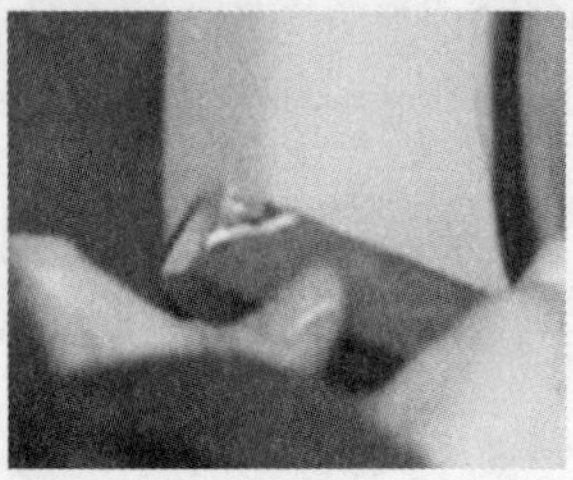
精磨前面	刃磨的要求： 控制前角为0° 刃磨的方法： 右手握刀柄，左手捏刀头，刀柄保持平直，磨出前面	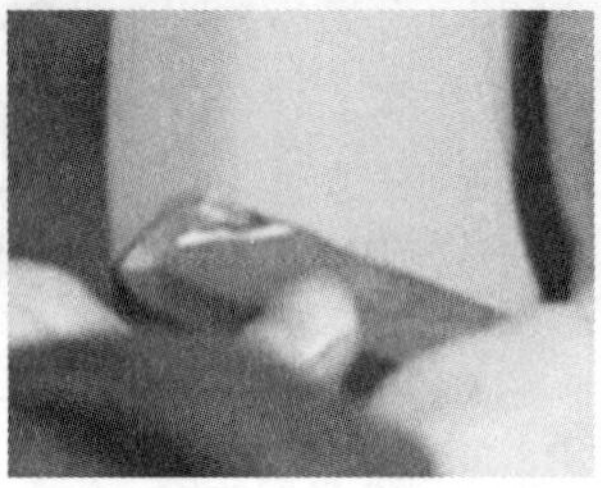
精磨主后面、副后面	刃磨的要求： 控制主后角为4°～6°，控制副后角为3°，保证刀尖角59° 30′ 刃磨的方法： 左手握刀柄，右手捏刀头，磨出主后面；右手握刀柄，左手捏刀头，磨出副后面	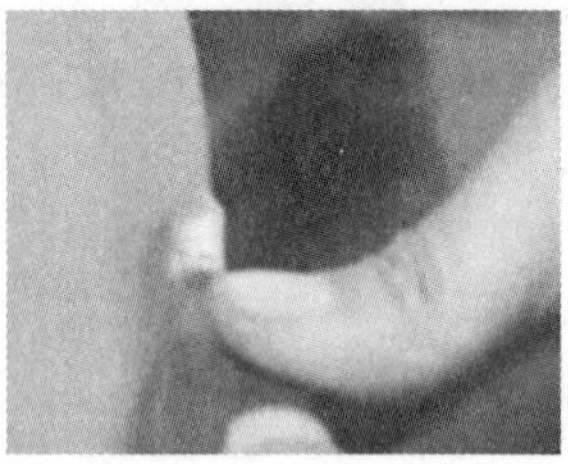
修磨刀尖	刃磨的要求： 控制刀尖倒棱宽度为0.12P 刃磨的方法： 右手握刀柄，左手捏刀头，刀杆与砂轮外圆面垂直，磨出倒棱	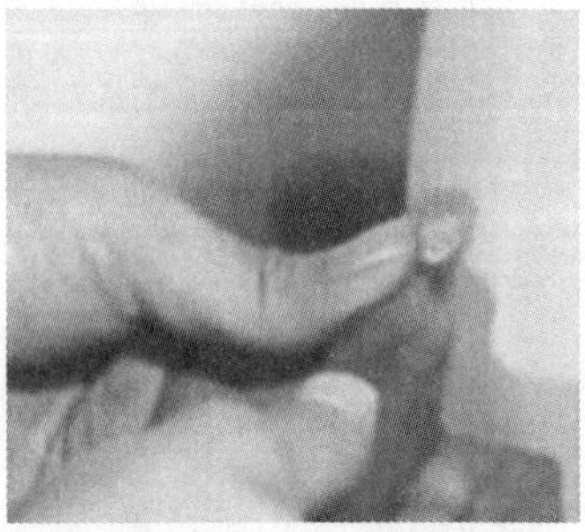
研磨各面	刃磨的要求： 使切削刃锋利，刀面表面粗糙度值减小 刃磨的方法： 左手握刀柄，右手握研磨石，研磨各面	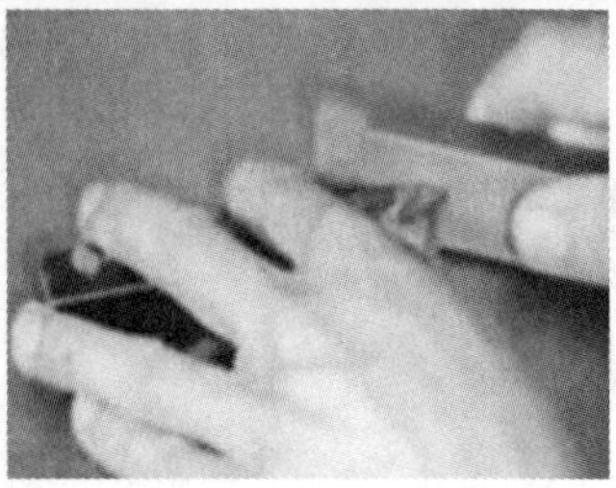

安全提示

螺纹车刀刃磨注意事项

1. 磨刀时人的站立位置要正确，特别是在刃磨整体式螺纹车刀时，否则会使刀头磨歪。

2. 刃磨高速钢车刀时，宜选用氧化铝砂轮，磨刀压力应小于一般车刀，并及时用水冷却，以免过热而降低切削刃硬度。粗磨时也要用样板检查刀尖角，若磨有纵向前角的螺纹车刀，粗磨后的刀尖角要略大于螺纹牙型角，待磨好前角后再修正刀尖角。

3. 刃磨螺纹车刀的切削刃时，要稍带移动，这样容易使切削刃平直。

4. 刃磨车刀时应注意安全。

2）填写表 5-9 普通外螺纹车刀刃磨检测表，分析造成不合格项目的原因并提出改进措施。

表 5-9　　普通外螺纹车刀刃磨检测表

检测内容	检测所用方法	检测结果	是否合格
前角			
主后角			
副后角			
刀尖圆弧			
前面			
切削刃直线度			
三个刀面的表面粗糙度			
安全文明刃磨			
分析造成不合格项目的原因： 改进措施：			

指导教师意见：

2. 准备量具

在开始测量前，结合图 5-19 所示，简述如何校验螺纹千分尺。

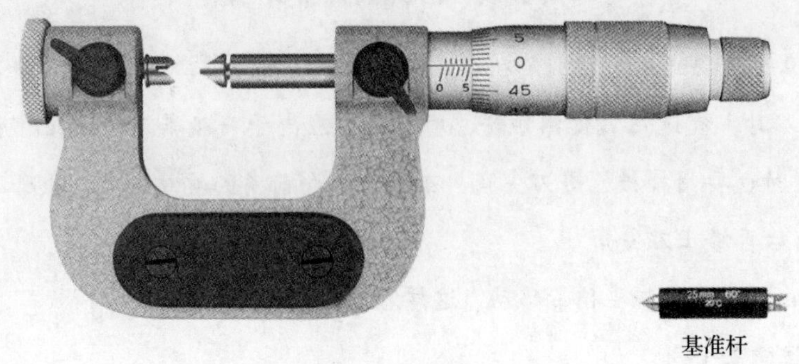

图 5-19 螺纹千分尺

（1）选择合适量程和角度的螺纹千分尺及测头。

（2）置零：用软布或者软纸擦净所选锥形测头、V 形测头以及基准杆的测量面，将所选测头插入千分尺内，转动微分筒到零位，推动测力装置，使测头两测量面接触或与基准杆两测量面接触。

学习活动3　台阶细长轴的加工

学习目标

1. 能检查工作区、设备、工具、材料的状况和功能。

2. 能正确识读台阶细长轴加工工序卡，进一步明确台阶细长轴的加工方法。

3. 能按台阶细长轴零件图要求，测量毛坯外形尺寸，并判断毛坯是否有足够的加工余量。

4. 能检查车床功能情况，按车床操作规程进行加工前润滑、预热等准备工作。

5. 能正确、规范地安装台阶细长轴加工所用刀具。

6. 能正确、合理地选择外圆车刀、车槽刀等刀具的切削用量。

7. 能根据零件图的加工要求，正确选择车螺纹的方法。

8. 能明确切削液的种类和使用场合，正确选择本次任务要求的切削液。

9. 能规范操作车床完成台阶细长轴的车削，并适时检测和调整切削用量。

10. 能进行自检，判断零件是否合格。

11. 能按车间现场管理规定和产品加工工艺流程的要求，正确放置台阶细长轴零件并进行质量检测和确认。

12. 能按照国家环保相关规定和车间要求，正确处置废油液等废弃物。

13. 能按产品加工工艺流程和车间要求，进行产品交接并规范填写交接班记录表。

14. 能严格按照车间现场管理规定，正确、规范地操作和保养机床。

15. 能主动获取有效信息，展示工作成果，对学习与工作进行反思总结，并能与他人开展良好合作，进行有效的沟通。

16. 能按要求正确、规范地完成本次学习活动工作页的填写。

建议学时：30 学时。

学习过程

一、熟悉工作环境

检查工作区、设备、工具、材料的状况和功能是否达到企业对安全、卫生和事故的预防标准，列举存在的问题。

二、填写领料单

1．按要求到材料库领取材料，并完成表 5–10 的填写。

表 5–10　　领料单

填表日期：　年　月　日　　　　发料日期：　年　月　日

<table>
<tr><td>领料部门</td><td></td><td colspan="3">产品名称及数量</td><td colspan="3"></td></tr>
<tr><td>领料单号</td><td></td><td colspan="3">零件名称及数量</td><td colspan="3"></td></tr>
<tr><td>材料名称</td><td>材料规格及型号</td><td rowspan="2">单位</td><td colspan="3">数量</td><td rowspan="2">单价</td><td rowspan="2">总价</td></tr>
<tr><td rowspan="2"></td><td rowspan="2"></td><td>请领</td><td colspan="2">实发</td></tr>
<tr><td></td><td></td><td colspan="2"></td><td></td><td></td></tr>
<tr><td colspan="2">材料用途</td><td rowspan="2">材料仓库</td><td>主管</td><td>发料数量</td><td rowspan="2">领料部门</td><td>主管</td><td>领料数量</td></tr>
<tr><td colspan="2"></td><td></td><td></td><td></td><td></td></tr>
</table>

2．如何判断毛坯材料是 45 钢（调质）？

可通过调质前后材料硬度的变化来鉴别材料是否经调质处理。

三、制定加工步骤

1．识读加工工序卡 10，完成下列问题。

本工序是企业常用的定位加工工序，操作简单、方便、省时、效率高。对操作者要求不高，见表 5-11 加工工序卡 10。

（1）根据台阶细长轴加工工序卡 10，确定应选用哪种类型的中心钻？并说明原因。

B 型中心孔是在 A 型中心孔的端部再加 120° 圆锥孔，用以保护 60° 圆锥孔不被碰毛，并使工件端面容易加工。B 型中心孔适用于精度要求较高，工序较多的工件。

（2）在机床上完成加工，将加工过程中出现的问题记录下来，分析问题并写出改进措施。

表 5-11　　加工工序卡 10

台阶细长轴加工工序卡	产品型号		零件图号	5-001		
	产品名称		零件名称	台阶细长轴	共 1 页	第 1 页

车间	工序号	工序名称	材料牌号	
车	10	车两端面，控制总长	45 钢（调质）	
毛坯种类	毛坯外形尺寸	毛坯可制件数	每台件数	
圆棒料	ϕ 23 mm × 245 mm	1		
设备名称	设备型号	设备编号	同时加工件数	
车床	CA6140		1	
夹具编号		夹具名称	切削液	
		三爪自定心卡盘	乳化液	
工位器具编号		工位器具名称	工序工时（min）	
			准终	单件

Ra 1.6　钻中心孔　240　Ra 1.6　钻中心孔

工步号	工步内容	工艺装备	主轴转速 /（r·min^{-1}）	切削速度 /（m·min^{-1}）	进给量 /（mm·r^{-1}）	背吃刀量 / mm	进给次数	工步工时 机动	工步工时 辅助
01	车两端面，控制总长为 240 mm	端面车刀、游标卡尺	710	51	0.15 ~ 0.2	0.3 ~ 1	3		
10	钻中心孔	中心钻	900	5.6	0.1 ~ 0.4	1	1		

设计（日期）	校对（日期）	审核（日期）	标准化（日期）	会签（日期）

2．识读加工工序卡 20（表 5-12），完成下列问题。

表 5-12　　加工工序卡 20

<table>
<tr><td colspan="2" rowspan="2">台阶细长轴加工工序卡</td><td>产品型号</td><td></td><td>零件图号</td><td colspan="3">5-001</td></tr>
<tr><td>产品名称</td><td></td><td>零件名称</td><td>台阶细长轴</td><td>共 1 页</td><td>第 1 页</td></tr>
<tr><td colspan="3" rowspan="10"></td><td>车间</td><td>工序号</td><td colspan="2">工序名称</td><td>材料牌号</td></tr>
<tr><td>车</td><td>20</td><td colspan="2">粗车各级外圆</td><td>45 钢（调质）</td></tr>
<tr><td>毛坯种类</td><td>毛坯外形尺寸</td><td colspan="2">毛坯可制件数</td><td>每台件数</td></tr>
<tr><td>圆棒料</td><td>ϕ 23 mm × 245 mm</td><td colspan="2">1</td><td></td></tr>
<tr><td>设备名称</td><td>设备型号</td><td colspan="2">设备编号</td><td>同时加工件数</td></tr>
<tr><td>车床</td><td>CA6140</td><td colspan="2"></td><td>1</td></tr>
<tr><td colspan="2">夹具编号</td><td colspan="2">夹具名称</td><td>切削液</td></tr>
<tr><td colspan="2"></td><td colspan="2">三爪自定心卡盘、顶尖</td><td>乳化液</td></tr>
<tr><td colspan="2" rowspan="2">工位器具编号</td><td colspan="2" rowspan="2">工位器具名称</td><td>工序工时（min）
准终 / 单件</td></tr>
<tr><td></td></tr>
</table>

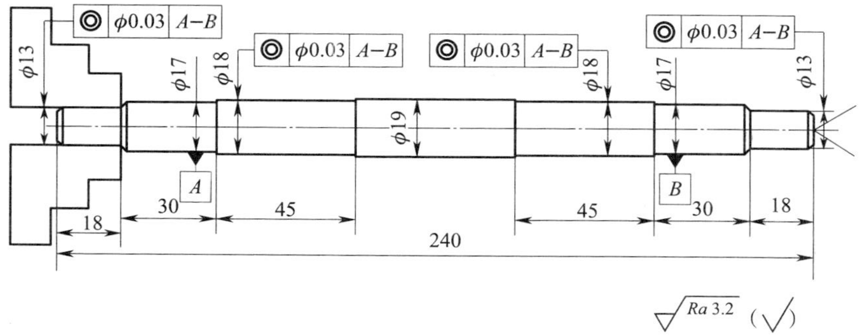

工步号	工步内容	工艺装备	主轴转速 /（$r \cdot min^{-1}$）	切削速度 /（$m \cdot min^{-1}$）	进给量 /（$mm \cdot r^{-1}$）	背吃刀量 /mm	进给次数	工步工时 机动	工步工时 辅助
01	一夹一顶装夹，并找正	顶尖、百分表、磁性表座							
10	粗车 ϕ 18 mm 外圆至 ϕ 19 mm，尽长	外圆车刀、游标卡尺	710	51.4	0.3 ~ 0.4	1.5	2		
20	粗车 ϕ 17 mm 外圆至 ϕ 18 mm，长 45 mm		710	42.4	0.3 ~ 0.4	0.5	1		
30	粗车 ϕ 16 mm 外圆至 ϕ 17 mm，长 30 mm		710	40.2	0.3 ~ 0.4	0.5	1		
40	粗车螺纹外圆至 ϕ 13 mm，长 18 mm		710	37.9	0.3 ~ 0.4	1.5	2		
50	重复工步 10 至工步 40，加工另一侧								

设计（日期）	校对（日期）	审核（日期）	标准化（日期）	会签（日期）

（1）用一夹一顶装夹零件车细长轴时，减少热变形的主要措施有哪些？

1）使用弹性回转顶尖。

2）浮动夹紧，反向进给车削。

3）加注充分的切削液。

4）保持刀具锋利。

（2）分析加工工序卡 20，如果车 ϕ18 mm 外圆时产生振纹或“竹节”，可采用什么方法消除？

可使用中心架或跟刀架来增强工件的刚度，以避免产生振纹或“竹节”。

3．识读加工工序卡 30（表 5–13），完成下列问题。

表 5–13　　加工工序卡 30

台阶细长轴加工工序卡	产品型号		零件图号	5–001		
	产品名称		零件名称	台阶细长轴	共 1 页	第 1 页

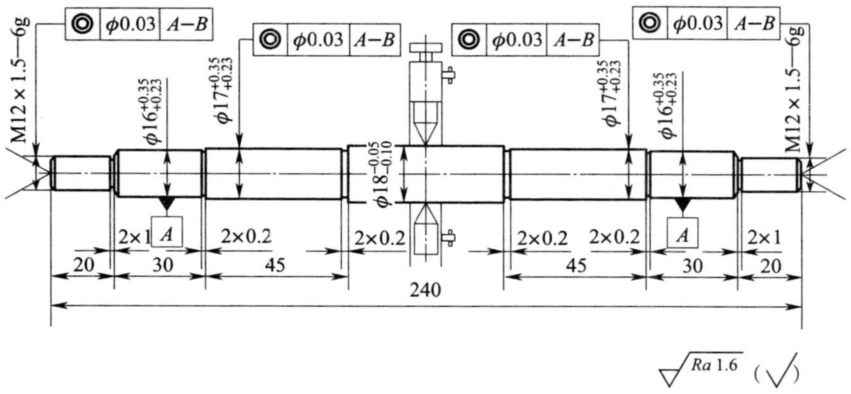

车间	工序号	工序名称	材料牌号	
车	30	精车各级外圆及螺纹	45 钢（调质）	
毛坯种类	毛坯外形尺寸	毛坯可制件数	每台件数	
圆棒料	ϕ23 mm × 245 mm	1		
设备名称	设备型号	设备编号	同时加工件数	
车床	CA6140		1	
夹具编号		夹具名称	切削液	
		三爪自定心卡盘、顶尖、鸡心夹头	乳化液	
工位器具编号		工位器具名称	工序工时（min）	
			准终	单件

工步号	工步内容	工艺装备	主轴转速 /（r·min^{-1}）	切削速度 /（m·min^{-1}）	进给量 /（mm·r^{-1}）	背吃刀量 / mm	进给次数	工步工时 机动	工步工时 辅助
01	双顶尖装夹并找正	顶尖、百分表、磁性表座							
10	精车 ϕ18 mm 外圆至 $\phi18^{-0.05}_{-0.10}$ mm	外圆车刀、游标卡尺、千分尺	900	53.7	0.08 ~ 0.12	0.25	2		
20	双顶尖装夹，ϕ18 mm 外圆架中心架，并找正								
30	粗、精车螺纹外圆至 $\phi12^{-0.032}_{-0.268}$ mm，长 20 mm		900	34	0.08 ~ 0.12	0.25	1		
40	精车 ϕ16 h6 外圆，留磨削余量 0.35 mm，长 30 mm		900	48.1	0.08 ~ 0.12	0.25	2		
50	精车 ϕ17 js6 外圆，留磨削余量 0.35 mm，长 45 mm		900	51	0.08 ~ 0.12	0.25	2		
60	倒角 C1 mm		900	45.2	0.08 ~ 0.12	1	1		
70	车槽 2 mm × 1 mm、2 mm × 0.2 mm 至图样要求	2 mm 宽车槽刀、游标卡尺	125	6.2	0.06 ~ 0.08	0.2 ~ 1	1		
80	重复工步 20 至工步 70，加工另一侧								
90	粗车 M12 × 1.5 螺纹	普通外螺纹车刀、螺纹千分尺、螺纹环规	125	4.7	1.5	0.012 5 ~ 0.2	8		
100	精车 M12 × 1.5 螺纹至图样要求		50	1.8	1.5	0.012 5	3		

设计（日期）	校对（日期）	审核（日期）	标准化（日期）	会签（日期）

（1）车螺纹前，车床中、小滑板间隙需要做哪些调整?

车螺纹前，中、小滑板与楔铁之间的间隙应适当。间隙过大，中、小滑板太松，车削时容易产生“扎刀”现象；间隙过小，中、小滑板操作不灵活，摇动滑板费力。

（2）结合图 5–20 所示，简述车螺纹前，开合螺母的松紧需要做哪些调整。

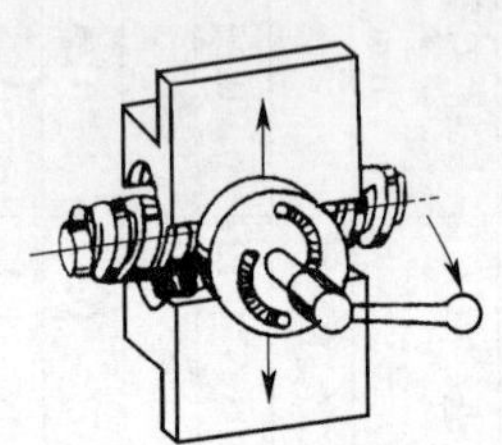
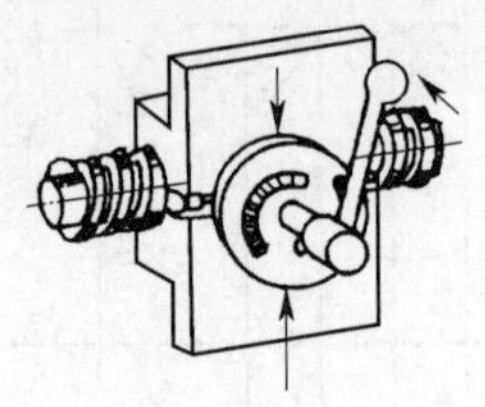

图 5–20　开合螺母的松紧

车螺纹前，开合螺母松紧应适当。开合螺母过松，螺纹容易产生“乱牙”现象；开合螺母过紧，开合螺母手柄提起、合下操作不灵活。

（3）结合表 5–14 中图示，完成车床小滑板与楔铁之间间隙调整步骤的填写。

表 5–14　车床小滑板与楔铁之间间隙调整步骤

步骤	图示
松开小滑板右侧的紧定螺栓	
调整小滑板左侧的限位螺栓，同步顺时针转动小滑板向进刀方向移动，调整至松紧适当	

续表

步骤	图示
调整合适后，紧固右侧的紧定螺栓	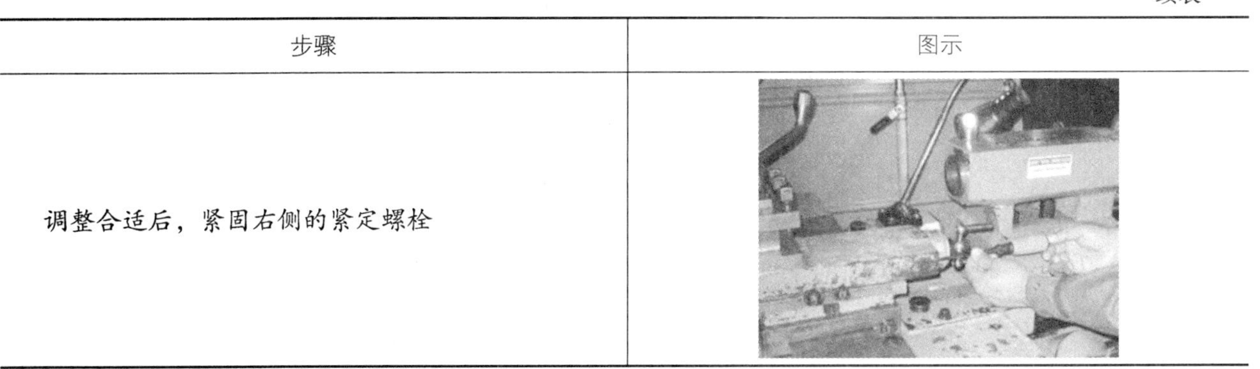

（4）结合表 5-15 中图示，完成车床中滑板与楔铁之间间隙调整步骤的填写。

表 5-15　车床中滑板与楔铁之间间隙调整步骤

步骤	图示
松开中滑板后侧的紧定螺栓	
调整中滑板前侧的限位螺栓，同步摇动中滑板手柄，调整至松紧得当	
调整合适后，紧固中滑板后侧的紧定螺栓	

（5）结合表 5–16 中图示，完成开合螺母松紧调整步骤的填写。

表 5–16 开合螺母松紧调整步骤

步骤	图示
分别松开上、下锁紧螺母	 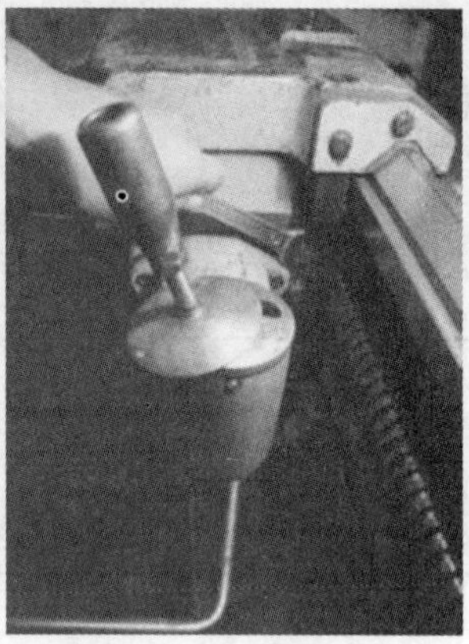
调整螺钉压紧或放松楔铁至松紧得当	 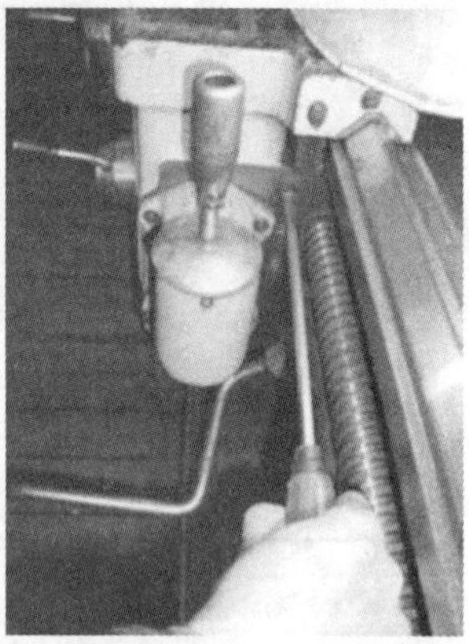
提起或合下开合螺母手柄，检查松紧是否得当	 
调整合适后，紧固锁紧螺母	 

（6）双顶尖装夹加工普通外螺纹

1）用丝杠螺距为 12 mm 的车床，车螺距为 1.5 mm 的螺纹，试计算交换齿轮的齿数及传动比。

交换齿轮的齿数：$i=\frac{nP_{工}}{P_{丝}}=\frac{1.5}{12}=\frac{15}{120}=\frac{5}{1}\times\frac{3}{120}=\frac{50}{100}\times\frac{30}{120}$

50+100>30+15，30+120>100+15，符合齿轮啮合规则。

传动比：$i=\frac{nP_{工}}{P_{丝}}=\frac{1.5\ \text{mm}}{12\ \text{mm}}=\frac{1}{8}$

2）在 CA6140 型车床上低速车普通外螺纹可采用哪些操作方法？ 如何操作？

可采用开合螺母法和倒顺车法两种操作方法。

开合螺母法：选择较低的主轴转速，主轴正转，启动车床并移动螺纹车刀，使刀尖与工件外圆轻微接触，将床鞍向右移动退出工件端面，记住中滑板刻度读数或将中滑板刻度盘调零。使中滑板径向进给，左手握中滑板手柄，右手压下开合螺母手柄。使开合螺母与丝杠啮合到位，床鞍和刀架按螺距做纵向移动，当床鞍移动到相应位置处时，右手迅速提起开合螺母手柄，左手操作中滑板退刀，手摇床鞍手柄，将床鞍移动到初始位置。

倒顺车法：操作者站立在卡盘和刀架之间，左手操作操纵杆，右手在开合螺母合下后，负责中滑板进刀，当床鞍移动到相应位置处时，不提起开合螺母手柄，右手快速退回中滑板，左手同时压下操纵杆，使主轴反转，床鞍纵向退回后，向上提起操纵杆手柄，将床鞍停留到初始位置。

3）用丝杠螺距为 6 mm 的车床车螺距分别为 3 mm 和 12 mm 的两种螺纹，如果采用开合螺母法车削，分别判断是否会发生“乱牙”现象？为什么？

根据公式，$\frac{nP_{工}}{P_{丝}}=\frac{n_{丝}}{P_{工}}$

车削 $nP_{工}$=3 mm 时，$\frac{nP_{工}}{P_{丝}}=\frac{3}{6}=\frac{1}{2}=\frac{n_{丝}}{n_{工}}$，即丝杠转一圈，工件转两圈，不会产生“乱牙”现象；车削 $nP_{工}$=12 mm 时，$\frac{nP_{工}}{P_{丝}}=\frac{12}{6}=\frac{1}{0.5}=\frac{n_{丝}}{n_{工}}$，即丝杠转一圈，工件转半圈，刀尖有可能切入两槽之间，产生“乱牙”现象。

4）在车床上使用高速钢螺纹车刀加工以下几种规格的螺纹时（表 5-17），车床上进给箱各手柄的位置是否相同？如有不同，简述其区别。

表 5–17　　加工不同规格螺纹时车床进给箱手柄的位置

螺纹规格	车床进给箱手柄的位置
M12	螺距为 1.75 mm，螺纹变换手柄位置为 1/1，进给箱手轮位置为 2，前手柄位置为 B，后手柄位置为Ⅱ
M20	螺距为 2.5 mm，螺纹变换手柄位置为 1/1，进给箱手轮位置为 6，前手柄位置为 B，后手柄位置为Ⅱ
M48 × 1.5	螺距为 1.5 mm，螺纹变换手柄位置为 1/1，进给箱手轮位置为 8，前手柄位置为 B，后手柄位置为Ⅰ
M44 × 2	螺距为 2 mm，螺纹变换手柄位置为 1/1，进给箱手轮位置为 3，前手柄位置为 B，后手柄位置为Ⅱ
M40 × 2.5	螺距为 2.5 mm，螺纹变换手柄位置为 1/1，进给箱手轮位置为 6，前手柄位置为 B，后手柄位置为Ⅱ

5）如图 5–21 所示，车螺纹时，对螺纹车刀的装夹有什么要求？

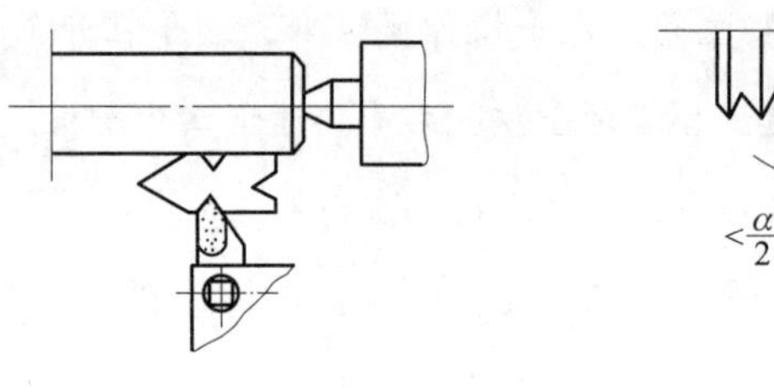

图 5–21　螺纹车刀的装夹

①装夹车刀时，刀尖位置一般应对准工件中心。

②车刀刀尖角的对称中心线必须与工件中心线垂直，装刀时可用样板来对刀，如果车刀装夹歪斜，车螺纹时会产生牙型歪斜。

③刀头伸出不要过长，伸出长度一般为 20 ~ 25 mm（约为刀杆厚度的 1.5 倍）。

6）选用高速钢外螺纹车刀车材料为 45 钢的 M12×1.5 普通外螺纹，分别确定粗车和精车时的切削用量及切削液，并填写表 5–18。

表 5–18　　选用合适的切削用量及切削液

切削用量	v_c（或 n）/（m·min^{-1}）	f /（mm·r^{-1}）	a_p/mm	切削液
粗车	125	1.5	0.2 ~ 0.012 5	乳化液
精车	50	1.5	0.012 5	乳化液

7）车普通外螺纹的进刀方法各适用于哪种场合？其动作要领是什么？完成表 5-19 的填写。

表 5-19　　车普通外螺纹的进刀方法的适用场合及动作要领

方法	图示	适用场合	动作要领
直进法	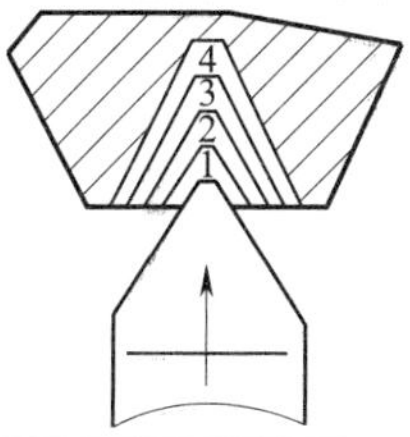	常用于车螺距 $P<2$ mm 的螺纹和用脆性材料制作的螺纹	车螺纹时，每次车削只用中滑板进刀，螺纹车刀的左右切削刃同时参与切削。直进法操作简单，可以获得正确的螺纹牙型
左右切削法	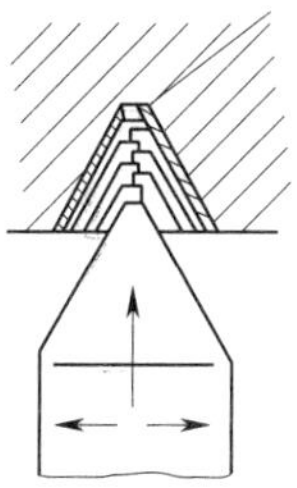	常用于螺纹精车和大螺距螺纹的加工	车螺纹时，除了用中滑板控制径向进给外，同时使用小滑板将螺纹车刀向左、右做微量轴向移动。在精车时，为了使两侧面的表面粗糙度值减小，先向一侧借刀，待这一侧表面达到要求后，再向另一侧借刀，并控制螺纹中径尺寸及表面粗糙度，最后将车刀移到牙槽中间，用直进法车槽底，保证牙型清晰
斜进法	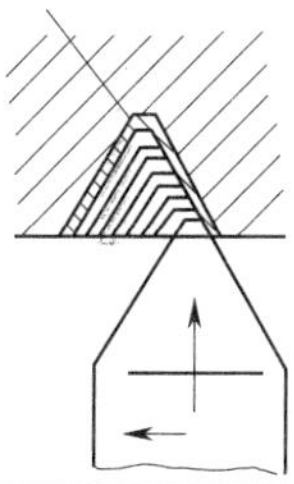	常用于大螺距螺纹的加工	车螺距较大的螺纹时，由于螺纹牙槽较深，为了粗车顺利，除用中滑板横向进给外，还可以采用小滑板向一侧借刀

8）完成表 5-20 低速车 M12×1.5 普通外螺纹时的进给次数的填写。

表 5-20　　低速车 M12×1.5 普通外螺纹时的进给次数

进刀数	中滑板进刀格数	小滑板借刀格数	
		左	右
1	4	0	0
2	4	0	0
3	2	0	0
4	2	0	0
5	2	0	0
6	2	0	0
7	2	0	0
8	1/2	0	0
9	1/4	1/4	0
10	1/4	0	1/4
11	1/4	0	0
12	螺纹深度 = 0.975 mm		

9）低速车 M12×1.5 普通外螺纹时，小滑板是否要左右借刀？为什么？

需要左右借刀，小滑板左右分别借刀 1/4 格，即 0.025 mm，用于精车两侧面，减小表面粗糙度。

10）结合表 5-21 中图示，完成倒顺车法车普通螺纹步骤的填写。

表 5-21　倒顺车法车普通螺纹步骤

加工步骤	图示或说明	
步骤 1	操作者站立在卡盘和刀架之间，左手操作操纵杆，右手在开合螺母合下后，负责中滑板进刀	
步骤 2	当床鞍移动到相应位置处时，不提起开合螺母手柄，右手快速退回中滑板，左手同时压下操纵杆，使主轴反转，床鞍纵向退回	
步骤 3	向上提起操纵杆手柄，使床鞍停留在初始位置	
步骤 4	重复步骤 1、2、3	

（7）车螺纹过程中，中途需更换螺纹车刀时，是否要重新对刀？如何安装车刀？

需要重新对刀。在车螺纹的过程中，螺纹车刀磨损变钝，经刃磨后重新装夹或中途更换螺纹车刀，这时需要重新调整车刀中心高度和刀尖角。车刀装夹正确后，不切入工件，而是启动车床并合上开合螺母，当车刀纵向移动到工件端面处时，迅速将操纵杆移到中间位置，待车刀自然停稳后，移动小滑板和中滑板，使车刀刀尖对准已车出的螺旋槽，然后晃车（即将操纵杆轻提但不提到位，再放回中间位置，使车床“点动”），观察车刀是否在螺旋槽内，反复调整直到刀尖对准螺旋槽为止，才能继续车螺纹。

四、完成加工

1．在车床上完成台阶细长轴零件的加工，将加工过程中出现的问题记录下来，分析原因并写出改进措施。

2．加工完毕，按照图样要求进行自检，正确放置零件，并进行产品交接确认；按照“6S”现场管理规范，保养工具、量具，清理现场，合理归置物品，并按车间管理规定填写交接班记录。

3．台阶细长轴加工完成后要对车床进行保养，根据车床保养的实际情况填写设备日常保养记录卡。

操作提示

车螺纹注意事项

1. 车螺纹前应首先调整好床鞍、中滑板、小滑板的松紧程度及开合螺母间隙。

2. 调整进给箱手柄时，车床应在低转速下操作或停机用手拨动卡盘。

3. 车螺纹时思想要集中，特别是初学者在开始练习时，主轴转速不宜过高，待操作熟练后，逐步提高主轴转速，最终达到能高速车削普通螺纹。

4. 车螺纹时，应注意不可将中滑板手柄多摇一圈，否则会造成车刀刀尖崩刃或损坏工件。

5. 车螺纹过程中，不准用手摸或用棉纱去擦螺纹，以免伤手。

6. 车螺纹时，应始终保持螺纹车刀锋利。中途换刀或刃磨后重新装刀，必须重新对刀。

7. 出现积屑瘤时应及时清除。

8. 车无退刀槽螺纹时，应保证每次收尾均在1/2圈左右，且每次退刀位置大致相同，否则容易损坏螺纹车刀刀尖。

9. 车脆性材料螺纹时，背吃刀量不宜过大，否则会使螺纹牙尖爆裂，造成废品。低速精车螺纹时，最后几刀应采取微量进给或无进给车削，以车光螺纹侧面。

学习活动 4　台阶细长轴的测量及误差分析

学习目标

1. 能利用标准平板、V 形架、杠杆百分表等工具、量具准确、规范地测量台阶细长零件的几何误差。

2. 能根据台阶细长轴的测量结果，分析几何误差产生的原因。

3. 能正确、规范地使用工具、量具，并对其进行合理保养和维护。

4. 能规范填写台阶细长轴几何误差测量报告。

5. 能按检测室管理要求，正确放置检测工具、量具。

6. 能主动获取有效信息，展示工作成果，对学习与工作进行反思总结，并能与他人开展良好合作，进行有效的沟通。

7. 能按要求正确、规范地完成本次学习活动工作页的填写。

建议学时：6 学时。

学习过程

一、填写台阶细长轴质量检测表（表 5–22）

对加工完成的台阶细长轴进行检测，并将检测结果填入表 5–22 中。

表 5–22　　台阶细长轴质量检测表

序号	考核项目	配分 IT，*Ra*	考核内容及要求	评分标准	检验结果 IT，*Ra*	得分
1	主要尺寸（62 分）	7，4	$\phi 16^{+0.35}_{+0.23}$ mm，*Ra*1.6 μm	超差不得分		
2		7，4	$\phi 16^{+0.35}_{+0.23}$ mm，*Ra*1.6 μm	超差不得分		
3		7，4	$\phi 17^{+0.35}_{+0.23}$ mm，*Ra*1.6 μm	超差不得分		
4		7，4	$\phi 17^{+0.35}_{+0.23}$ mm，*Ra*1.6 μm	超差不得分		
5		8	同轴度 ϕ0.03 mm（4 处）	超差不得分		
6		6，4	M12×1.5—6g，*Ra*1.6 μm（2 处）	超差不得分		

续表

序号	考核项目	配分 IT，*Ra*	考核内容及要求	评分标准	检验结果 IT，*Ra*	得分
7	次要尺寸（20 分）	2，2	ϕ18 mm，*Ra*1.6 μm	超差不得分		
8		3	240 mm	超差不得分		
9		3	20 mm（2 处）	超差不得分		
10		3	30 mm（2 处）	超差不得分		
11		3	45 mm（2 处）	超差不得分		
12		2	2 mm × 1 mm（2 处）	超差不得分		
13		2	2 mm × 0.2 mm（4 处）	超差不得分		
14	其余表面粗糙度（4 分）	4	*Ra*1.6 μm（8 处）	超差不得分		
15	主观评分（9 分）	3	已加工零件倒角、倒圆、去毛刺是否符合图样要求			
16		3	已加工零件是否有划伤、碰伤和夹伤			
17		3	已加工零件是否与图样要求的一致性			
18	更换毛坯（5 分）	5	是否更换毛坯		是 / 否	
19	职业素养	扣分	能正确穿戴工作服、工作鞋、安全帽和护目镜等劳动防护用品。每违反一项扣 2 分			
20			能规范使用设备、工具、量具和辅具。每违规操作一次扣 2 分			
21			能做好设备清洁、保养工作。不清洁不保养扣 3 分，清洁、保养不彻底扣 2 分			
总配分		100	总得分			

二、填写台阶细长轴几何误差测量报告（表 5–23）

根据台阶细长轴的同轴度检测结果进行误差分析，并将分析结果填入表 5–23 中。

表 5–23　　台阶细长轴几何误差测量报告

测量内容	同轴度	零件名称	台阶细长轴
测量工具和仪器	V 形架、杠杆百分表等	测量人员	
班级		日期	

1. 测量目的：

保证被测要素 ϕ17js6、M12 × 1.5—6g 的轴线相对于基准要素 *A*（左侧 ϕ16h6 外圆轴线）和基准要素 *B*（右侧 ϕ16h6 外圆轴线）的同轴度要求在 0.03 mm 以内

续表

2. 测量步骤： （1）将准备好的刃口状 V 形架放置在平板上，并调整水平 （2）将被测零件基准要素 ϕ16h6 放置在两个等高的刃口状 V 形架上，基准轴线由 V 形架模拟 （3）安装好杠杆百分表、磁性表座、表架，调节杠杆百分表，使其测头与零件被测要素 ϕ17js6、M12×1.5—6g 表面接触，并有 1 ~ 2 圈的压缩量 （4）缓慢且均匀地转动零件一周，观察被测要素 ϕ17js6、M12×1.5—6g 相对于基准要素 *A*（左侧 ϕ16h6 外圆轴线）和基准要素 *B*（右侧 ϕ16h6 外圆轴线）的同轴度是否在 0.03 mm 以内 3. 测量要领： （1）选取合适的杠杆百分表及测头 （2）将刃口状 V 形架放置水平 （3）测量时，使零件缓慢且均匀地转动 （4）使测头与被测要素充分接触 4. 结论（误差分析）：

三、清理现场，归置物品

台阶细长轴零件检测完毕，按照“6S”管理规定，正确保养工具、量具，清理现场，合理归置物品。

学习活动 5　工作总结与评价

学习目标

1. 能自信地展示自己的作品，讲述自己作品的优势和特点。

2. 能倾听别人对自己作品的点评。

3. 能总结工作经验，优化加工策略。

4. 能在作业过程中严格执行企业操作规范、安全生产制度、环保管理制度以及“6S”管理规定，严格遵守从业人员的职业道德，树立吃苦耐劳、爱岗敬业的工作态度和职业责任感。

5. 能与班组长、工具管理员等相关人员进行有效的沟通与合作，理解有效沟通和团队合作的重要性。

6. 能按要求正确、规范地完成本次学习活动工作页的填写。

建议学时：4 学时。

学习过程

一、小组评价

1．以小组为单位派出代表介绍自己小组的优秀作品，通过作品展示，锻炼每一位小组成员的表达能力，同时提升自己的专业素养。

选出组内评价较高的作品进行展示，并就作品实用性、工艺性和产品质量等内容做必要介绍，听取并记录其他小组对本组作品的评价和改进建议。

（1）实用性：

（2）工艺性：

（3）产品质量

1）尺寸精度：

2）几何精度：

3）表面粗糙度：

2．所展示作品中有哪些部位存在尺寸缺陷和表面质量缺陷？请简要分析是什么原因导致的，并总结出避免质量缺陷的加工建议。

（1）质量缺陷

1）尺寸缺陷：

2）表面质量缺陷：

（2）分析造成质量缺陷的原因，并写出预防措施。

（3）如果下次接到相似的任务，在加工过程中，应优化哪些加工策略？

二、总结加工台阶细长轴的心得体会

（1）通过本任务，学习了哪些车削加工知识和技能？

（2）在绘图方面有了哪些提高?

（3）简述按照本任务加工工序卡给定的加工顺序进行加工，对保证零件精度和质量有哪些意义。若变更加工顺序会产生怎样的影响?

三、制定工艺方案和工作计划的理由

通过执行本次加工任务，试简述生产企业在每次执行新的加工任务前制定详细的工艺方案和工作计划的理由。

四、加工成本估算

总结加工工序、工时，填写表 5-24 并进行简单的成本估算。

表 5-24　　加工成本估算表

序号	加工内容	预计工时	成本测算项目			成本估算值
			设备	工具、夹具、刃具	辅具及切削液	
1						
2						
3						
4						
5						
6						
7						
8						
9						
10						

五、评价与分析

任务评价由自我评价、小组评价和教师评价 3 部分组成，检验并提升学生的综合职业能力，完成表 5-25 的填写。

表 5-25 任务评价表

班级：________ 学生姓名：________ 学号：________

<table>
<tr><td rowspan="3">项目</td><td colspan="3">自我评价</td><td colspan="3">小组评价</td><td colspan="3">教师评价</td></tr>
<tr><td>10 ~ 9 分</td><td>8 ~ 6 分</td><td>5 ~ 1 分</td><td>10 ~ 9 分</td><td>8 ~ 6 分</td><td>5 ~ 1 分</td><td>10 ~ 9 分</td><td>8 ~ 6 分</td><td>5 ~ 1 分</td></tr>
<tr><td colspan="3">占总评 5%</td><td colspan="3">占总评 10%</td><td colspan="3">占总评 85%</td></tr>
<tr><td>学习活动 1</td><td></td><td></td><td></td><td></td><td></td><td></td><td></td><td></td><td></td></tr>
<tr><td>学习活动 2</td><td></td><td></td><td></td><td></td><td></td><td></td><td></td><td></td><td></td></tr>
<tr><td>学习活动 3</td><td></td><td></td><td></td><td></td><td></td><td></td><td></td><td></td><td></td></tr>
<tr><td>学习活动 4</td><td></td><td></td><td></td><td></td><td></td><td></td><td></td><td></td><td></td></tr>
<tr><td>学习活动 5</td><td></td><td></td><td></td><td></td><td></td><td></td><td></td><td></td><td></td></tr>
<tr><td>表达能力</td><td></td><td></td><td></td><td></td><td></td><td></td><td></td><td></td><td></td></tr>
<tr><td>协作精神</td><td></td><td></td><td></td><td></td><td></td><td></td><td></td><td></td><td></td></tr>
<tr><td>纪律观念</td><td></td><td></td><td></td><td></td><td></td><td></td><td></td><td></td><td></td></tr>
<tr><td>工作态度</td><td></td><td></td><td></td><td></td><td></td><td></td><td></td><td></td><td></td></tr>
<tr><td>任务总体表现</td><td></td><td></td><td></td><td></td><td></td><td></td><td></td><td></td><td></td></tr>
<tr><td>小计分</td><td colspan="3"></td><td colspan="3"></td><td colspan="3"></td></tr>
<tr><td>总评分</td><td colspan="9"></td></tr>
</table>

任课教师： 年 月 日

任务拓展

磁芯齿条的普通车加工

学习目标

1．能正确识读和绘制磁芯齿条零件图。

2．能分析磁芯齿条的加工工艺，并正确填写磁芯齿条加工工艺卡。

3．能根据加工要求，正确操作机床，完成磁芯齿条的加工。

4．能根据磁芯齿条零件图，合理选择检测工具、量具，确定检测方法。

5．能完成磁芯齿条的检测，并根据测量结果分析误差产生的原因。

建议学时

30 学时。

工作情境描述

某企业接到一批磁芯齿条零件（图 5–22）加工订单，数量为 30 件，材料为 45 钢，毛坯尺寸为 ϕ10 mm×135 mm，按图样要求加工外圆和槽，工期为 10 天，来料加工。现生产部门安排车工加工组完成此任务的车削加工。

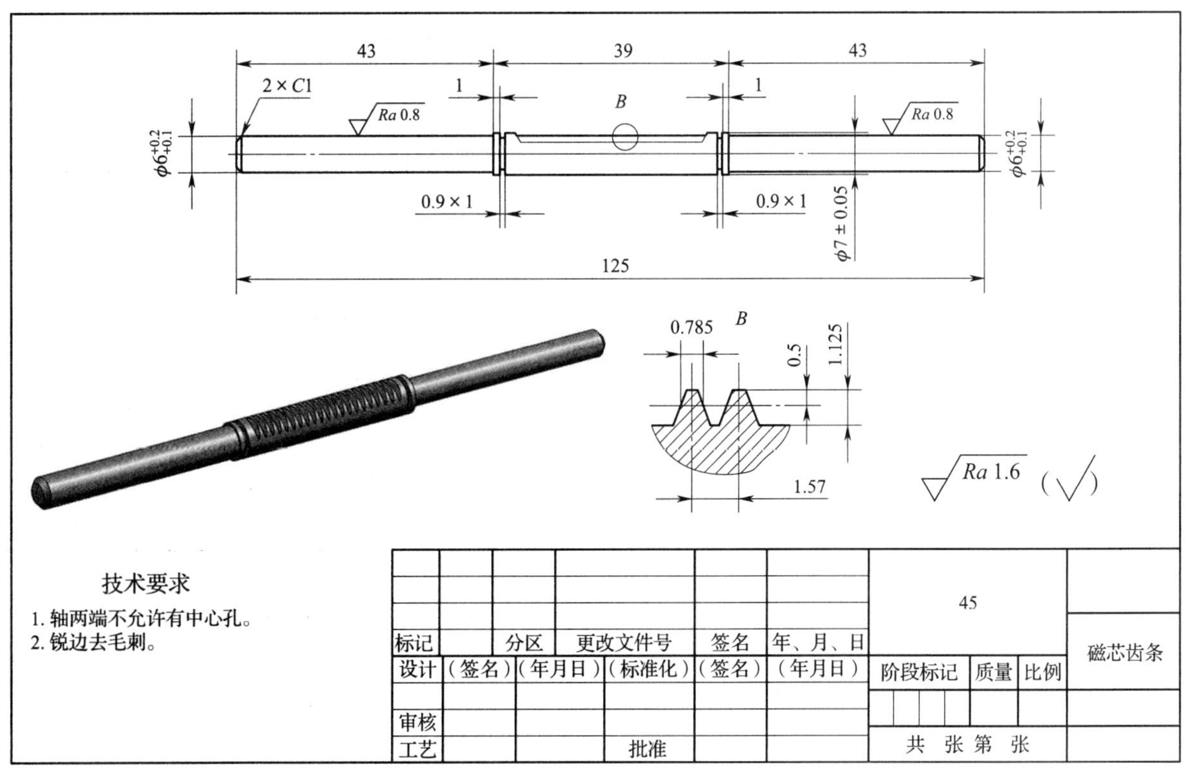

图 5–22　磁芯齿条零件图

学习评价

对加工完成的磁芯齿条进行检测，并将检测结果填入表 5-26 中。

表 5-26　　磁芯齿条学习评价表

序号	考核项目	配分 IT，*Ra*	考核内容及要求	评分标准	检验结果 IT，*Ra*	得分
1	主要尺寸（45 分）	15	$\phi 6^{+0.2}_{+0.1}$ mm（2 处）	超差不得分		
2		15	ϕ（7 ± 0.05）mm	超差不得分		
3		15	*Ra*0.8 μm（2 处）	超差不得分		
4	次要尺寸（35 分）	7	125 mm	超差不得分		
5		7	43 mm（2 处）	超差不得分		
6		7	39 mm	超差不得分		
7		7	1 mm（2 处）	超差不得分		
8		7	0.9 mm × 1 mm（2 处）	超差不得分		
9	其余表面粗糙度（6 分）	6	*Ra*1.6 μm	降级不得分		
10	主观评分（9 分）	3	已加工零件倒角、倒圆、去毛刺是符合图样要求			
11		3	已加工零件是否有划伤、碰伤和夹伤			
12		3	已加工零件与图样要求的一致性			
13	更换毛坯（5 分）	5	是否更换毛坯		是 / 否	
14	职业素养	扣分	能正确穿戴工作服、工作鞋、安全帽和护目镜等劳动防护用品。每违反一项扣 2 分			
15			能规范使用设备、工具、量具和辅具。每违规操作一次扣 2 分			
16			能做好设备清洁、保养工作。不清洁、不保养扣 3 分，清洁、保养不彻底扣 2 分			
总配分			100	总得分		

世赛知识

普通车床加工在世赛工业机械装调项目中的应用

工业机械装调项目在第 43 届世界技能大赛中被列为竞赛项目。该项目主要以企业对工业机械设备制造、改进、维护、维修等职业或岗位的能力要求为基础，运用机械加工、装配调试、检测等技能以及机械结构、机械传动原理、电气控制原理等方面的专业知识，进行设备或自动化系统的拆卸、加工、安装、检测、维护、维修、调试等工作。参赛选手需根据竞赛要求及现场提供的设备、材料、工具等独立完成零件的机械加工、焊接加工、零件的装配调试、电气检测等比赛内容。

工业机械装调项目比赛共设置机械加工、焊接加工、齿轮箱（泵）检测与维护、机械装配与调试、电气检测 5 个模块，赛程为 4 天，累计比赛时间约 20 小时。该竞赛项目需要选手具备车工、铣工、钳工、焊工、电工 5 个工种的技能，属于技能复合程度较高的竞赛项目。

车削加工是工业机械装调项目中的基本考核技能，参赛选手需要应用车工技能，在竞赛中完成长轴零件的加工，如钻中心孔、车外圆柱、车锥度、车端面槽、镗孔、切槽、车螺纹、钻孔、铰孔、攻螺纹、套螺纹等。图 5-23 所示为第 45 届世界技能大赛山东省选拔赛工业机械装调项目样题。

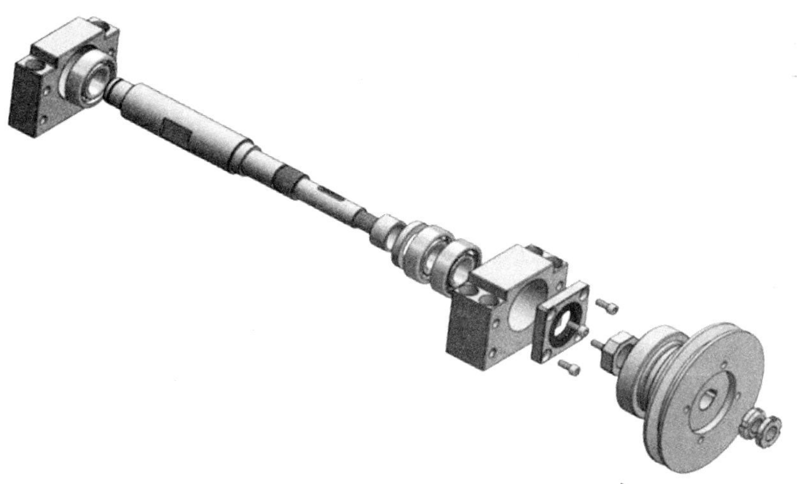

图 5-23　第 45 届世界技能大赛山东省选拔赛工业机械装调项目样题

学习任务六　梯形螺纹丝杠的普通车加工

学习目标

1. 能正确阅读生产任务单，明确工作时间、加工数量等要求，叙述所加工零件的用途、功能和分类。

2. 能借助技术手册，查阅梯形螺纹丝杠的材料牌号、热处理要求和几何公差等，理解技术手册在生产中的重要性。

3. 能识读梯形螺纹丝杠零件图和加工工艺卡，明确加工技术要求和加工工艺。

4. 能识读和绘制螺纹类零件图及其表达方法，正确绘制梯形螺纹丝杠零件图。

5. 能根据零件特征，查阅切削手册，正确选择梯形螺纹车刀的材料和结构形式。

6. 能采用正确的装夹方法，保证零件的几何公差。

7. 能根据加工技术要求正确刃磨、安装螺纹车刀，车梯形螺纹。

8. 能采用正确的测量方法，对梯形螺纹丝杠进行测量。

9. 能根据加工技术要求，合理选择切削用量和切削液。

10. 能熟悉车间和工作区的范围及限制，理解企业对环境、安全、卫生和事故的预防标准。

11. 能检查工作区、设备、工具、材料的状况和功能，并对车床进行点检操作。

12. 能按车间现场管理规定和产品加工工艺流程的要求，正确放置丝杠类零件并进行质量检测和确认。

13. 能按照国家环保相关规定和车间要求，正确处置废油液等废弃物。

14. 能按产品加工工艺流程和车间要求，进行产品交接并规范填写交接班记录表。

15. 能主动获取有效信息，展示工作成果，对学习与工作进行反思总结，并能与他人开展良好合作，进行有效的沟通。

16. 能在作业过程中严格执行企业操作规范、安全生产制度、环保管理制度以及“6S”管理规定，严格遵守从业人员的职业道德，树立吃苦耐劳、爱岗敬业的工作态度和职业责任感。

17. 能与班组长、工具管理员等相关人员进行有效的沟通与合作，理解有效沟通和团队合作的重要性。

建议学时

80 学时。

工作情境描述

某企业接到一批梯形螺纹丝杠零件（图 6-1）的加工订单，丝杠主要与螺母配合，带动小滑板做纵向移动，数量为 50 件，材料为 40Cr，工期为 20 天，来料加工。现生产部门安排车工加工组完成此任务的车削加工。

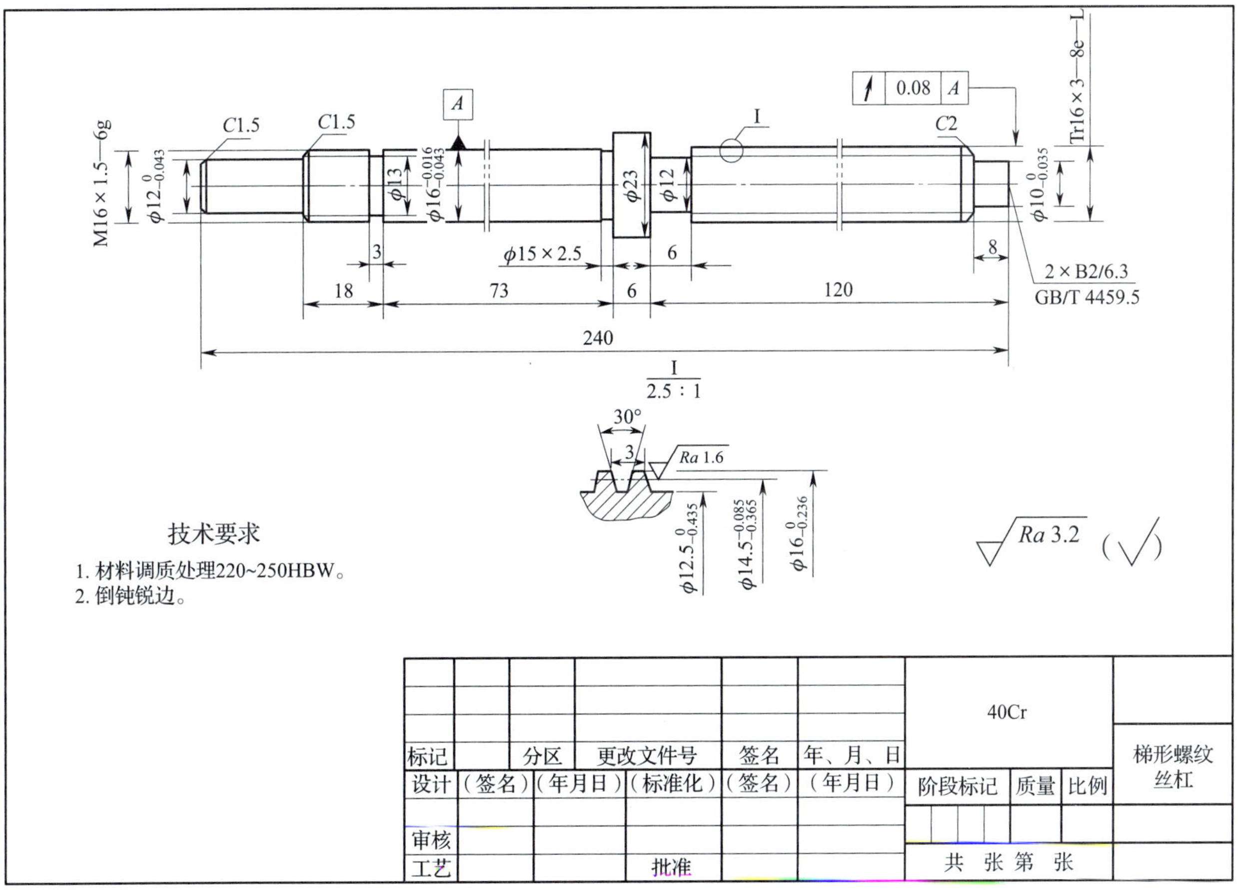

M16 × 1.5—6g　$\phi12^{\ 0}_{-0.043}$　C1.5　C1.5　$\phi13$　A　$\phi16^{-0.016}_{-0.043}$　$\phi23$　$\phi12$　I　C2　0.08 A　Tr16 × 3—8e—L　$\phi10^{\ 0}_{-0.035}$

3　$\phi15\times2.5$　6　8　2 × B2/6.3 GB/T 4459.5

18　73　6　120　240

I 2.5 : 1　30°　3　Ra 1.6　$\phi12.5^{\ 0}_{-0.435}$　$\phi14.5^{-0.085}_{-0.365}$　$\phi16^{\ 0}_{-0.236}$

技术要求

1. 材料调质处理220~250HBW。
2. 倒钝锐边。

Ra 3.2 （√）

标记	分区	更改文件号	签名	年、月、日	40Cr			梯形螺纹丝杠
设计	（签名）	（年月日）	（标准化）	（签名）	（年月日）	阶段标记	质量	比例
审核								
工艺		批准				共 张 第 张		

图 6-1　梯形螺纹丝杠零件图

工作流程与活动

1. 梯形螺纹丝杠的加工工艺分析（8 学时）

2．工具、量具、夹具、刃具的准备（8 学时）

3．梯形螺纹丝杠的加工（48 学时）

4．梯形螺纹丝杠的测量及误差分析（8 学时）

5．工作总结与评价（8 学时）

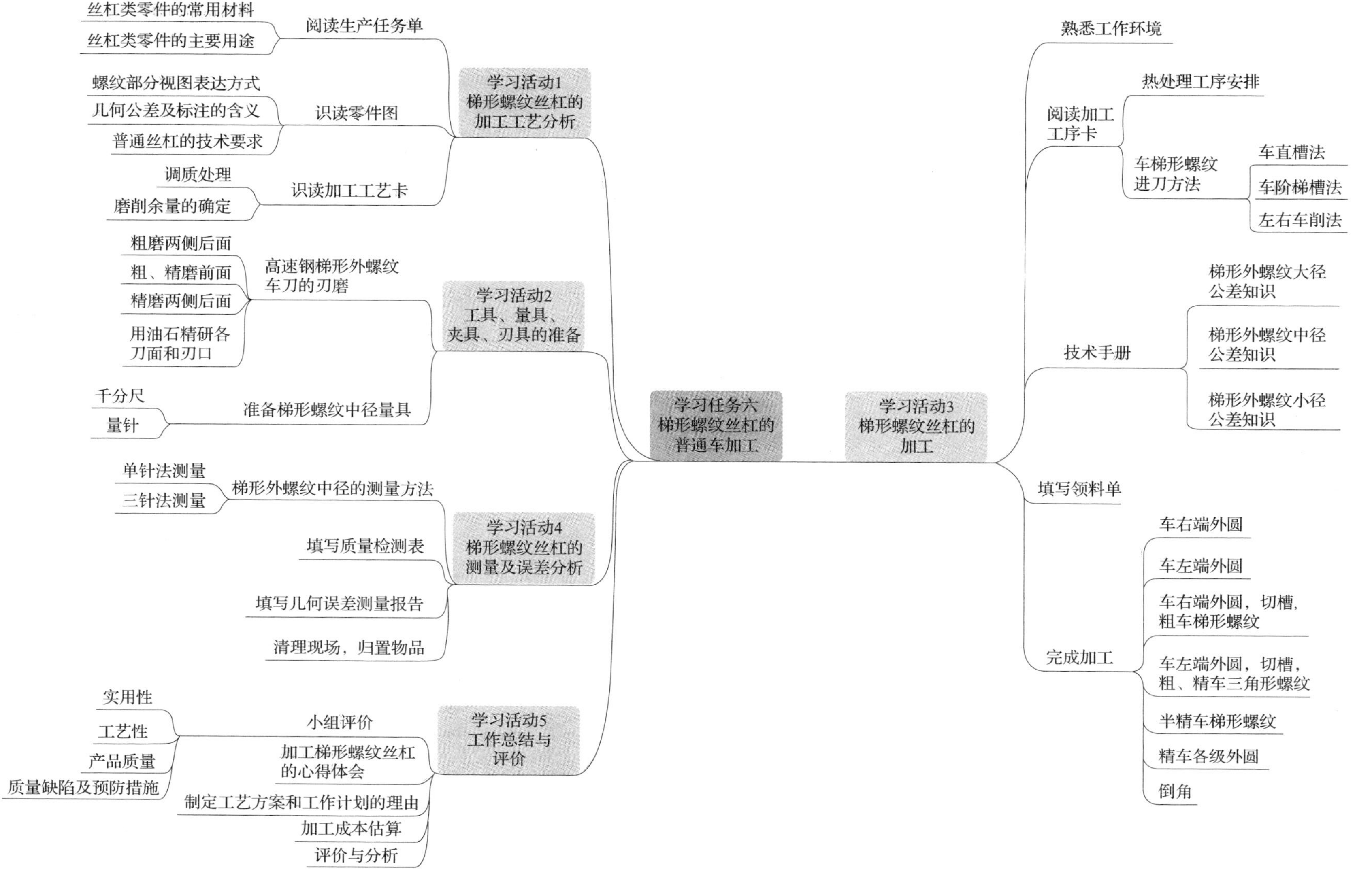
学习任务六
梯形螺纹丝杠的普通车加工
学习活动1
梯形螺纹丝杠的加工工艺分析
阅读生产任务单
丝杠类零件的常用材料
丝杠类零件的主要用途
识读零件图
螺纹部分视图表达方式
几何公差及标注的含义
普通丝杠的技术要求
识读加工工艺卡
调质处理
磨削余量的确定
学习活动2
工具、量具、夹具、刃具的准备
高速钢梯形外螺纹车刀的刃磨
粗磨两侧后面
粗、精磨前面
精磨两侧后面
用油石精研各刀面和刃口
准备梯形螺纹中径量具
千分尺
量针
学习活动4
梯形螺纹丝杠的测量及误差分析
梯形外螺纹中径的测量方法
单针法测量
三针法测量
填写质量检测表
填写几何误差测量报告
清理现场，归置物品
学习活动5
工作总结与评价
小组评价
实用性
工艺性
产品质量
质量缺陷及预防措施
加工梯形螺纹丝杠的心得体会
制定工艺方案和工作计划的理由
加工成本估算
评价与分析
学习活动3
梯形螺纹丝杠的加工
熟悉工作环境
阅读加工工序卡
热处理工序安排
车梯形螺纹进刀方法
车直槽法
车阶梯槽法
左右车削法
技术手册
梯形外螺纹大径公差知识
梯形外螺纹中径公差知识
梯形外螺纹小径公差知识
填写领料单
完成加工
车右端外圆
车左端外圆
车右端外圆，切槽，粗车梯形螺纹
车左端外圆，切槽，粗、精车三角形螺纹
半精车梯形螺纹
精车各级外圆
倒角

学习活动 1　梯形螺纹丝杠的加工工艺分析

学习目标

1. 能正确叙述梯形螺纹丝杠的功能与作用。
2. 能正确分析梯形螺纹丝杠零件图并识读加工工艺卡。
3. 能绘制梯形螺纹丝杠零件图，明确螺纹类零件视图的表达方法。
4. 能叙述螺纹尺寸公差和几何公差的含义，并分析加工中的注意事项。
5. 能按要求正确、规范地完成本次学习活动工作页的填写。

建议学时：8 学时。

学习过程

一、阅读生产任务单（表 6–1）

表 6–1　　生产任务单

需方单位名称				完成日期	年　月　日	
序号	产品名称	材料	数量	技术标准、质量要求		
1	梯形螺纹丝杠	40Cr	50 件	按图样要求		
2						
3						
4						
生产批准时间		年　月　日	批准人			
通知任务时间		年　月　日	发单人			
接单时间		年　月　日	接单人		生产班组	车工组

1．根据表 6–1 生产任务单，明确本次生产任务的相关要求。

加工零件名称：梯形螺纹丝杠

材料：40Cr

加工数量：50 件

2．在机械设备中，经常会见到如图 6–2 所示常见丝杠螺母副类零件，借助技术手册，明确丝杠类零件的常用材料及主要用途。

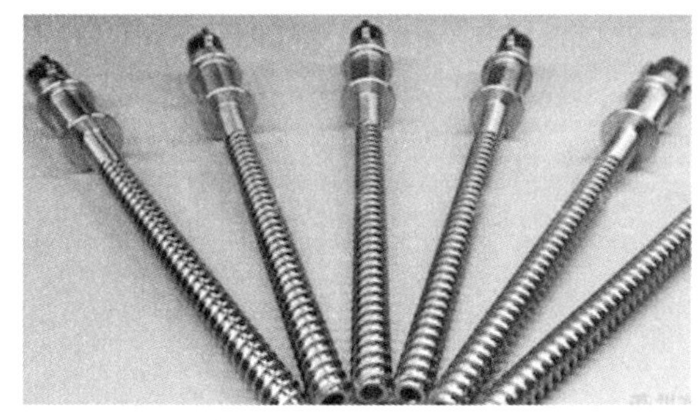

图 6–2　常见丝杠螺母副类零件

（1）常用材料：一般的传动丝杠可以选用调质处理后的 T10A、45 钢、50 钢等中碳钢。对于要求热处理后具有较高硬度和耐磨性的重要丝杠，可以选用 40Cr、44CrNi、40WMn 等合金钢。

（2）主要用途：传递运动和动力，一般是将电动机的旋转运动，转化为刀架或工作台的直线运动。

二、识读梯形螺纹丝杠零件图

1．如图梯形螺纹丝杠零件图（图 6–1）所示，本次任务加工的零件类型是螺纹类，借助技术手册，简述梯形螺纹有哪几种。梯形螺纹有什么作用？适合应用在哪些场合？

（1）梯形螺纹的分类：按牙型分，梯形螺纹可分为英制梯形螺纹和公制梯形螺纹；按螺旋线的方向，梯形螺纹可分为右旋梯形螺纹和左旋梯形螺纹；按螺旋线的线数，梯形螺纹可分为单线梯形螺纹和多线梯形螺纹。

（2）梯形螺纹的作用：主要用于传递运动和动力。

（3）梯形螺纹的适用场合：广泛用于机床传动中，如用于车床的大、中、小滑板的丝杠。

2．查阅技术手册，简述图 6–1 中为了表达螺纹部分的结构采用了什么表达方式。

可采用局部剖视图或局部放大图来表示螺纹部分的结构，图 6–1 中采用的是局部放大图。

3．查阅技术手册，简述梯形螺纹丝杠零件图中下列符号和标注的含义。

（1）简述下列几何公差在梯形螺纹丝杠零件图中的具体含义。

| ↗ | 0.08 | *A* |：被测要素是梯形螺纹大径的圆柱表面相对于基准要素 *A*（$\phi 16^{-0.016}_{-0.043}$ mm 外圆轴线）的径向圆跳动要求为 0.08 mm。

（2）简述下列标注在梯形螺纹丝杠零件图中的具体含义。

220 ~ 250HBW：表示经调质处理后要达到的布氏硬度值在 220 ~ 250。

（3）简述下列两种螺纹标注的区别。

Tr16×3—8e—L：“Tr”表示梯形螺纹，其公称直径为 16 mm，螺距为 3 mm，外螺纹中径公差等级为 8 级，“e”表示公差带的位置，“L”表示长旋合长度。

Tr16×3—8e：“Tr”表示梯形螺纹，其公称直径为 16 mm，螺距为 3 mm，外螺纹中径公差等级为 8 级，“e”表示公差带的位置，中等旋合长度可以不标注。

（4）画图解释图 6–1 中 2×B2/6.3 的含义。

“2×”表示有两个带护锥的中心孔，“B”表示 B 型中心孔，“2”表示导向孔直径 D 为 2 mm，“6.3”表示锥形孔端面直径 D_1 为 6.3 mm。

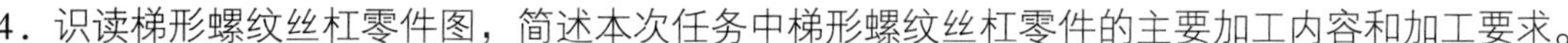

4．识读梯形螺纹丝杠零件图，简述本次任务中梯形螺纹丝杠零件的主要加工内容和加工要求。

本次任务为梯形螺纹丝杠的车削，梯形螺纹丝杠由外圆、沟槽、三角形螺纹、梯形螺纹组成，外圆、沟槽、三角形螺纹在前面的任务中已加工过，本次任务的主要加工内容为梯形螺纹部分。梯形螺纹丝杠零件的主要加工要求有外圆尺寸公差要求、长度尺寸公差要求、表面粗糙度要求，加工重点是三角形螺纹、梯形螺纹的中径公差和零件的几何公差要求。

5．查阅技术手册，回答下列问题。

（1）普通丝杠有哪些技术要求？

普通丝杠的技术要求有螺旋线公差、螺距公差；丝杠中径圆跳动公差；丝杠全长上中径尺寸公差；螺纹大径、中径及小径公差与表面粗糙度的要求；螺纹牙型半角的极限偏差等。

（2）丝杠的精度等级有哪些？

根据用途及使用要求，机床的丝杠及螺母的精度分为3、4、5、6、7、8、9共七个等级，3级精度最高，其余依次逐渐降低。8级精度用于一般传动，如卧式车床及镗床等。

（3）丝杠常用的材料有哪些？

8级精度以下的丝杠一般常用45优质碳素结构钢，这种材料具有一定的强度和耐磨性，成本较低，但车削时容易发生“啃刀”现象，且加工后弯曲变形较大。目前已普遍采用易切削的Y40Mn钢、40Cr。

三、识读梯形螺纹丝杠加工工艺卡

表6–2　　梯形螺纹丝杠加工工艺卡

<table>
<tr><td colspan="2" rowspan="2">（单位名称）</td><td rowspan="2">加工工艺卡</td><td>产品名称</td><td colspan="2"></td><td colspan="2">图号</td><td colspan="3"></td></tr>
<tr><td>零件名称</td><td colspan="2">梯形螺纹丝杠</td><td colspan="2">数量</td><td colspan="2">50</td><td>第1页</td></tr>
<tr><td>材料种类</td><td>合金钢</td><td>材料成分</td><td>40Cr</td><td colspan="2">毛坯尺寸</td><td colspan="4">ϕ25 mm × 245 mm</td><td>共1页</td></tr>
<tr><td>工序号</td><td colspan="3">工序内容</td><td>车间</td><td>设备</td><td>夹具</td><td>量具</td><td>刃具</td><td>计划工时</td><td>实际工时</td></tr>
<tr><td>01</td><td colspan="3">下料，ϕ25 mm × 245 mm圆棒料</td><td>下料</td><td>锯床</td><td>机用虎钳</td><td>钢直尺</td><td>锯条</td><td></td><td></td></tr>
<tr><td rowspan="2">10</td><td colspan="2" rowspan="2">车梯形螺纹丝杠右端</td><td>车端面，钻中心孔</td><td rowspan="2">车</td><td rowspan="2">车床</td><td rowspan="2">三爪自定心卡盘</td><td rowspan="2">游标卡尺、千分尺</td><td rowspan="2">外圆车刀、端面车刀、中心钻</td><td rowspan="2"></td><td rowspan="2"></td></tr>
<tr><td>一夹一顶装夹，粗车各级外圆</td></tr>
</table>

续表

<table>
<tr><th>工序号</th><th colspan="2">工序内容</th><th>车间</th><th>设备</th><th>夹具</th><th>量具</th><th>刃具</th><th>计划工时</th><th>实际工时</th></tr>
<tr><td rowspan="2">20</td><td rowspan="2">车梯形螺纹丝杠左端</td><td>取总长，钻中心孔</td><td rowspan="2">车</td><td rowspan="2">车床</td><td rowspan="2">三爪自定心卡盘</td><td rowspan="2">游标卡尺、千分尺</td><td rowspan="2">外圆车刀、端面车刀、中心钻</td><td rowspan="2"></td><td rowspan="2"></td></tr>
<tr><td>一夹一顶装夹，粗车各级外圆</td></tr>
<tr><td>30</td><td colspan="2">调质</td><td>热</td><td></td><td></td><td>布氏硬度机</td><td></td><td></td><td></td></tr>
<tr><td>40</td><td colspan="2">修磨中心孔</td><td>车</td><td></td><td></td><td></td><td></td><td></td><td></td></tr>
<tr><td rowspan="2">50</td><td rowspan="2">车梯形螺纹丝杠右端</td><td>一夹一顶装夹，半精车各级外圆</td><td rowspan="2">车</td><td rowspan="2">车床</td><td rowspan="2">三爪自定心卡盘</td><td rowspan="2">游标卡尺、千分尺</td><td rowspan="2">外圆车刀、车槽刀、梯形螺纹车刀</td><td rowspan="2"></td><td rowspan="2"></td></tr>
<tr><td>车槽，粗车梯形螺纹</td></tr>
<tr><td rowspan="2">60</td><td rowspan="2">车梯形螺纹丝杠左端</td><td>一夹一顶装夹，半精车各级外圆</td><td rowspan="2">车</td><td rowspan="2">车床</td><td rowspan="2">三爪自定心卡盘</td><td rowspan="2">游标卡尺、千分尺、螺纹千分尺</td><td rowspan="2">外圆车刀、车槽刀、三角形螺纹车刀</td><td rowspan="2"></td><td rowspan="2"></td></tr>
<tr><td>车槽，粗、精车三角形螺纹</td></tr>
<tr><td>70</td><td colspan="2">两顶尖装夹，半精车梯形螺纹和 $\phi 16_{-0.043}^{-0.016}$ mm 外圆</td><td>车</td><td>车床</td><td>三爪自定心卡盘</td><td>游标卡尺、千分尺</td><td>外圆车刀</td><td></td><td></td></tr>
<tr><td>80</td><td colspan="2">粗、精磨梯形螺纹和 $\phi 16_{-0.043}^{-0.016}$ mm 外圆</td><td>磨</td><td>磨床</td><td>两顶尖</td><td>千分尺、三针</td><td></td><td></td><td></td></tr>
<tr><td>90</td><td colspan="2">检验</td><td>检验室</td><td></td><td>两顶尖检验台</td><td>游标卡尺、千分尺、三针、百分表、磁性表座</td><td></td><td></td><td></td></tr>
<tr><td>更改号</td><td colspan="2"></td><td colspan="2">拟定</td><td>校正</td><td colspan="2">审核</td><td colspan="2">批准</td></tr>
<tr><td>更改者</td><td colspan="2"></td><td colspan="2"></td><td></td><td colspan="2"></td><td></td><td></td></tr>
<tr><td>日　期</td><td colspan="2"></td><td colspan="2"></td><td></td><td colspan="2"></td><td></td><td></td></tr>
</table>

1．为保证图 6–1 梯形螺纹丝杠零件图中的几何公差，查询技术手册或咨询班组长等专业技术人员，在加工时应采取怎样的加工工艺?

车削过程中，粗、精加工分开，半精车时采用一夹一顶装夹，精加工时采用磨削。

2．根据梯形螺纹丝杠加工工艺卡，简述什么是调质处理。

热处理中的淬火和高温回火工艺称为调质处理。

3．梯形螺纹丝杠加工工艺卡中 $\phi\ 16_{-0.043}^{-0.016}$ mm 外圆需要磨削，一般磨削余量为多少?

一般磨削余量留 0.3 ~ 0.5 mm，零件尺寸不大、定位精度较高的情况下留 0.2 ~ 0.3 mm 即可。

学习活动 2　工具、量具、夹具、刃具的准备

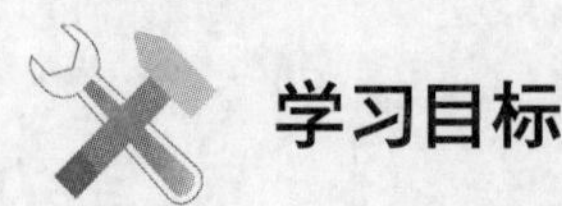

学习目标

1. 能根据现场条件，查阅资料，确定符合梯形螺纹丝杠加工技术要求的工具、量具、夹具、刃具、辅具及切削液。

2. 能叙述梯形螺纹车刀的材料及几何形状。

3. 能根据加工要求刃磨合格的车刀。

4. 能按照规范的刃磨方法，安全刃磨车削梯形螺纹丝杠所用刀具。

5. 能叙述梯形外螺纹的测量方法，选择合适的测量梯形外螺纹的量具。

6. 能根据三角形螺纹的精度要求，选择合适的测量三角形螺纹的量具。

7. 能根据梯形螺纹丝杠零件图和加工工艺卡，合理选择检测工具和量具，以满足测量需要。

8. 能主动获取有效信息，展示工作成果，对学习与工作进行反思总结，并能与他人开展良好合作，进行有效的沟通。

9. 能按要求正确、规范地完成本次学习活动工作页的填写。

建议学时：8 学时。

学习过程

一、工具、量具、刃具清单

填写表 6–3 工具、量具、刃具清单，并领取本次任务相关的工具、量具、刃具。

表 6–3　　　　工具、量具、刃具清单

序号	工具、量具、刃具名称	规格	数量	领用人
1	90° 外圆车刀	/		
2	45° 端面车刀	/		
3	普通螺纹车刀	P=1.5 mm		
4	梯形螺纹车刀	P=3 mm		
5	车槽刀	2 mm×5 mm、2.5 mm×5 mm、4 mm×7 mm		
6	游标卡尺	0 ～ 250 mm		
7	千分尺	0 ～ 25 mm		
8	百分表表架	/		
9	百分表	0 ～ 3 mm		

二、刃具、量具的准备

在本次任务中，重点准备梯形外螺纹车刀和测量外梯形螺纹的量具。

1．梯形外螺纹车刀的准备

（1）查询技术手册，完成下列填空。

1）图 6–3 所示为高速钢梯形外螺纹粗车刀，刀尖角应略小于梯形螺纹牙型角，一般取 29° 30′ 。刀头宽度要小于牙槽底宽 W，一般取 W= 1.5 倍刀头宽度 。车螺距为 3 mm 的螺纹时，刀头宽度应磨成 0.64 mm。径向前角取 10° ~ 15° ，径向后角取 6° ~ 8° ，两侧后角进刀方向为 （3° ~ 5°）+ψ，背进刀方向为 （3° ~ 5°）−ψ。

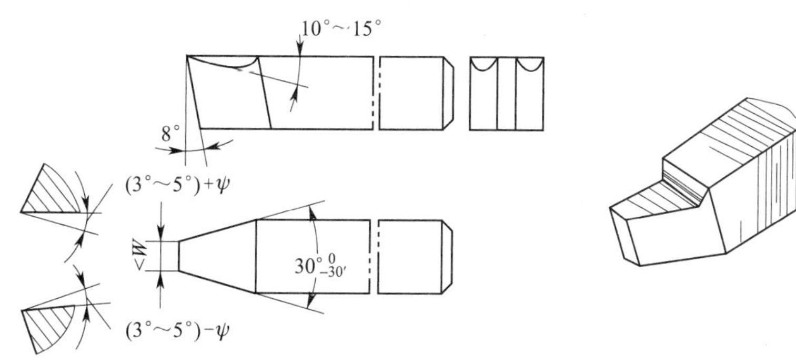

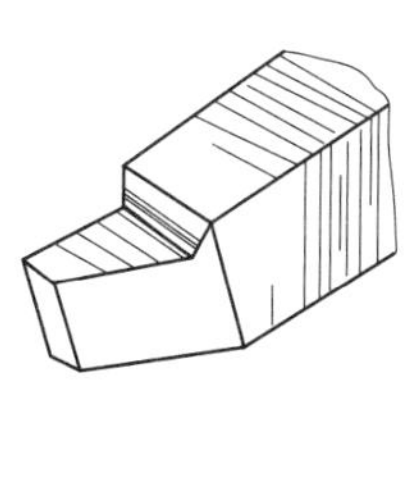

图 6–3　高速钢梯形外螺纹粗车刀

2）图 6–4 所示为高速钢梯形外螺纹精车刀，刀尖角应<u>　等于　</u>梯形螺纹牙型角，即为 30°。径向前角取<u>　0°　</u>，径向后角取<u>　6° ~ 8°　</u>。刀头宽度<u>　等于　</u>牙槽底宽 *W* 减去 0.05 mm。车螺距为 3 mm 的螺纹时，刀头宽度应磨成<u>　0.95　</u>mm。为保证两侧切削刃切削顺利，在两侧磨前角的卷屑槽。车削时，车刀前端的切削刃不能参加切削，只能精车。

3）图 6–5 所示为硬质合金梯形外螺纹车刀，刀尖角应略<u>　小　</u>于（填写“大”或“小”）牙型角，径向前角取<u>　0°　</u>，径向后角取<u>　5° ~ 6°　</u>，两侧后角进刀方向为<u>　(3° ~ 5°) +ψ　</u>，背进刀方向为<u>　(3° ~ 5°) −ψ　</u>。

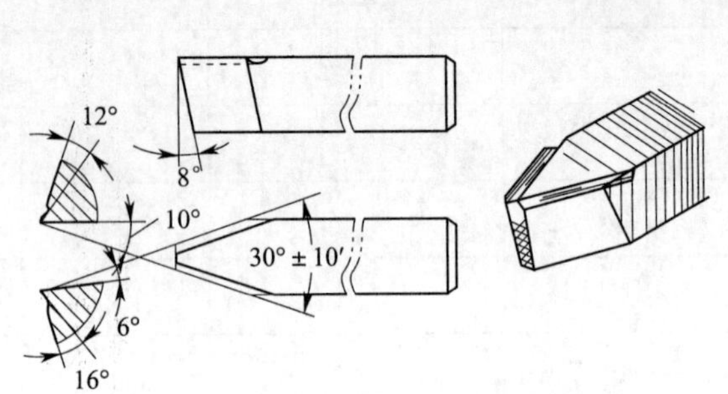

图 6–4　高速钢梯形外螺纹精车刀

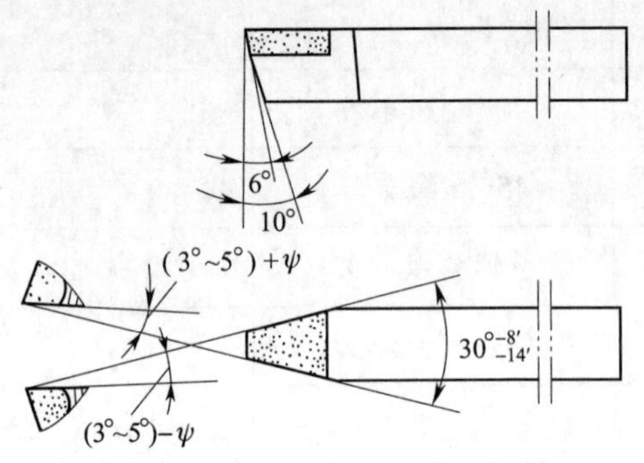

图 6–5　硬质合金梯形外螺纹车刀

4）图 6–6 所示为双圆弧硬质合金梯形外螺纹车刀，前面上磨出两个圆弧，可避免高速车螺纹时，由于三个切削刃同时切削，因<u>　切削力　</u>较大，易引起<u>　振动　</u>。当刀具前面为平面时，切屑呈带状排出，操作很不<u>　安全　</u>。

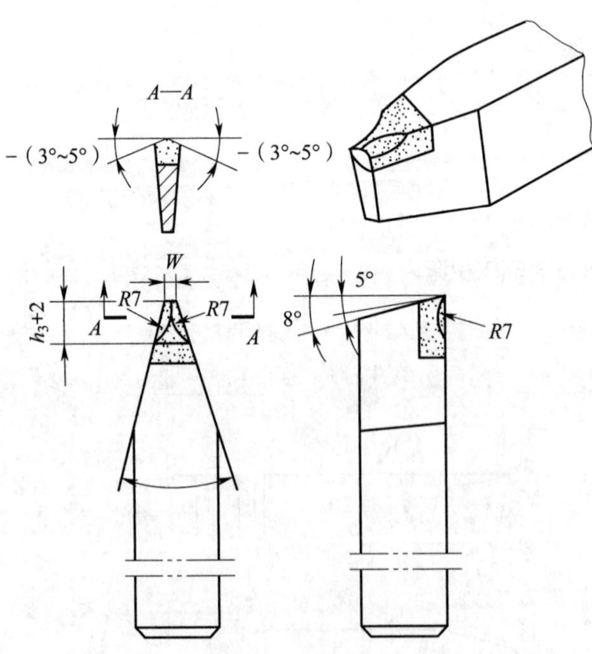

图 6–6　双圆弧硬质合金梯形外螺纹车刀

（2）高速钢梯形外螺纹车刀的刃磨

1）识读高速钢梯形外螺纹车刀零件图（图 6–7）。

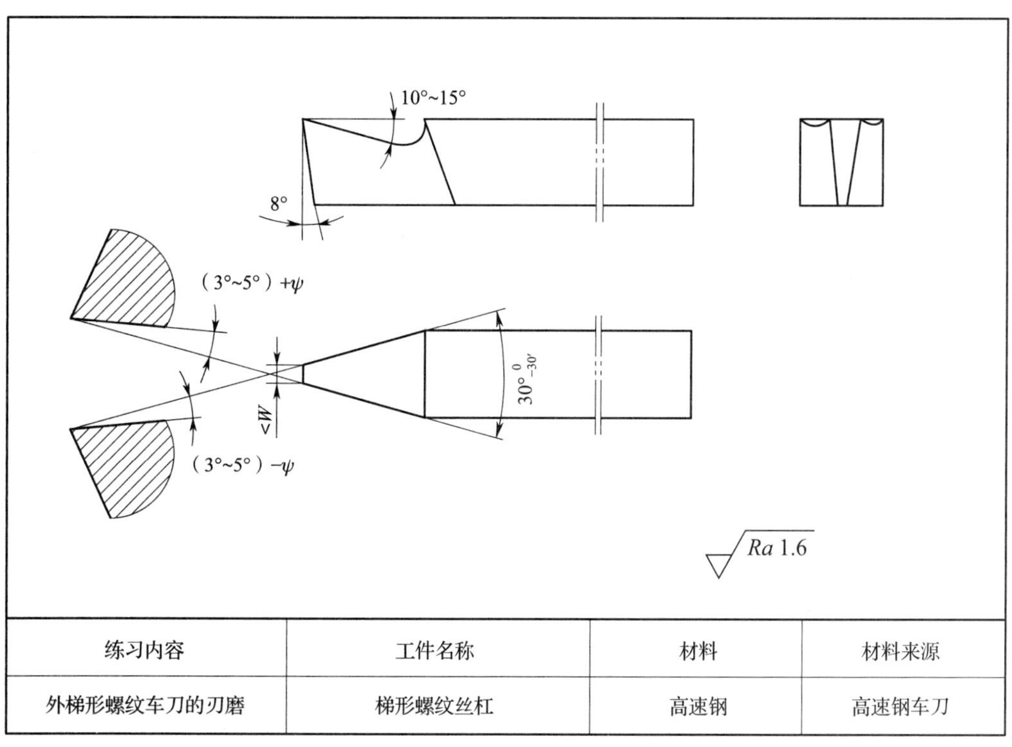

练习内容	工件名称	材料	材料来源
外梯形螺纹车刀的刃磨	梯形螺纹丝杠	高速钢	高速钢车刀

图 6–7　高速钢梯形外螺纹车刀零件图

刀具材料是高速钢。刀头宽度应磨成 0.64 mm。径向前角磨成 10° ~ 15° ，径向后角磨成 8° ，两侧后角进刀方向磨成（3° ~ 5°）+ψ ，背进刀方向磨成（3° ~ 5°）−ψ 。

2）刃磨高速钢梯形外螺纹车刀，并填写表 6–4 中的刃磨内容。

表 6–4　高速钢梯形外螺纹车刀的刃磨过程

步骤	刃磨内容	图示
粗磨两侧后面	刃磨要求：初步形成两侧后角及刀尖角 刃磨方法：先刃磨车刀左侧后面，车刀与砂轮外圆面成 15° 夹角，车刀向外倾向 6° ~ 8°，逐步刃磨至前面，形成后角；用同样方法再刃磨右侧后面，形成后角，随时目测刀尖角，不能将刀头磨歪斜	
粗、精磨前面	刃磨要求：刃磨出径向前角，前面光滑平整 刃磨方法：车刀前面对准砂轮外圆，车刀前面与砂轮外圆面成 10° ~ 15° 夹角，逐渐磨至刀尖，车刀稍做左右移动，争取一次成形	
精磨两侧后面	刃磨要求：刃磨出两侧后角，校正刀尖角，后面要光滑，两切削刃要平直 刃磨方法：先刃磨车刀左侧后面，形成后角，校正刀尖半角；再刃磨右侧后面，形成后角，校正刀尖半角	

续表

步骤	刃磨内容	图示
用油石精研各刀面和刃口	刃磨要求：三个刀面光滑平整，不能修钝刃口 刃磨方法：油石顺着车刀面修磨，使刃口平直光滑，无砂轮磨削痕迹	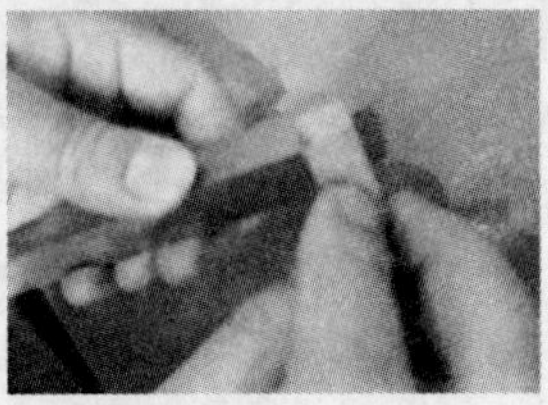

安全提示

1. 刃磨时必须戴防护镜，操作者应按要求站立在砂轮机侧面。
2. 新安装的砂轮必须经严格检查，在试转合格后才能使用。砂轮的磨削表面需经常修整。
3. 使用平形砂轮时，应尽量避免在砂轮的端面上刃磨。
4. 刃磨结束，应关闭砂轮机电源。

3）填写表 6–5 高速钢梯形外螺纹车刀刃磨检测表，分析造成不合格项目的原因并提出改进措施。

表 6–5　　高速钢梯形外螺纹车刀刃磨检测表

检测内容	检测所用方法	检测结果	是否合格
前角			
主后角			
左侧副后角			
右侧副后角			
刀尖角			
切削刃直线度			
三个刀面的表面粗糙度			
安全文明刃磨			
分析造成不合格项目的原因： 改进措施：			
指导教师意见：			

2．准备梯形螺纹中径量具

螺纹检测主要检测螺纹的大径、螺距（导程）、牙型角和中径等，检测方法在前面学习任务中已提及。轴类零件几何公差的检测，前面学习任务中也已提及。本任务重点学习梯形螺纹中径的检测方法，测量梯形螺纹中径主要用到的量具是千分尺和量针。

查阅资料，完成下列填空。

图 6-8 所示为检测螺纹中径的量针，量针应采用牌号为＿T12A＿的碳素钢或＿GCr15＿、＿Cr＿、＿CrMn＿等合金工具钢制造。量针测量面的硬度应不小于＿60＿HRC，表面粗糙度 *Ra* 的最大允许值为＿0.04＿μm。量针应成组供应，每组为 3 支。

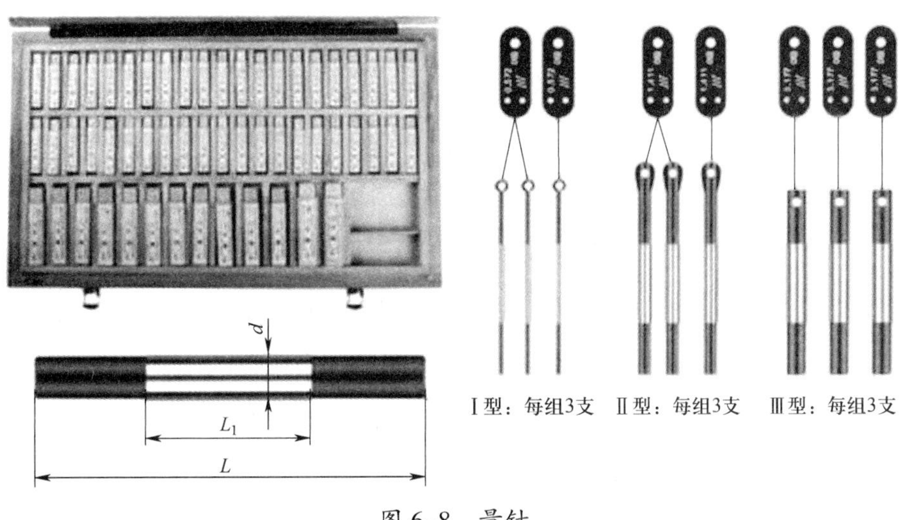

图 6-8　量针

学习活动3　梯形螺纹丝杠的加工

学习目标

1. 能熟悉车间和工作区的范围及限制，理解企业对环境、安全、卫生和事故预防标准。

2. 能检查工作区、设备、工具、材料的状况和功能。

3. 能正确识读梯形螺纹丝杠加工工序卡，进一步明确梯形螺纹丝杠的加工方法。

4. 能根据零件特征，查阅切削手册，正确选择梯形螺纹车刀的材料和结构形式。

5. 能检查车床功能情况，按车床操作规程进行加工前润滑、预热等准备工作。

6. 能正确、规范地装夹和安装螺纹车刀，叙述梯形螺纹车削加工方法。

7. 能查阅相关资料，确定梯形螺纹大径、中径和小径公差。

8. 能采用正确的测量方法，对梯形螺纹丝杠进行测量。

9. 能根据加工技术要求，合理选择切削用量和切削液。

10. 能进行自检，判断零件是否合格。

11. 能严格按照车间现场管理规定，正确、规范地操作和保养机床。

12. 能按车间现场管理规定和产品加工工艺流程的要求，正确放置梯形螺纹丝杠零件并进行质量检测和确认。

13. 能按照国家环保相关规定和车间要求，正确处置废油液等废弃物。

14. 能按产品加工工艺流程和车间要求，进行产品交接并规范填写交接班记录表。

15. 能主动获取有效信息，展示工作成果，对学习与工作进行反思总结，并能与他人开展良好合作，进行有效的沟通。

16. 能按要求正确、规范地完成本次学习活动工作页的填写。

建议学时：48 学时。

学习过程

一、熟悉工作环境

熟悉车间和工作区的范围及限制，理解企业对环境、安全、卫生和事故的预防标准。

二、制定加工步骤

梯形螺纹丝杠加工工艺相对比较复杂，涉及热处理、磨削等工序。这里重点学习车削部分的加工步骤。表 6-6 ~ 表 6-10 分别为梯形螺纹丝杠粗车、半精车和精车加工工序卡。

表 6-6　　梯形螺纹丝杠加工工序卡 10

梯形螺纹丝杠加工工序卡	产品型号		零件图号	6-001		
	产品名称		零件名称	梯形螺纹丝杠	共 1 页	第 1 页
		车间	工序号	工序名称		材料牌号
		车	10	车梯形螺纹丝杠右端		40Cr
		毛坯种类	毛坯外形尺寸	毛坯可制件数		每台件数
		圆棒料	ϕ25 mm × 245 mm	1		50
		设备名称	设备型号	设备编号		同时加工件数
		车床	CA6140	1		50
		夹具编号		夹具名称		切削液
				三爪自定心卡盘		乳化液
		工位器具编号		工位器具名称		工序工时（min）
						准终 / 单件

工步号	工步内容	工艺装备	主轴转速 /（$r \cdot min^{-1}$）	切削速度 /（$m \cdot min^{-1}$）	进给量 /（$mm \cdot r^{-1}$）	背吃刀量 /mm	进给次数	工步工时 机动	工步工时 辅动
01	车端面	端面车刀	560	44	0.1 ~ 0.3	0.5 ~ 1.5	2		
10	钻中心孔	B 型 ϕ2 mm 中心钻	1 100	6.91	0.1 ~ 0.4	1	1		
20	粗车右端外圆至 ϕ24 mm × 127 mm	外圆车刀、游标卡尺	560	44	0.3	0.5	1		
30	粗车梯形螺纹大径部分外圆至 ϕ18 mm × 119 mm	外圆车刀、游标卡尺	560	44	0.3	1 ~ 2.5	2		
40	粗车 $\phi 10_{-0.035}^{\ 0}$ mm 外圆至 ϕ12 mm × 7 mm	外圆车刀、游标卡尺	560	44	0.3	1.5 ~ 2	2		
50	倒角 C2 mm	顶尖、三爪自定心卡盘、鸡心夹头	560	44	0.3		1		

	设计（日期）	校对（日期）	审核（日期）	标准化（日期）	会签（日期）

表 6-7　梯形螺纹丝杠加工工序卡 20

梯形螺纹丝杠加工工序卡	产品型号		零件图号	6-001		
	产品名称		零件名称	梯形螺纹丝杠	共 1 页	第 1 页
		车间	工序号	工序名称		材料牌号
		车	20	车梯形螺纹丝杠左端		40Cr
		毛坯种类	毛坯外形尺寸	毛坯可制件数		每台件数
		圆棒料	ϕ25 mm × 245 mm	1		50
		设备名称	设备型号	设备编号		同时加工件数
		车床	CA6140	1		50
		夹具编号		夹具名称		切削液
				三爪自定心卡盘		乳化液
		工位器具编号		工位器具名称		工序工时（min）：准终 / 单件

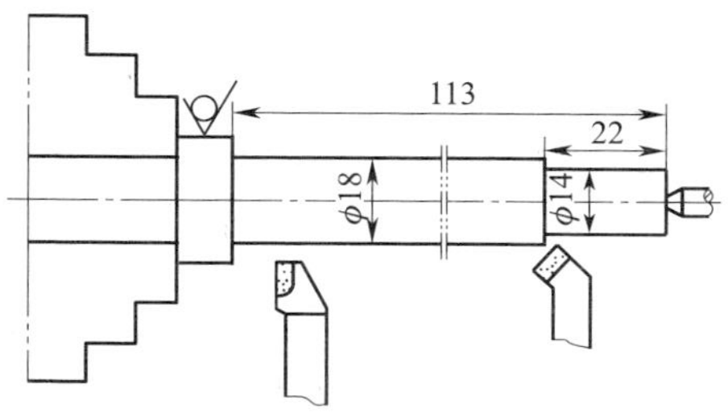

工步号	工步内容	工艺装备	主轴转速 /（r·min^{-1}）	切削速度 /（m·min^{-1}）	进给量 /（mm·r^{-1}）	背吃刀量 /mm	进给次数	工步工时：机动	工步工时：辅动
01	车端面，取总长	端面车刀、游标卡尺	560	44	0.1 ~ 0.3	0.5 ~ 1.5	2		
10	钻中心孔	B 型 ϕ2 mm 中心钻	1 100	6.91	0.1 ~ 0.4	1	1		
20	粗车左端外圆至 ϕ18 mm × 113 mm	外圆车刀、游标卡尺	560	44	0.3	1 ~ 2	2		
30	粗车 $\phi12_{-0.043}^{\ 0}$ mm 外圆至 ϕ14 mm×22 mm	外圆车刀、游标卡尺	560	44	0.3	0.5 ~ 1	2		
40	倒角	45°车刀	560	44	0.3		1		

设计（日期）	校对（日期）	审核（日期）	标准化（日期）	会签（日期）

表 6-8　梯形螺纹丝杠加工工序卡 30

梯形螺纹丝杠加工工序卡	产品型号		零件图号	6-001		
	产品名称		零件名称	梯形螺纹丝杠	共 1 页	第 1 页
		车间	工序号	工序名称		材料牌号
		车	50	车梯形螺纹丝杠右端		40Cr
		毛坯种类	毛坯外形尺寸	毛坯可制件数		每台件数
		圆棒料	ϕ25 mm × 245 mm	1		50
		设备名称	设备型号	设备编号		同时加工件数
		车床	CA6140	1		50
		夹具编号		夹具名称		切削液
				三爪自定心卡盘		乳化液
		工位器具编号		工位器具名称		工序工时（min）
						准终 / 单件

工步号	工步内容	工艺装备	主轴转速 /（r·min^{-1}）	切削速度 /（m·min^{-1}）	进给量 /（mm·r^{-1}）	背吃刀量 /mm	进给次数	工步工时 机动	工步工时 辅动
01	半精车 $\phi10_{-0.035}^{0}$ mm 外圆至 ϕ10.5 mm × 8 mm	外圆车刀、游标卡尺	800	26.4	0.1 ~ 0.3	0.15	1		
10	半精车梯形螺纹大径外圆至 ϕ16.5 mm × 112 mm	外圆车刀、游标卡尺	800	60.1	0.1 ~ 0.3	0.35	1		
20	车槽 ϕ12 mm × 6 mm	车槽刀、游标卡尺	560	41	0.1 ~ 0.3	3 ~ 4	2		
30	倒角	45° 车刀	560	44	0.3		1		
40	粗车 Tr16 × 3—8e—L 螺纹，各径处留磨削余量	梯形螺纹车刀、角度样板、游标卡尺	100	5.02	3				

	设计（日期）	校对（日期）	审核（日期）	标准化（日期）	会签（日期）

表 6-9

梯形螺纹丝杠加工工序卡 40

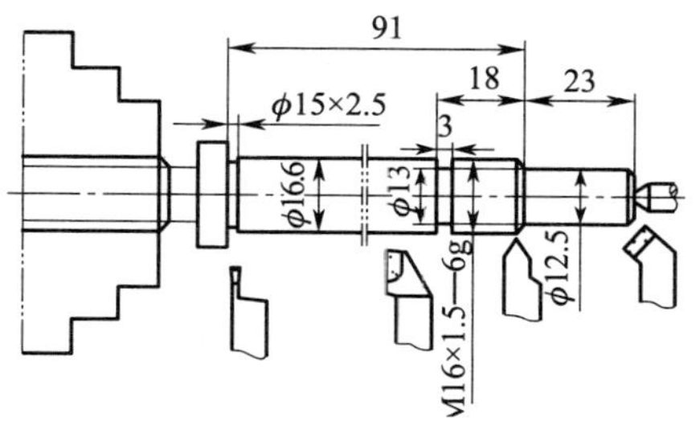

梯形螺纹丝杠加工工序卡	产品型号		零件图号	6-001		
	产品名称		零件名称	梯形螺纹丝杠	共 1 页	第 1 页
		车间	工序号	工序名称		材料牌号
		车	60	车梯形螺纹丝杠左端		40Cr
		毛坯种类	毛坯外形尺寸	毛坯可制件数		每台件数
		圆棒料	ϕ25 mm × 245 mm	1		50
		设备名称	设备型号	设备编号		同时加工件数
		车床	CA6140	1		50
		夹具编号		夹具名称		切削液
				三爪自定心卡盘		乳化液
		工位器具编号		工位器具名称		工序工时（min）
						准终 / 单件

工步号	工步内容	工艺装备	主轴转速 /(r·min^{-1})	切削速度 /(m·min^{-1})	进给量 /(mm·r^{-1})	背吃刀量 /mm	进给次数	工步工时 机动	工步工时 辅动
01	半精车 $\phi12_{-0.043}^{\ 0}$ mm 外圆至 ϕ12.5 mm × 23 mm	外圆车刀、游标卡尺	800	35.2	0.3	0.75	1		
10	半精车 $\phi16_{-0.043}^{-0.016}$ mm 外圆至 ϕ16.6 mm × 91 mm	外圆车刀、游标卡尺	800	45.2	0.3	0.7	1		
20	车槽 ϕ13 mm × 3 mm、ϕ15 mm × 2.5 mm 至尺寸	车槽刀、游标卡尺	560	29	0.1 ~ 0.3				
30	倒角	45° 车刀	560	44	0.3		1		
40	粗、精车 M16×1.5—6g 螺纹至尺寸	三角形螺纹车刀、角度样板、游标卡尺	120	6.03	1.5				

	设计（日期）	校对（日期）	审核（日期）	标准化（日期）	会签（日期）

表 6-10　　梯形螺纹丝杠加工工序卡 50

梯形螺纹丝杠加工工序卡	产品型号		零件图号	6-001		
	产品名称		零件名称	梯形螺纹丝杠	共 1 页	第 1 页
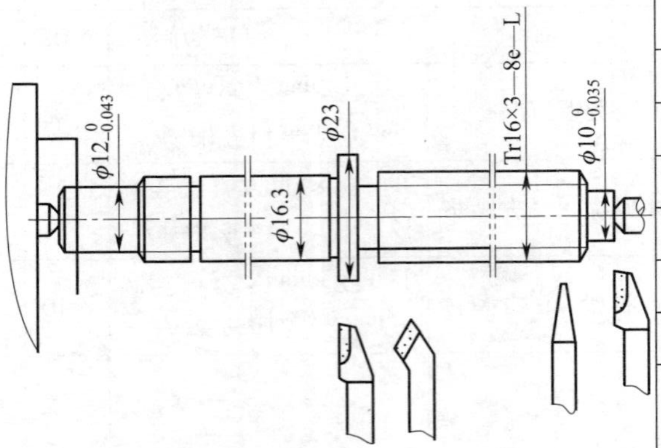	车间	工序号	工序名称			材料牌号
	车	70	半精车梯形螺纹和 $\phi16_{-0.043}^{-0.016}$ mm 外圆			40Cr
	毛坯种类	毛坯外形尺寸	毛坯可制件数			每台件数
	圆棒料	ϕ25 mm × 245 mm	1			50
	设备名称	设备型号	设备编号			同时加工件数
	车床	CA6140	1			50
	夹具编号		夹具名称			切削液
			三爪自定心卡盘			乳化液
	工位器具编号		工位器具名称			工序工时（min）
						准终 / 单件

工步号	工步内容	工艺装备	主轴转速 /（r·min^{-1}）	切削速度 /（m·min^{-1}）	进给量 /（mm·r^{-1}）	背吃刀量 /mm	进给次数	工步工时 机动	工步工时 辅动
01	半精车梯形螺纹 Tr16×3—8e—L，留磨削余量	梯形螺纹车刀、量针、千分尺	80	4.02	3				
10	精车外圆 ϕ23 mm 至尺寸	外圆车刀	1 000	75.4	0.1	0.25 ~ 0.5	2		
20	精车 $\phi10_{-0.035}^{0}$ mm 外圆至尺寸	外圆车刀、千分尺	1 000	31.4	0.1	0.25	1		
30	掉头，精车外圆 $\phi12_{-0.043}^{0}$ mm 至尺寸	外圆车刀、千分尺	1 000	37.7	0.1	0.25	1		
40	精车 $\phi16_{-0.043}^{-0.016}$ mm 外圆至 ϕ16.3 mm	外圆车刀、千分尺	1 000	52.1	0.1	0.15	1		

	设计（日期）	校对（日期）	审核（日期）	标准化（日期）	会签（日期）

1．在梯形螺纹丝杠的加工工序中，调质处理还可以安排在哪道工序中并简述理由。

调质处理一般安排在粗加工之后，半精加工之前。零件加工余量不大、力学性能要求不高的情况下，为节约生产周期，也可安排在粗加工之前。因此，本工序也可以把热处理工序安排在粗加工之前。

2．车梯形螺纹丝杠的梯形螺纹部分时，应采用哪种进刀方法？车梯形螺纹的进刀方法见表 6–11。

车梯形螺纹丝杠的梯形螺纹部分时可采用左右车削进刀法。

表 6–11　车梯形螺纹的进刀方法

进刀方法	图示	说明
车直槽法		车螺距为 4 ~ 8 mm 或精度要求较高的梯形外螺纹时，一般采用左右切削法或车直槽法，车直槽法的具体步骤为： 1．半精车螺纹大径，留精车余量 0.3 mm 左右，倒角（与端面的角度）15° 2．选用刀头宽度略小于槽底宽的矩形螺纹车刀，采用直进法粗车螺纹，槽底直径等于螺纹小径 3．精车螺纹大径至图样要求 4．用两侧切削刃磨有卷屑槽的梯形螺纹精车刀精车两侧面至图样要求
车阶梯槽法		车螺距大于 8 mm 的梯形外螺纹时，一般采用车阶梯槽法，具体步骤为： 1．粗车、半精车螺纹大径，留精车余量 0.3 mm 左右，倒角（与端面的角度）15° 2．用刀头宽度小于 $P/2$ 的矩形螺纹车刀，采用直进法粗车螺纹至接近中径处，再用刀头宽度略小于槽底宽的矩形螺纹车刀，采用直进法粗车螺纹，槽底直径等于螺纹小径，从而形成阶梯状的螺旋槽 3．用梯形螺纹粗车刀，采用左右切削法半精车螺纹两侧面，每面留精车余量 0.1 ~ 0.2 mm 4．精车螺纹大径至图样要求 5．用梯形螺纹精车刀，精车两侧面，控制中径，完成螺纹加工
左右车削法		每次横向进给时，必须把车刀向左或向右做微量移动，可防止因三个切削刃同时参与切削而产生振动和“扎刀”现象。适用于车削 P 小于或等于 8 mm 的梯形螺纹

三、螺纹公差相关知识

1．国家标准对梯形外螺纹大径只规定了一种公差带为 4h ，规定外螺纹的 上偏差 为基本偏差，即基本偏差是上偏差为 0 。当梯形外螺纹螺距为 3 mm 时，大径的公差为 236 μm，上偏差为 0 μm，下偏差为 −236 μm。

2．国家标准对外螺纹中径规定了 3 种公差带为 h 、 e 和 c 。外螺纹的 上偏差 为基本偏差，即 h 的基本偏差是上偏差为 0 ，e 和 c 的基本偏差是上偏差为 负值 （填“正值”或“负值”）。螺距为 3 mm 的梯形外螺纹中径 e 的基本偏差为 −85 μm，c 的基本偏差为 −170 μm。

3．国家标准规定了梯形外螺纹中径公差有 4 个公差等级。公称直径为 16 mm 的梯形外螺纹中径公差等级为 7 级的数值为 224 μm，公差等级为 8 级的数值为 280 μm。

4．国家标准规定梯形外螺纹小径公差带的位置永远为 h ，即 h 的基本偏差是上偏差为 0。小径的公差等级与中径公差等级数相同，公差等级为 7 级、8 级、9 级。公称直径为 16 mm、螺距为 3 mm 的梯形外螺纹，中径公差带位置为 e，公差等级为 8 级时，小径公差数值为 435 μm；中径公差带位置为 h，公差等级为 7 级时，小径公差数值为 280 μm。

四、填写领料单

按要求到材料库领取材料，并完成表 6-12 的填写。

表 6-12　　领料单

填表日期：　年　月　日　　　　发料日期：　年　月　日

<table>
<tr><td>领料部门</td><td></td><td colspan="2">产品名称及数量</td><td colspan="4"></td></tr>
<tr><td>领料单号</td><td></td><td colspan="2">零件名称及数量</td><td colspan="4"></td></tr>
<tr><td>材料名称</td><td>材料规格及型号</td><td rowspan="2">单位</td><td colspan="3">数量</td><td rowspan="2">单价</td><td rowspan="2">总价</td></tr>
<tr><td rowspan="2"></td><td rowspan="2"></td><td>请领</td><td colspan="2">实发</td></tr>
<tr><td></td><td></td><td colspan="2"></td><td></td><td></td></tr>
<tr><td colspan="2">材料用途</td><td rowspan="2">材料仓库</td><td>主管</td><td>发料数量</td><td rowspan="2">领料部门</td><td>主管</td><td>领料数量</td></tr>
<tr><td colspan="2"></td><td></td><td></td><td></td><td></td></tr>
</table>

五、完成加工

1．在车床上完成梯形螺纹丝杠的加工，并将加工过程中出现的问题记录下来，分析原因并写出改进措施。

安全提示

1. 应看清图样，按图样要求进行车削。

2. 严格遵守安全操作规程，不准用手清除切屑，以防割破手指。在车梯形螺纹过程中，不允许用棉纱擦拭工件，以防发生安全事故。

3. 粗车螺纹时，应将小滑板调紧一些，以防车刀移位而发生“乱牙”现象。

4. 车螺纹时应集中精力，严防中滑板手柄多进 1 圈而撞坏螺纹车刀或使工件因碰撞而报废。

5. 车螺纹时，应选择较小的切削用量，减少工件的变形，同时应充分加注切削液。

6. 梯形螺纹精车刀两侧面切削刃应刃磨平直，切削刃应保持锋利。

7. 精车前，应重新修正中心孔，以保证螺纹的同轴度精度。

8. 由于工件直径较小，强度较低，要选择合理的车刀几何角度和切削用量，尤其是车 Tr16×3 梯形螺纹时更要小心，以防工件弯曲变形。

9. 按规定自行检测工件的几何公差。

2．加工完毕，按照图样要求进行自检，正确放置零件，并进行产品交接确认；按照国家环保相关规定和车间要求，整理现场，正确处置废油液等废弃物；按车间管理规定填写交接班记录。

3．梯形螺纹丝杠加工完成后要对车床进行保养，根据车床保养的实际情况填写设备日常保养记录卡。

学习活动 4　梯形螺纹丝杠的测量及误差分析

1. 能计算梯形螺纹大径、中径、小径的尺寸公差，并正确测量。

2. 能利用标准平板、V形架、杠杆百分表等工具和量具准确、规范地测量梯形螺纹丝杠的几何误差。

3. 能根据梯形螺纹丝杠的测量结果，分析几何误差产生的原因。

4. 能正确、规范地使用工具、量具，并对其进行合理保养和维护。

5. 能规范填写梯形螺纹丝杠几何误差测量报告。

6. 能按检测室管理要求，正确放置检测工具、量具。

7. 能主动获取有效信息，展示工作成果，对学习与工作进行反思总结，并能与他人开展良好合作，进行有效的沟通。

8. 能按要求正确、规范地完成本次学习活动工作页的填写。

建议学时：8 学时。

学习过程

一、梯形外螺纹中径的测量

1．图 6-9 所示为三针法测量螺纹中径，三针法是一种比较＿精密＿的检测方法。适用于测量精度要求＿较高＿、螺纹升角小于＿4°＿的三角形螺纹、梯形螺纹。测量时，将三根＿直径相等、尺寸合适＿的量针放置在螺纹两侧相对应的＿螺旋槽＿中，用千分尺测量两边量针顶点之间的距离 M。

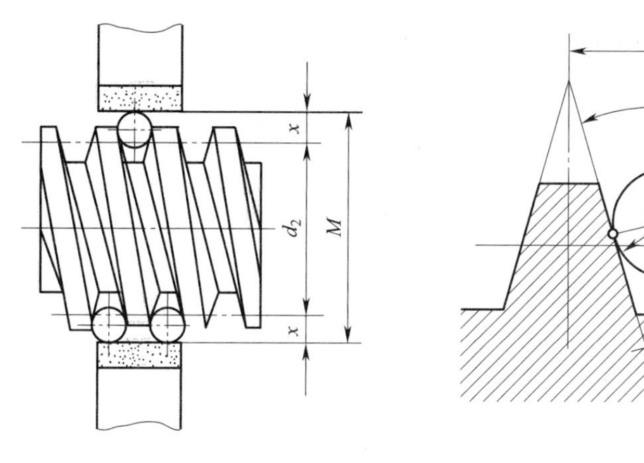

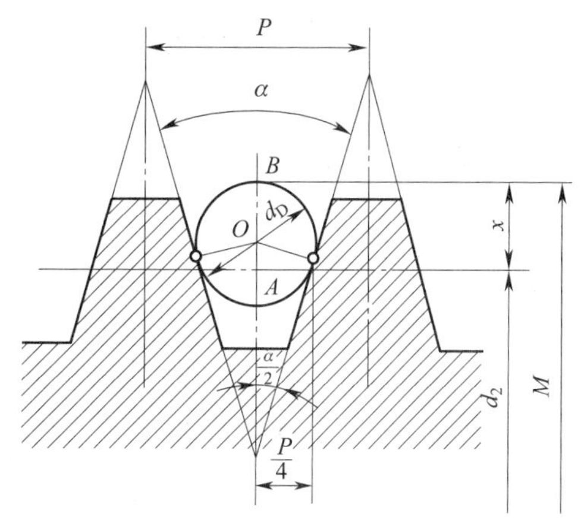

图 6–9　三针法测量螺纹中径

2．图 6–10 所示为单针法测量螺纹中径的方法，在测量直径　较大　和螺距　较大　的螺纹中径时，用单针法测量比用三针法测量　方便、简单　。测量时，将一根量针放入螺旋槽中，另一侧则以螺纹的　大径　为基准，用千分尺测量出量针顶点与另一侧螺纹大径之间的距离 A。用单针法测量前，应先量出螺纹大径的　实际尺寸 d_0　，并根据选用量针的直径 d_D，计算用三针法测量时的 M 值，然后按公式 $A=1/2\ (M+d_0)$ 计算 A 值。

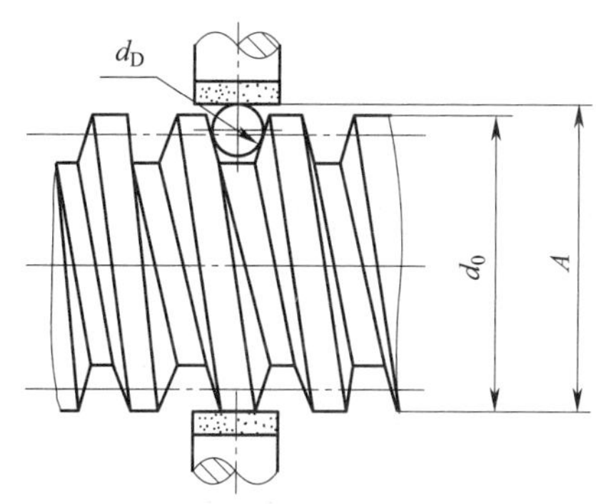

图 6–10　单针法测量螺纹中径

3．用三针法测量 Tr16×3—8e—L 梯形螺纹中径，根据表 6–13，完成量针直径和千分尺读数 M 值的计算。

表 6–13　M 值及量针直径的简化计算公式

螺纹	M 值的计算公式	量针直径 d_D/mm		
		最大值	最佳值	最小值
梯形螺纹	$M=d_2+4.864d_D-1.866P$	$0.656P$	$0.518P$	$0.486P$

量针直径最大值计算：$d_D=0.656P=0.656\times 3\ \text{mm}=1.968\ \text{mm}$

量针直径最佳值计算：$d_D=0.518P=0.518\times3\ \text{mm}=1.554\ \text{mm}$

量针直径最小值计算：$d_D=0.486P=0.486\times3\ \text{mm}=1.458\ \text{mm}$

千分尺读数 M 值计算：$d_2=d-0.5P=16\ \text{mm}-0.5\times3\ \text{mm}=14.5\ \text{mm}$

$$
\begin{aligned}
M&=d_2+4.864d_D-1.866P\\
&=14.5\ \text{mm}+4.864\times1.554\ \text{mm}-1.866\times3\ \text{mm}\\
&\approx14.5\ \text{mm}+7.559\ \text{mm}-5.598\ \text{mm}\\
&\approx16.461\ \text{mm}
\end{aligned}
$$

根据梯形螺纹中径公差带代号，查机械手册可得 $d_2=\phi14.5^{-0.085}_{-0.365}$ mm，$M=\phi16.461^{-0.085}_{-0.365}$ mm。

用单针法测量时，A 值的计算（若螺纹大径实际尺寸为 15.9 mm）：

$A=1/2(M+d_0)=(16.461+15.9)\ \text{mm}/2\approx16.181\ \text{mm}$

因此单针测量值为 $A=\phi16.181^{-0.085}_{-0.365}$ mm，合格。

二、填写梯形螺纹丝杠质量检测表（表 6–14）

表 6–14　　梯形螺纹丝杠质量检测表

序号	考核项目	配分 IT，Ra	考核内容及要求	评分标准	检验结果 IT，Ra	得分
1	主要尺寸（68 分）	6，3	$\phi12^{\ 0}_{-0.043}$ mm，$Ra3.2$ μm	超差不得分		
2		6，3	$\phi16^{-0.016}_{-0.043}$ mm，$Ra3.2$ μm	超差不得分		
3		6，3	$\phi10^{\ 0}_{-0.035}$ mm，$Ra3.2$ μm	超差不得分		
4		8，3	M16×1.5—6g，$Ra3.2$ μm	超差不得分		
5		18，6	Tr16×3—8e—L，$Ra1.6$ μm	超差不得分		
6		6	↗ 0.08 A	超差不得分		
7	次要尺寸（13 分）	4	$\phi15$ mm、$\phi23$ mm、$\phi13$ mm、$\phi12$ mm	超差不得分		
8		9	120 mm、240 mm、73 mm、18 mm、6 mm、6 mm、3 mm、2.5 mm、8 mm	超差不得分		
9	其余表面粗糙度（4 分）	4	$Ra3.2$ μm（4 处）	降级不得分		

续表

序号	考核项目	配分 IT，*Ra*	考核内容及要求	评分标准	检验结果 IT，*Ra*	得分
10	主观评分（10分）	3.5	已加工零件倒角、倒圆、去毛刺是否符合图样要求			
11		3.5	已加工零件是否有划伤、碰伤和夹伤			
12		3	已加工零件与图样要求的一致性			
13	更换毛坯（5分）	5	是否更换毛坯		是 / 否	
14	职业素养	扣分	能正确穿戴工作服、工作鞋、安全帽和护目镜等劳动防护用品。每违反一项扣2分			
15			能规范使用设备、工具、量具和辅具。每违规操作一次扣2分			
16			能做好设备清洁、保养工作。不清洁、不保养扣3分，清洁、保养不彻底扣2分			
17	总配分		100	总得分		

三、填写梯形螺纹丝杠几何误差测量报告（表6–15）

表6–15　　梯形螺纹丝杠几何误差测量报告

测量内容	圆跳动	零件名称	梯形螺纹丝杠
测量工具和仪器	两顶尖检测台、杠杆百分表等	测量人员	
班级		日期	

1. 测量目的：

保证被测要素是梯形螺纹大径的圆柱表面相对于基准要素 *A*（$\phi\ 16_{-0.043}^{-0.016}$ mm 外圆轴线）的圆跳动在 0.08 mm 以内

2. 测量步骤：

（1）将零件安装在两顶尖之间

（2）先用杠杆百分表测头接触 $\phi\ 16_{-0.043}^{-0.016}$ mm 外圆，旋转零件一周，找出外圆最高点，并做记号，记录零件旋转一周后百分表的最大读数值

（3）将杠杆百分表移到梯形螺纹大径的外圆表面上，用同样的方法记录相关数据

（4）如果两处最高点在同侧，将两处的最大读数值相减得出的结果即为圆跳动误差；如果两处最高点在对侧，将两处的最大读数值相加得出的结果即为圆跳动误差

续表

3. 测量要领：
（1）选取合适的杠杆百分表及测头
（2）测量时，缓慢且均匀地旋转零件，保证杠杆百分表测头与零件外表面垂直，压力适当
（3）用两顶尖装夹零件，压力要适当，不能有松动

4. 结论（误差分析）：

四、清理现场，归置物品

梯形螺纹丝杠零件检测完毕，按照“6S”管理规定，正确保养工具、量具，清理现场，合理归置物品。

学习活动5　工作总结与评价

学习目标

1. 能自信地展示自己的作品，讲述自己作品的优势和特点。

2. 能倾听别人对自己作品的点评。

3. 能总结工作经验，优化加工策略。

4. 在作业过程中严格执行企业操作规范、安全生产制度、环保管理制度以及“6S”管理规定，严格遵守从业人员的职业道德，树立吃苦耐劳、爱岗敬业的工作态度和职业责任感。

5. 能与班组长、工具管理员等相关人员进行有效的沟通与合作，理解有效沟通和团队合作的重要性。

6. 能按要求正确、规范地完成本次学习工作页的填写。

建议学时：8学时。

学习过程

一、小组评价

1．以小组为单位派出代表介绍自己小组的优秀作品，通过作品展示，锻炼每一位小组成员的表达能力，同时提升自己的专业素养。

选出组内评价较高的作品进行展示，并就作品实用性、工艺性和产品质量等内容做必要介绍，听取并记录其他小组对本组作品的评价和改进建议。

（1）实用性：

（2）工艺性：

（3）产品质量

1）尺寸精度：

2）几何精度：

3）表面粗糙度：

2．所展示作品中有哪些部位存在尺寸缺陷和表面质量缺陷？简述是什么原因导致的，并总结出避免质量缺陷的加工建议。

（1）质量缺陷

1）尺寸缺陷：

2）表面质量缺陷：

（2）分析造成质量缺陷的原因，并写出预防措施。

（3）如果下次接到相似的任务，在加工过程中，应优化哪些加工策略？

二、加工梯形螺纹丝杠的心得体会

1．通过本任务，学习了哪些有关金属材料及热处理技术应用的知识？

2．在绘图方面有了哪些提高？

3．简述按照本任务加工工序卡给定的加工顺序进行加工，对保证零件精度和质量有哪些意义。若变更加工顺序会产生怎样的影响？

三、制定工艺方案和工作计划的理由

通过执行本次加工任务，试简述生产企业在每次执行新的加工任务前制定详细的工艺方案和工作计划的理由。

四、加工成本估算

总结加工工序、工时，填写表 6–16 并进行简单的成本估算。

表 6–16　　加工成本估算表

序号	加工内容	预计工时	成本测算项目			成本估算值
			设备	工具、夹具、刃具	辅具及切削液	
1						
2						
3						
4						
5						
6						
7						
8						
9						
10						

五、评价与分析

任务评价由自我评价、小组评价和教师评价 3 部分组成，检验并提升学生的综合职业能力，完成表 6–17 的填写。

表 6–17　　任务评价表

班级：_________　　学生姓名：_________　　学号：_________

项目	自我评价			小组评价			教师评价		
	10 ~ 9 分	8 ~ 6 分	5 ~ 1 分	10 ~ 9 分	8 ~ 6 分	5 ~ 1 分	10 ~ 9 分	8 ~ 6 分	5 ~ 1 分
	占总评 5%			占总评 10%			占总评 85%		
学习活动 1									
学习活动 2									
学习活动 3									
学习活动 4									
学习活动 5									
表达能力									
协作精神									
纪律观念									
工作态度									
任务总体表现									
小计分									
总评分									

任课教师：　年　月　日

任务拓展

锥度梯形螺纹轴的普通车加工

学习目标

1．能正确识读和绘制锥度梯形螺纹轴零件图。

2．能分析锥度梯形螺纹轴的加工工艺，并正确填写锥度梯形螺纹轴加工工艺卡。

3．能根据加工要求，正确操作机床，完成锥度梯形螺纹轴的加工。

4．能根据锥度梯形螺纹轴零件图，合理选择检测工具、量具，确定检测方法。

5．能根据锥度梯形螺纹轴的检测结果，分析几何误差产生的原因。

建议学时

24 学时。

工作情境描述

某企业接到一批锥度梯形螺纹轴零件（图 6–11）的加工订单，加工数量为 60 件，来料加工，材料为 45 钢，毛坯尺寸为 ϕ35 mm×170 mm，工期为 10 天。现生产部门安排车工加工组完成此任务的车削加工。

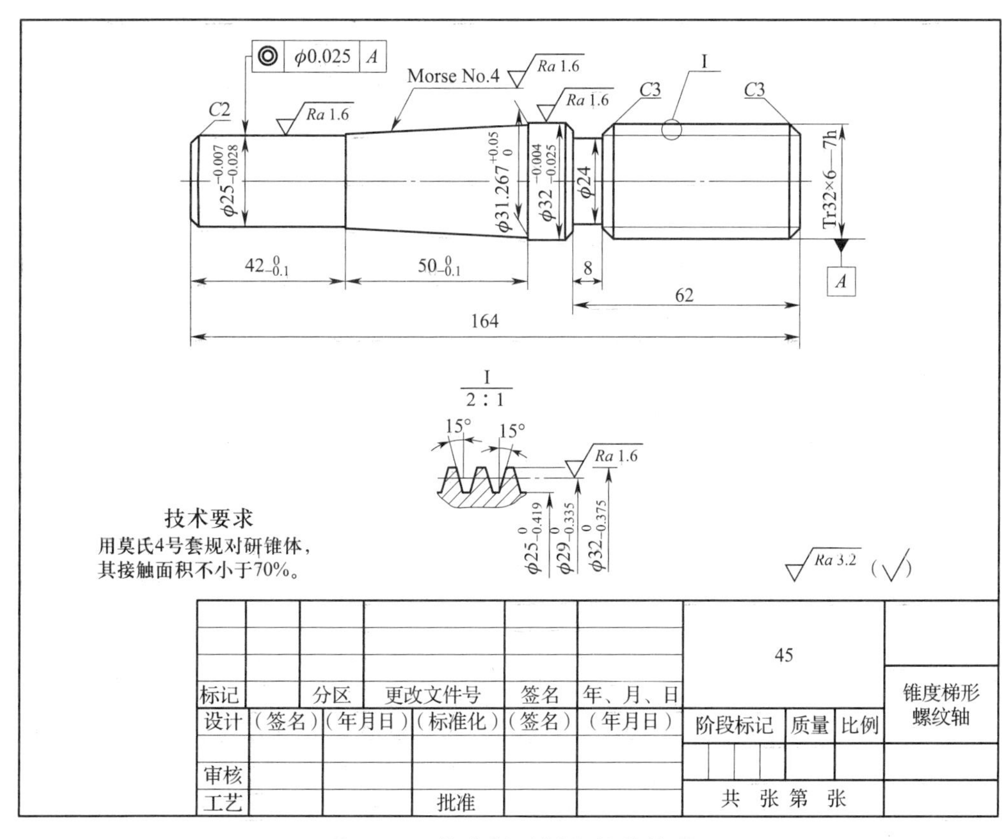

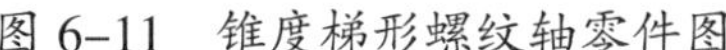
图 6–11　锥度梯形螺纹轴零件图

学习评价

对加工完成的锥度梯形螺纹轴进行检测，并将检测结果填入表 6–18 中。

表 6–18 锥度梯形螺纹轴质量检测表

序号	考核项目	配分 IT，*Ra*	考核内容及要求	评分标准	检验结果 IT，*Ra*	得分
1	主要尺寸（75 分）	4，2	$\phi 32_{-0.375}^{0}$ mm，*Ra*3.2 μm	超差不得分		
2		14，10	$\phi 29_{-0.335}^{0}$ mm，*Ra*1.6 μm	超差不得分		
3		5	15°	超差不得分		
4		12，5	莫氏 4 号（接触面积大于 70%），*Ra*1.6 μm	超差不得分		
5		4	$\phi 31.267_{0}^{+0.05}$ mm	超差不得分		
6		2	$50_{-0.1}^{0}$ mm	超差不得分		
7		4，2	$\phi 25_{-0.028}^{-0.007}$ mm，*Ra*1.6 μm	超差不得分		
8		4，2	$\phi 32_{-0.025}^{-0.004}$ mm，*Ra*1.6 μm	超差不得分		
9		5	◎ | ϕ0.025 | *A*	超差不得分		
10	次要尺寸（6 分）	2	$\phi 24$ mm	超差不得分		
11		4	$42_{-0.1}^{0}$ mm、62 mm、164 mm、8 mm	超差不得分		
12	其余表面粗糙度（4 分）	4	*Ra*3.2 μm（4 处）	降级不得分		
13	主观评分（10 分）	3.5	已加工零件倒角、倒圆、去毛刺是否符合图样要求			
14		3.5	已加工零件是否有划伤、碰伤和夹伤			
15		3	已加工零件与图样要求的一致性			
16	更换毛坯（5 分）	5	是否更换毛坯		是 / 否	
17	职业素养	扣分	能正确穿戴工作服、工作鞋、安全帽和护目镜等劳动防护用品。每违反一项扣 2 分			
18			能规范使用设备、工具、量具和辅具。每违规操作一次扣 2 分			
19			能做好设备清洁、保养工作。不清洁、不保养扣 3 分，清洁、保养不彻底扣 2 分			
20	总配分		100	总得分		

世赛知识

世界技能大赛的特点

世界技能大赛每两年举办一届，是当今世界地位最高、规模最大、影响力最大的职业技能赛事，被誉为“世界技能奥林匹克”，代表了职业技能发展的世界先进水平，是世界技能组织成员展示和交流职业技能的重要平台。世界技能大赛具有代表性、开放性和规范性三大特点。

一、代表性

1．竞赛理念、技术标准、比赛规则、工作流程和组织方式代表了当今世界职业技能竞赛领域的较高水准。

2．完整的竞赛项目设立和取消制度，确保能够体现全球职业范围内的行业发展趋势和业界新动态。

3．技术标准从企业生产和服务实践中进行归纳梳理，以保障标准和比赛试题能充分体现该职业所需的最新职业能力。

4．对各国和地区的技能竞赛、技能人才培养体系建设具有引领示范作用。

二、开放性

1．面向社会公众全面开放。

2．竞赛期间举行技能体验、技术交流等活动，促进了技术、技能的展示与传播。

3．来自各国和地区的专家、教练、选手以及从事职业教育培训工作的相关人员在比赛期间能够进行相应的技术交流。

三、规范性

1．世界技能大赛秉持“公平、公正、公开”的原则，在试题开发、评分标准、成绩确认等环节均有严格的规范性程序要求。

2．注重规则意识、质量意识、安全意识和绿色环保意识。

附　录

附录 1　支承轴的普通车加工学习任务设计方案

专业名称	数控加工（数控车工）	一体化课程名称	零件普通车床加工
学习任务	支承轴的普通车加工	学时	60
工作情境描述	某企业接到一批支承轴零件（图 1–1）的加工订单，数量为 50 件，材料为 45 钢，工期为 5 天，来料加工。现生产部门安排车工加工组完成此任务的车削加工		
学习任务描述	学生在教师引导下到车间主管处领取支承轴零件生产任务单，分析生产任务单和零件图，查阅资料，选择切削参数，点检车床，领取工具、量具、夹具、刃具等。教师引导学生在规定时间内规范地完成刀具的刃磨和支承轴零件的车削，并提交合格产品。学生能按教师要求，严格执行各工序加工操作，掌握零件车削加工的工作步骤、工作思维和工作方法		
与其他学习任务的关系	该学习任务是零件普通车床加工一体化课程的第一个任务，进行此学习任务是为下一步学习任务的完成打下基础		
学生基础	能识读机械零件图；能规范使用钢直尺、游标卡尺、千分尺、杠杆百分表等常用量具；能严格执行企业操作规范、安全生产制度、环保管理制度以及“6S”管理规定		
学习目标	1. 能在班组长等相关人员指导下，正确阅读支承轴生产任务单，明确工作时间、加工数量等要求，叙述所加工零件的用途、功能和分类 2. 能借助技术手册，查阅支承轴的材料牌号、热处理要求和几何公差等，理解技术手册在生产中的重要性 3. 能识读支承轴零件图和加工工艺卡，明确加工技术要求和加工工艺 4. 能识别常用刀具材料（如高速钢、硬质合金等），根据零件材料和形状特征，通过查阅技术手册合理选择刀具 5. 能熟悉车间和工作区的范围及限制，理解企业对环境、安全、卫生和事故预防的标准 6. 能检查工作区、设备、工具、材料的状况和功能，并对车床进行点检操作 7. 能根据现场条件，查阅技术手册，确定符合支承轴零件加工技术要求的工具、量具、夹具、刃具、辅具及切削液 8. 能应用刀具角度知识，说明车刀角度参数的含义、表示方法及对切削性能的影响；能在刀具几何角度示意图中用规范的标识符号标注出相应角度，并在实物中判别其位置 9. 能根据刀具材料选择合适的砂轮，规范刃磨车刀 10. 能根据支承轴零件材料、刀具材料、加工性质等因素，查阅技术手册确定切削速度、进给量和背吃刀量，并能运用切削速度计算公式，计算相应的转速 11. 能按支承轴零件图要求，明确零件材料类型，测量毛坯外形尺寸，并判断毛坯是否有足够的加工余量		

续表

学习目标	12. 能正确装夹工件和车刀 13. 能严格遵守车床操作规程，根据切削状态调整切削用量，保证正常切削；适时检测，保证加工精度 14. 能进行自检，判断零件是否合格 15. 能按产品加工工艺流程和车间要求，进行产品交接并规范填写交接班记录表 16. 能总结工作经验，优化加工策略 17. 能在作业过程中严格执行企业操作规范、安全生产制度、环保管理制度以及“6S”管理规定，严格遵守从业人员的职业道德，树立吃苦耐劳、爱岗敬业的工作态度和职业责任感 18. 能与班组长、工具管理员等相关人员进行有效的沟通与合作，理解有效沟通和团队合作的重要性
学习内容	1. 生产任务单、机械手册、零件图、加工工序卡、质量检测表和几何误差测量报告 2. 支承轴零件图的绘制方法 3. 支承轴零件图中几何公差的标注方法 4. 中碳钢的识别，硬质合金材料的牌号、用途、分类和性能 5. 外圆车刀的种类、几何角度、刃磨、装夹和检测方法 6. 支承轴的加工工艺 7. 车床相关知识 8. 车床基本操作 9. 切削参数的选择及计算 10. 游标卡尺、千分尺的使用方法 11. 支承轴的装夹方法 12. 切削液的选择 13. 支承轴的质量检测方法 14. 企业操作规范、安全生产制度、环保管理制度和“6S”管理规定 15. 有效沟通与团队合作，工作总结与评价
教学条件	1. 教学场地：一体化教室、实习车间、检验室等 2. 设备：CA6140 型车床、多媒体设备等 3. 辅具：卡盘钥匙、刀架钥匙、切屑钩、莫氏圆锥夹头、划线盘、锤子等 4. 量具：钢直尺、千分尺、游标卡尺等 5. 刀具：90°外圆车刀、45°外圆车刀、中心钻等 6. 安全防护用品：护目镜、工作服、安全帽等 7. 资料：支承轴工作页、生产任务单、零件图、领料单、机械手册、加工工序卡、刀具卡、质量检测表、任务评价表、安全操作规程等 8. 原材料：毛坯材料（45 钢）、切削液
教学组织形式	1. 根据学习任务内容，教师指定班组长和负责人，并提前备课 2. 教师组织学生穿戴好安全防护用品，符合企业技术安全要求后，对学生进行必要的安全教育 3. 教师根据学习任务环节进行小组分工，安排学生交叉进行作业，针对学习任务中的难点和要点进行现场指导、讲解和分析 4. 以情景模拟的形式，教师安排学生扮演角色，领取相关机械手册、领料单、刀具卡、加工工序卡、质量检测表等 5. 以情景模拟的形式，教师安排学生扮演角色，领取毛坯材料和切削液等 6. 以情景模拟的形式，教师安排学生扮演角色，领取工具、量具、夹具、刀具等 7. 教师组织学生以小组或个人形式，现场操作演示，展示并汇报学习成果

续表

教学流程与活动	1. 支承轴的加工工艺分析（12 学时） 2. 工具、量具、夹具、刃具的准备（18 学时） 3. 支承轴的加工（20 学时） 4. 支承轴的测量及误差分析（6 学时） 5. 工作总结与评价（4 学时）
评价内容与标准	1. 能正确完成支承轴工作页的填写 2. 能按国家标准完成支承轴零件图的绘制 3. 能规范操作车床 4. 能正确使用工具、量具、夹具、刃具 5. 能根据加工工艺流程，规范完成支承轴零件的加工 6. 能正确填写支承轴质量检测表、几何误差测量报告等 7. 能自觉遵守企业操作规范、安全生产制度、环保管理制度以及“6S”管理规定 8. 能正确进行车床的清洁、维护和保养

附录 2　支承轴的普通车加工教学活动策划表

教学活动	关键能力	学生学习活动	教师活动	学习内容	资源	评价点	学时	地点
学习活动1：支承轴的加工工艺分析	资料查阅能力、分析能力、组织能力	1．以情景模拟的形式，学生扮演角色领取生产任务单 2．阅读支承轴生产任务单，明确工作时间、加工数量等要求，查阅资料，叙述所加工零件的用途、功能和分类 3．阅读支承轴零件图，明确支承轴的加工技术要求 4．阅读支承轴加工工艺卡，明确支承轴的加工工序、加工工艺，学习车床相关知识 5．绘制支承轴零件图 6．小组讨论工作安排 7．自评、小组评价	1．生产任务单准备和发放 2．讲解工作任务要求 3．布置相关信息收集任务 4．组织学生扮演角色 5．检查学生任务完成情况和学习成果（包括指导工作页的填写）	1．支承轴的用途和功能 2．中碳钢的用途和性能 3．查阅机械手册 4．尺寸公差和几何公差的标注 5．车床相关知识 6．绘制支承轴零件图 7．表达方法	1．工作页 2．生产任务单 3．支承轴零件图 4．切削手册	1．生产任务单的准备 2．零件图的绘制 3．加工工艺卡 4．专业术语的使用 5．表达方法 6．小组活动 7．工作页的完成情况	12	一体化教室

续表

教学活动	关键能力	学生学习活动	教师活动	学习内容	资源	评价点	学时	地点
学习活动2：工具、量具、夹具、刃具的准备	安全意识、统筹规划能力、观察能力	1. 正确穿戴安全防护用品 2. 学习车床点检操作和基本操作 3. 与工具管理员等相关人员进行有效沟通 4. 领取工具、量具、夹具、刃具 5. 填写工具、量具、刃具清单 6. 刃具的刃磨 7. 展示学习成果 8. 正确填写工作页 9. 自评、小组评价	1. 检查技术标准 2. 分配工作岗位 3. 指导学生进行车床点检操作和基本操作 4. 指导学生填写工具、量具、刃具清单 5. 指导学生刃磨刃具 6. 评价学生学习成果 7. 指导学生完成工作页的填写 8. 对学生学习环节进行综合评价	1. 技术标准 2. 填写工具、量具、刃具清单 3. 外圆车刀几何参数的选择和刃磨	1. 工具、量具、刃具清单 2. 外圆车刀、中心钻等 3. 砂轮等	1. 工具、量具、刃具清单的填写 2. 千分尺的使用 3. 外圆车刀几何参数的选择和刃磨 4. 工作页的完成情况	18	一体化教室、实习车间
学习活动3：支承轴的加工	独立操作能力、规范养成意识、分析能力、问题处理能力	1. 检查工作区、设备、工具、材料的状况和功能 2. 领取支承轴零件的材料并正确填写领料单 3. 正确装夹工件和车刀 4. 根据加工工序卡，选择切削用量 5. 按加工步骤完成支承轴零件的车削加工 6. 根据车削要求找正锥度	1. 组织学生检查工作区、设备、工具、材料的状况和功能 2. 组织学生领取材料 3. 指导学生正确装夹工件和车刀 4. 指导学生正确选择切削用量 5. 演示车削过程和车削难点 6. 评价学生支承轴的车削成果	1. 领取材料的流程和方法 2. 工件找正方法 3. 刀具安装 4. 一夹一顶装夹 5. 找正锥度	1. CA6140型车床 2. 卡盘钥匙、划线盘、锤子、刀架钥匙、切屑钩、钢直尺、千分尺、游标卡尺	1. 领取材料 2. 安装刀具和工件 3. 找正工件 4. 一夹一顶装夹工件 5. 找正锥度	20	实习车间

续表

教学活动	关键能力	学生学习活动	教师活动	学习内容	资源	评价点	学时	地点
学习活动3：支承轴的加工	独立操作能力、规范养成意识、分析能力、处理问题能力	7. 绘制各工序完成后的支承轴零件草图 8. 试车和试测量 9. 进行自检，判断零件是否合格 10. 产品交接并规范填写交接班记录表 11. 完成车床的日常维护和保养，填写保养记录卡 12. 正确填写工作页 13. 自评、小组评价	7. 组织学生完成交接班，并指导学生正确填写交接班记录表 8. 检查车床保养情况 9. 指导学生完成工作页的填写 10. 对学生学习环节进行综合评价	6. 支承轴车削加工工序 7. 车床日常维护和保养 8. 工作页、交接班记录表等资料的填写	3. 90°外圆车刀、45°外圆车刀、中心钻 4. 加工工序卡、零件图、保养记录卡、交接班记录表	6. 支承轴的车削加工 7. 保养记录卡 8. 交接班记录表 9. 现场整理 10. 工作页的完成情况	20	实习车间
学习活动4：支承轴的测量及误差分析	分析能力	1. 正确测量支承轴尺寸，填写支承轴质量检测表 2. 根据支承轴的同轴度检测情况，填写几何公差测量报告 3. 正确填写工作页 4. 自评、小组评价	1. 组织学生检测支承轴零件质量 2. 对支承轴零件的同轴度误差进行分析和评价 3. 对学生学习环节进行综合评价	1. 支承轴零件质量检测 2. 支承轴零件同轴度误差分析和解决方法	1. 钢直尺、千分尺、游标卡尺 2. 质量检测表、几何误差测量报告	1. 支承轴零件质量检测表 2. 支承轴零件几何误差测量报告 3. 工作页的完成情况	6	检验室
学习活动5：工作总结与评价	总结能力、表达能力	1. 现场展示学习成果并总结 2. 讨论、评价支承轴车削过程的优缺点 3. 正确填写工作页 4. 自评、小组评价	1. 指导学生总结学习成果 2. 对学生学习环节进行综合评价 3. 指导学生完成工作页的填写	1. 自我总结 2. 表达方法	工作页	1. 总结 2. 表达方法 3. 工作页的完成情况	4	一体化教室

附录3　台阶套的普通车加工学习任务设计方案

专业名称	数控加工（数控车工）	一体化课程名称	零件普通车床加工
学习任务	台阶套的普通车加工	学时	60
工作情境描述	某企业接到一批台阶套零件（图2–1）的加工订单，台阶套主要起轴向定位和轴向固定作用，数量为50件，材料为45钢，工期为5天，来料加工。现生产部门安排车工加工组完成此任务的车削加工		
学习任务描述	学生从教师处领取台阶套零件生产任务单后，在教师指导下，识读台阶套零件图，明确加工技术要求，学习台阶套车削加工方法，在规定时间内规范地完成台阶套零件的车削，并提交合格产品		
与其他学习任务的关系	在完成上一学习任务的基础上，进行此学习任务，为下一步学习任务的完成打下基础		
学生基础	能识读机械零件图；能刃磨外圆车刀和端面车刀；能规范使用常用量具；能规范操作车床；能严格执行企业操作规范、安全生产制度、环保管理制度以及“6S”管理规定		
学习目标	1. 能正确阅读台阶套生产任务单，明确工作时间、加工数量等要求，叙述所加工零件的用途、功能和分类 2. 能借助技术手册，查阅台阶套的材料牌号、热处理要求和几何公差等，理解技术手册在生产中的重要性 3. 能识读台阶套零件图和加工工艺卡，明确加工技术要求和加工工艺 4. 能识读和绘制回转类零件剖视图，正确绘制台阶套零件图 5. 能根据零件特征，查阅技术手册，正确选择内孔车刀的材料和结构形式 6. 能根据加工技术要求正确使用麻花钻，明确钻孔的方法 7. 能根据加工技术要求正确使用扩孔钻，叙述扩孔钻的特点和使用场合 8. 能根据加工技术要求正确刃磨、安装内孔车刀，明确内孔车削的加工方法 9. 能合理选用铰刀，确定铰削余量，对台阶套进行铰孔精加工 10. 能正确使用内径百分表对台阶套零件的内孔进行测量 11. 能根据加工技术要求，合理选择切削用量和切削液 12. 能熟悉车间和工作区的范围及限制，理解企业对环境、安全、卫生和事故预防的标准 13. 能检查工作区、设备、工具、材料的状况和功能，并对车床进行点检操作 14. 能按车间现场管理规定和产品加工工艺流程的要求，正确放置台阶套零件并进行质量检验和确认 15. 能按照国家环保相关规定和车间要求，正确处置废油液等废弃物 16. 能按产品加工工艺流程和车间要求，进行产品交接并规范填写交接班记录表 17. 能主动获取有效信息，展示工作成果，对学习与工作进行反思总结，并能与他人开展良好合作，进行有效的沟通 18. 能在作业过程中严格执行企业操作规范、安全生产制度、环保管理制度以及“6S”管理规定，严格遵守从业人员的职业道德，树立吃苦耐劳、爱岗敬业的工作态度和职业责任感 19. 能与班组长、工具管理员等相关人员进行有效的沟通与合作，理解有效沟通和团队合作的重要性		
学习内容	1. 生产任务单、机械手册、零件图、加工工序卡、质量检测表和几何误差测量报告 2. 回转类零件剖视图的绘制方法及尺寸公差、几何公差的标注 3. 麻花钻的类型、结构、刃磨和角度测量 4. 扩孔钻的类型和使用场合 5. 内孔车刀的种类、材料和刃磨		

续表

学习内容	6．内孔车刀的主要角度及测量 7．铰刀的特点、应用、结构组成及作用 8．铰削余量的确定和铰削方法 9．内径百分表的结构和测量方法 10．切削液的种类 11．切削用量的选择 12．企业操作规范、安全生产制度、环保管理制度和“6S”管理规定 13．有效沟通与团队合作，工作总结与评价
教学条件	1．教学场地：一体化教室、实习车间、检验室等 2．设备：CA6140 型车床、多媒体教学设备等 3．辅具：卡盘钥匙、刀架钥匙、垫刀片、切屑钩、莫氏圆锥夹头、划线盘、铜锤、标准平板、V 形架、心轴等 4．量具：钢直尺、游标卡尺、游标深度卡尺、千分尺、内径百分表、杠杆百分表等 5．刀具：90° 外圆车刀、45° 车刀、中心钻、麻花钻、扩孔钻、铰刀等 6．安全防护用品：护目镜、工作服、安全帽等 7．资料：台阶套工作页、生产任务单、零件图、领料单、机械手册、刀具卡、加工工艺卡、加工工序卡、质量检测表、任务评价表、安全操作规程等 8．材料：毛坯材料（45 钢）、切削液等
教学组织形式	1．根据学习任务内容，教师指定班组长和负责人，并提前备课 2．教师组织学生穿戴好安全防护用品，符合企业技术安全要求后，对学生进行必要的安全教育 3．教师根据学习任务环节进行小组分工，安排学生交叉进行作业，针对学习任务中的难点和要点进行现场指导、讲解和分析 4．以情景模拟的形式，教师安排学生扮演角色，领取相关机械手册、领料单、刀具卡、加工工序卡、质量检测表等 5．以情景模拟的形式，教师安排学生扮演角色，领取毛坯材料和切削液等 6．以情景模拟的形式，教师安排学生扮演角色，领取工具、量具、夹具、刀具等 7．教师现场示范操作，演示内孔车刀和麻花钻的刃磨、内径百分表的调整等 8．教师指导学生识读台阶套零件图，帮助学生分析加工工艺，组织学生进行台阶套零件的加工 9．学生按台阶套零件图要求，独立完成台阶套的加工，教师对加工过程进行指导、评价 10．教师组织学生以小组或个人形式，现场操作演示，展示并汇报学习成果 11．教师组织学生按车间“6S”管理规定，整理工作场地，归还工具、量具等
教学流程与活动	1．台阶套的加工工艺分析（4 学时） 2．工具、量具、夹具、刃具的准备（8 学时） 3．台阶套的加工（36 学时） 4．台阶套的测量及误差分析（4 学时） 5．工作总结与评价（8 学时）
评价内容与标准	1．能正确完成台阶套工作页的填写 2．能按国家标准完成台阶套零件图的绘制 3．能规范操作车床 4．能正确使用工具、量具、夹具、刃具 5．能根据加工工艺流程，规范完成台阶套零件的加工 6．能正确填写台阶套质量检测表、几何误差测量报告等 7．能自觉遵守企业操作规范、安全生产制度、环保管理制度以及“6S”管理规定 8．能正确进行车床的清洁、维护和保养

附录 4　台阶套的普通零件车加工教学活动策划表

教学活动	关键能力	学生学习活动	教师活动	学习内容	资源	评价点	学时	地点
学习活动1：台阶套的加工工艺分析	资料查阅能力、分析能力、空间思维能力	1. 台阶套加工工艺分析 2. 绘制台阶套零件图，绘制回转类零件剖视图 3. 工作页的填写	1. 生产任务单准备和发放 2. 讲解工作任务要求 3. 布置相关信息收集任务 4. 组织学生扮演角色 5. 检查学生任务完成情况和学习成果（包括指导工作页的填写）	1. 生产任务单 2. 零件图、加工工艺卡 3. 台阶套的常用材料和主要用途 4. 回转类零件剖视图的画法 5. 尺寸公差和几何公差知识	1. 台阶套零件图、加工工艺卡 2. 机械手册 3. 国家标准	1. 资料查阅和信息收集 2. 专业术语的使用 3. 工作页的完成情况 4. 回转类零件剖视图的绘制 5. 尺寸公差和几何公差的标注	4	一体化教室
学习活动2：工具、量具、夹具、刃具的准备	资料查阅能力、协调能力、安全意识、统筹规划能力	1. 正确穿戴安全防护用品 2. 学习内孔车、麻花钻和铰刀等相关知识 3. 与工具管理员等相关人员进行有效沟通 4. 领取工具、量具、夹具、刃具 5. 填写工具、量具、刃具清单 6. 刃具的刃磨 7. 展示学习成果 8. 正确填写工作页 9. 自评、小组评价	1. 演示刃具的刃磨并组织学生观看 2. 组织学生刃磨刃具	1. 麻花钻的类型、材料和几何形状 2. 麻花钻钻削用量的选择和钻孔方法 3. 扩孔钻钻削用量的选择和扩孔方法 4. 内孔车刀的几何角度、刃磨和安装 5. 铰刀的几何角度、类型以及铰削余量的确定和铰削方法	1. 台阶套零件图 2. 加工工艺卡 3. 安全操作规程 4. 机械手册 5. CA6140 型车床 6. 工具、量具、夹具、刃具	1. 工作页的完成情况 2. 刃具的刃磨方法和规范性 3. 刃具的刃磨质量	8	一体化教室、实习车间

续表

教学活动	关键能力	学生学习活动	教师活动	学习内容	资源	评价点	学时	地点
学习活动3：台阶套的加工	独立操作能力、规范养成意识、问题处理能力	1. 领取毛坯，测量毛坯外形尺寸，判断毛坯是否有足够的加工余量 2. 分组进行台阶套零件的加工 3. 检测内孔尺寸是否合格 4. 正确填写工作页	1. 发放毛坯和相应的工具、量具、夹具、刃具 2. 演示内孔车削过程 3. 指导学生加工	1. 内径百分表的结构和测量方法 2. 切削液的种类和选择 3. 内孔尺寸的控制方法 4. 切削用量的合理选择 5. 机床的规范操作	1. 台阶套零件图 2. 台阶套加工工艺卡 3. 台阶套加工工序卡 4. 刀具卡 5. 安全操作规程 6. 机械手册 7. CA6140型车床 8. 量具、辅具	1. 机床操作 2. 内孔精度的测量 3. 台阶套零件加工质量 4. 安全操作规范 5. 工作页的完成情况	36	实习车间
学习活动4：台阶套的测量及误差分析	问题分析能力	1. 小组讨论误差产生的原因和解决方法 2. 几何精度的检测 3. 正确填写工作页	1. 标准平板、V形架、杠杆百分表、心轴等工具和量具的准备 2. 讲解几何精度检测方法 3. 组织各小组进行台阶套零件误差的测量，引导学生分析产生原因	1. 台阶套零件几何精度的检测方法 2. 台阶套零件误差产生原因	1. 钢直尺、游标卡尺、游标深度卡尺、千分尺、内径百分表、杠杆百分表 2. 质量检测表、几何误差测量报告	1. 台阶套质量检测表 2. 台阶套几何误差测量报告 3. 工作页的完成情况	4	检验室
学习活动5：工作总结与评价	总结能力、表达能力	1. 现场展示学习成果并总结 2. 讨论、评价台阶套车削过程的优缺点 3. 正确填写工作页 4. 自评、小组评价	1. 指导学生总结学习成果 2. 对学生学习环节进行综合评价 3. 指导学生完成工作页的填写	1. 自我总结 2. 表达方法	工作页	1. 总结 2. 表达方法 3. 工作页的完成情况	8	一体化教室

附录5　多联齿轮轴的普通车加工学习任务设计方案

专业名称	数控加工（数控车工）	一体化课程名称	零件普通车床加工
学习任务	多联齿轮轴的普通车加工	学时	60
工作情境描述	某企业接到一批多联齿轮轴零件（图3–1）的加工订单，齿轮轴主要起传递动力的作用，加工数量为60件，材料为45钢，工期为10天，来料加工。现生产部门安排车工加工组完成此任务的车削加工		
学习任务描述	学生在教师引导下到车间主管处领取多联齿轮轴生产任务单，分析生产任务单和零件图，查阅资料，选择切削参数，点检车床，领取工具、量具、夹具、刃具等。教师引导学生在规定时间内规范地完成刀具的刃磨和多联齿轮轴的车削，并提交合格产品。学生能按教师要求，严格执行各工序加工操作，掌握零件车削加工的工作步骤、工作思维和工作方法		
与其他学习任务的关系	在完成上一学习任务的基础上，进行此学习任务，为下一步学习任务的完成打下基础		
学生基础	能识读机械零件图；能规范使用钢直尺、游标卡尺、千分尺、杠杆百分表等常用量具；能合理使用刀具；能严格执行企业操作规范、安全生产制度、环保管理制度以及“6S”管理规定		
学习目标	1. 能在班组长等相关人员指导下，正确阅读多联齿轮轴生产任务单，明确工作时间、加工数量等要求，叙述所加工零件的用途、功能和分类 2. 能借助技术手册，查阅多联齿轮轴的材料牌号、热处理要求和齿轮基本知识等，理解技术手册在生产中的重要性 3. 能识读多联齿轮轴零件图和加工工艺卡，明确加工技术要求和加工工艺 4. 能识读和绘制回转类零件剖视图，正确绘制多联齿轮轴零件图 5. 能熟悉车间和工作区的范围及限制，理解企业对环境、安全、卫生和事故的预防标准 6. 能检查工作区、设备、工具、材料的状况和功能，并对车床进行点检操作 7. 能根据现场条件，查阅技术手册，确定符合多联齿轮轴零件加工技术要求的工具、量具、夹具、刃具、辅具及切削液 8. 能叙述车槽刀的分类、材料、几何形状参数和刃磨方法 9. 能按照规范的刃磨方法，刃磨车削多联齿轮轴所用的刀具 10. 能根据加工技术要求安装车槽刀，叙述切槽的加工方法 11. 能根据加工技术要求正确使用两顶尖对零件进行装夹，并叙述用两顶尖装夹时车削的特点和使用场合 12. 能规范操作车床完成多联齿轮轴加工，并适时检测和调整切削要素 13. 能进行自检，判断零件是否合格 14. 能按产品加工工艺流程和车间要求，进行产品交接并规范填写交接班记录表 15. 能总结工作经验，优化加工策略 16. 能在作业过程中严格执行企业操作规范、安全生产制度、环保管理制度以及“6S”管理规定，严格遵守从业人员的职业道德，树立吃苦耐劳、爱岗敬业的工作态度和职业责任感 17. 能与班组长、工具管理员等相关人员进行有效的沟通与合作，理解有效沟通和团队合作的重要性		
学习内容	1. 生产任务单、机械手册、零件图、加工工序卡、质量检测表和几何误差测量报告 2. 多联齿轮轴零件图的绘制及尺寸公差、几何公差的标注方法 3. 齿轮的主要材料、作用和啮合条件		

续表

学习内容	4. 齿轮的种类和基本知识 5. 齿轮各项基本要素的选择及计算 6. 多联齿轮轴的加工工序 7. 车床相关知识（安全生产知识，车床结构等基础知识） 8. 车床的点检操作 9. 热处理与留磨余量的相关知识 10. 两顶尖的装夹方法 11. 车槽刀的种类、几何角度、刃磨、装夹和检测方法 12. 中心钻与中心孔的作用、分类和安装 13. 多联齿轮轴质量检测方法 14. 企业操作规范、安全生产制度、环保管理制度和“6S”管理规定 15. 有效沟通与团队合作，工作总结与评价
教学条件	1. 教学场地：一体化教室、实习车间、检验室等 2. 设备：CA6140 型车床、多媒体设备等 3. 辅具：卡盘钥匙、刀架钥匙、切屑钩、莫氏圆锥夹头、后顶尖、前顶尖、六角钥匙、锤子等 4. 工具：钢直尺、千分尺、游标卡尺等 5. 刀具：90° 外圆车刀、车槽刀、中心钻等 6. 安全防护用品：护目镜、工作服、安全帽等 7. 资料：多联齿轮轴工作页、生产任务单、零件图、领料单、刀具卡、机械手册、加工工序卡、加工工艺卡、质量检测表、任务评价表、安全操作规程等 8. 原材料：毛坯材料（45 钢）、切削液
教学组织形式	1. 根据学习任务内容，教师指定班组长和负责人，并提前备课 2. 教师组织学生穿戴好安全防护用品，符合企业技术安全要求后，对学生进行必要的安全教育 3. 教师根据学习任务环节进行小组分工，安排学生交叉进行作业，针对学习任务中的难点和要点进行现场指导、讲解和分析 4. 以情景模拟的形式，教师安排学生扮演角色，领取相关机械手册、领料单、刀具卡、加工工序卡、质量检测表等 5. 以情景模拟的形式，教师安排学生扮演角色，领取毛坯材料和切削液等 6. 以情景模拟的形式，教师安排学生扮演角色，领取工具、量具、夹具、刃具等 7. 教师组织学生以小组或个人形式，现场操作演示，展示并汇报学习成果
教学流程与活动	1. 多联齿轮轴的加工工艺分析（4 学时） 2. 工具、量具、夹具、刃具的准备（8 学时） 3. 多联齿轮轴的加工（36 学时） 4. 多联齿轮轴的测量及误差分析（6 学时） 5. 工作总结与评价（6 学时）
评价内容与标准	1. 能正确完成多联齿轮轴工作页的填写 2. 能按国家标准完成多联齿轮轴零件图的绘制 3. 能规范操作车床 4. 能正确使用工具、量具、夹具、刃具 5. 能根据加工工艺流程，规范完成多联齿轮轴零件的加工 6. 能正确填写多联齿轮轴质量检测表、几何误差测量报告等 7. 能自觉遵守企业操作规范、安全生产制度、环保管理制度以及“6S”管理规定 8. 能正确进行车床的清洁、维护和保养

附录 6　多联齿轮轴的普通车加工教学活动策划表

教学活动	关键能力	学生学习活动	教师活动	学习内容	资源	评价点	学时	地点
学习活动1：多联齿轮轴的加工工艺分析	资料查阅能力、阅读能力、分析能力、组织能力	1. 以情景模拟的形式，学生扮演角色领取生产任务单 2. 正确表述多联齿轮轴的作用 3. 识读多联齿轮轴零件图和加工工艺卡 4. 根据零件图，分析尺寸公差和几何公差的含义，明确加工注意事项 5. 掌握齿轮基本要素的计算方法 6. 正确填写工作页 7. 小组讨论工作安排 8. 自评、小组评价	1. 生产任务单的准备和发放 2. 讲解工作任务要求 3. 布置相关信息收集任务 4. 组织学生扮演角色 5. 检查学生任务完成情况和学习成果（包括指导工作页的填写）	1. 多联齿轮轴的用途及特点 2. 齿轮相关知识 3. 查阅机械手册 4. 零件图尺寸公差和几何公差的标注 5. 车床相关知识 6. 表达方法	1. 工作页 2. 生产任务单 3. 多联齿轮轴零件图 4. 机械手册	1. 生产任务单的准备 2. 零件图的绘制 3. 加工工艺卡 4. 专业术语的使用 5. 表达方法 6. 小组活动 7. 工作页的完成情况	4	一体化教室
学习活动2：工具、量具、夹具、刃具的准备	资料查阅能力、协调能力、安全意识、统筹规划能力	1. 正确穿戴安全防护用品 2. 学习车床点检操作和基本操作 3. 与工具管理员等相关人员进行有效沟通 4. 领取工具、量具、夹具、刃具	1. 检查技术标准 2. 分配工作岗位 3. 指导学生进行车床点检操作和基本操作 4. 指导学生填写工具、量具、刃具清单	1. 技术标准 2. 填写工具、量具、刃具清单	1. 工具、量具、刃具清单	1. 工具、量具、刃具清单 2. 千分尺的使用	8	实习车间

续表

教学活动	关键能力	学生学习活动	教师活动	学习内容	资源	评价点	学时	地点
学习活动2：工具、量具、夹具、刃具的准备	资料查阅能力、协调能力、安全意识、统筹规划能力	5. 填写工具、量具、刃具清单 6. 刀具的刃磨 7. 展示学习成果 8. 正确填写工作页 9. 自评、小组评价	5. 指导学生刃磨刀具 6. 评价学生学习成果 7. 指导学生完成工作页的填写 8. 对学生学习环节进行综合评价	3. 车槽刀的几何参数与刃磨 4. 中心钻的相关知识与选择 5. 顶尖的准备	2. 外圆车刀、中心钻 3. 砂轮等	3. 外圆车刀几何参数 4. 工作页的完成情况	8	实习车间
学习活动3：多联齿轮轴的加工	独立操作能力、规范养成意识、分析能力、问题处理能力	1. 检查工作区、设备、工具、材料的状况和功能 2. 领取多联齿轮轴零件的材料并正确填写领料单 3. 正确装夹工件和车刀 4. 根据加工工序卡，选择切削用量 5. 按加工步骤完成多联齿轮轴零件的车削加工 6. 试车和试测量 7. 进行自检，判断零件是否合格 8. 产品交接并规范填写交接班记录表 9. 完成车床的日常维护和保养，填写保养记录卡 10. 正确填写工作页 11. 自评、小组评价	1. 组织学生检查工作区、设备、工具、材料的状况和功能 2. 组织学生领取材料和加工工序卡 3. 指导学生正确装夹工件和车刀 4. 指导学生正确选择切削用量 5. 演示车削过程，讲解车削难点 6. 评价学生多联齿轮轴车削成果 7. 组织学生完成交接班，并指导学生正确填写交接班记录表 8. 检查车床保养情况 9. 指导学生完成工作页的填写 10. 对学生学习环节进行综合评价	1. 材料领取的流程、方法 2. 工件找正方法 3. 刀具安装 4. 找正尾座中心线 5. 两顶尖装夹工件 6. 多联齿轮轴车削加工工序 7. 多联齿轮轴质量检测 8. 填写保养记录卡、交接班记录表 9. 正确填写工作页	1. CA6140型车床 2. 卡盘钥匙、后顶尖、前顶尖、六角钥匙、锤子、切屑钩、钢直尺、千分尺、游标卡尺 3. 90°外圆车刀、车槽刀、中心钻 4. 加工工序卡、零件图、保养记录卡、交接班记录表	1. 领取材料 2. 找正工件 3. 安装刀具 4. 安装中心钻 5. 两顶尖装夹工件 6. 找正尾座 7. 按照加工工序卡，正确、规范地完成多联齿轮轴车削加工 8. 保养记录卡 9. 交接班记录表 10. “6S”管理规定 11. 工作页的完成情况	36	实习车间

续表

教学活动	关键能力	学生学习活动	教师活动	学习内容	资源	评价点	学时	地点
学习活动4：多联齿轮轴的测量及误差分析	分析能力	1. 测量多联齿轮轴尺寸，填写多联齿轮轴质量检测表 2. 根据多联齿轮轴同轴度检测情况，分析误差产生原因并填写几何误差测量报告 3. 根据多联齿轮轴垂直度检测情况，分析误差产生原因并填写几何误差测量报告 4. 自评、小组评价	1. 组织学生检测多联齿轮轴零件质量 2. 对多联齿轮轴零件的同轴度、垂直度误差进行分析和评价 3. 对学生学习环节进行综合评价	1. 多联齿轮轴零件质量检测 2. 多联齿轮轴同轴度、垂直误差分析 3. 自我评价	1. 钢直尺、千分尺、游标卡、两顶尖同轴度检测仪 2. 质量检测表、几何误差测量报告	1. 多联齿轮轴质量检测表 2. 多联齿轮轴几何误差测量报告 3. 工作页的完成情况	6	检验室
学习活动5：工作总结与评价	总结能力、表达能力	1. 现场展示学习成果并总结 2. 讨论、评价多联齿轮轴车削过程的优缺点 3. 正确填写工作页 4. 自评、小组评价	1. 指导学生总结学习成果 2. 对学生学习环节进行综合评价 3. 指导学生完成工作页的填写	1. 自我总结 2. 表达方法	工作页	1. 总结 2. 表达方法 3. 工作页的完成情况	6	一体化教室

附录 7　锥面配合件的普通车加工学习任务设计方案

专业名称	数控加工（数控车工）	一体化课程名称	零件普通车床加工
学习任务	锥面配合件的普通车加工	学时	50
工作情境描述	某企业接到一批锥面配合件（图 4–1）的加工订单，锥面配合件主要起自动定心作用，加工数量为 50 件，材料为 45 钢，工期为 5 天，来料加工。现生产部门安排车工加工组完成此任务的车削加工		
学习任务描述	学生从教师处领取锥面配合件生产任务单后，在教师指导下，识读锥面配合件零件图和装配图，明确加工技术要求，学习锥面配合件车削加工方法，在规定时间内规范地完成锥面配合件的车削，并提交合格产品		
与其他学习任务的关系	在完成上一学习任务的基础上，进行此学习任务，为下一步学习任务的完成打下基础		
学生基础	能识读机械零件图；能刃磨外圆车刀和端面车刀；能规范使用常用量具；能规范操作车床；能严格执行企业操作规范、安全生产制度、环保管理制度以及“6S”管理规定		
学习目标	1. 能正确阅读生产任务单，明确工作时间、加工数量等要求，叙述所加工零件的用途、功能和分类 2. 能借助技术手册，查阅锥面配合件的材料牌号、热处理要求和几何公差等，理解技术手册在生产中的重要性 3. 能识读锥面配合件零件图和加工工艺卡，明确加工技术要求和加工工艺 4. 能识读和绘制回转类零件剖视图和装配图，正确绘制锥面配合件零件图 5. 能叙述锥面配合件尺寸公差和几何公差的含义，并分析加工中的注意事项 6. 能运用多种机械加工方法加工锥面配合件，正确选择本次加工任务要求的刀具和切削液 7. 能叙述量块的结构和检测原理，配合正弦规检测锥柄的锥度 8. 能叙述正弦规的结构和检测原理，根据加工实际情况调整正弦规，以满足检测需要 9. 能叙述圆锥量规的结构和检测原理，能用圆锥套规检测锥柄，能用圆锥塞规检测锥套 10. 能正确使用杠杆百分表进行锥面配合件的检测 11. 能根据锥面配合件的检测结果，分析几何误差产生的原因 12. 能按车间现场管理规定和产品工艺流程的要求，正确放置锥面配合件并进行质量检验和确认 13. 能按照国家环保相关规定和车间要求，正确处置废油液等废弃物 14. 能按产品加工工艺流程和车间要求，进行产品交接并规范填写交接班记录表 15. 能主动获取有效信息，展示工作成果，对学习与工作进行反思总结，并能与他人开展良好合作，进行有效的沟通		

续表

学习内容	1. 生产任务单、机械手册、零件图、加工工序卡、质量检测表和几何误差测量报告 2. 回转类零件剖视图和装配图的绘制及尺寸公差、几何公差的标注方法 3. 圆锥的基本参数、锥度和圆锥半角的计算 4. 转动小滑板法、偏移尾座法、仿形法和宽刃刀车削法四种锥柄加工方法 5. 转动小滑板法、仿形法和铰削法三种锥套加工方法 6. 量块的作用、常用规格和使用注意事项 7. 正弦规的作用、结构组成和使用注意事项 8. 圆锥量规的作用、结构组成和使用注意事项 9. 锥面配合件质量检测方法 10. 企业操作规范、安全生产制度、环保管理制度和“6S”管理规定 11. 有效沟通与团队合作，工作总结与评价
教学条件	1. 教学场地：一体化教室、实习车间、检验室等 2. 设备：CA6140 型车床、多媒体教学设备等 3. 辅具：卡盘钥匙、刀架钥匙、垫刀片、切屑钩、莫氏圆锥夹头、划线盘、铜锤、标准平板、V 形架、磁性表座等 4. 量具：钢直尺、游标卡尺、杠杆百分表、量块、正弦规、圆锥量规等 5. 刀具：45° 车刀、90° 外圆车刀、中心钻、麻花钻、内孔车刀等 6. 安全防护用品：护目镜、工作服、安全帽等 7. 资料：锥面配合件工作页、生产任务单、零件图、领料单、刀具卡、机械手册、加工工艺卡、加工工序卡、质量检测表、任务评价表、安全操作规程等 8. 材料：毛坯材料（45 钢）、切削液等
教学组织形式	1. 根据学习任务内容，教师指定班组长和负责人，并提前备课 2. 教师组织学生穿戴好安全防护用品，符合企业技术安全要求后，对学生进行必要的安全教育 3. 教师根据学习任务环节进行小组分工，安排学生交叉进行作业，针对学习任务中的难点和要点进行现场指导、讲解和分析 4. 以情景模拟的形式，教师安排学生扮演角色，领取相关机械手册、领料单、刀具卡、加工工序卡、质量检测表等 5. 教师现场示范操作，演示锥柄的四种加工方法和锥套的三种加工方法 6. 教师现场示范操作，演示杠杆百分表、量块、正弦规和圆锥量规的测量操作及调整方法 7. 教师指导学生识读锥面配合件零件图和装配图，帮助学生分析加工工艺，组织学生进行锥面配合件零件的加工 8. 学生按锥柄和锥套零件图要求，独立完成锥柄和锥套的加工，教师对加工过程进行指导、评价 9. 教师组织学生以小组或个人形式，现场操作演示，展示并汇报学习成果 10. 教师组织学生按车间“6S”管理规定，整理工作场地，归还工具、量具等
教学流程与活动	1. 锥面配合件的加工工艺分析（4 学时） 2. 工具、量具、夹具、刀具的准备（4 学时） 3. 锥面配合件的加工（30 学时） 4. 锥面配合件的测量及误差分析（4 学时） 5. 工作总结与评价（8 学时）

续表

评价内容与标准	1. 能正确完成锥面配合件工作页的填写 2. 能按国家标准完成锥面配合件零件图和装配图的绘制 3. 能规范操作车床 4. 能正确使用工具、量具、夹具、刃具 5. 能根据加工工艺流程，规范完成锥柄和锥套的加工，掌握锥柄的四种加工方法和锥套的三种加工方法 6. 能掌握杠杆百分表、量块、正弦规和圆锥量规的测量原理及调整方法 7. 能正确填写锥面配合件质量检测表、几何误差测量报告等 8. 能自觉遵守企业操作规范、安全生产制度、环保管理制度以及“6S”管理规定 9. 能正确进行车床的清洁、维护和保养

附录 8　锥面配合件的普通零件车加工教学活动策划表

教学活动	关键能力	学生学习活动	教师活动	学习内容	资源	评价点	学时	地点
学习活动1：锥面配合件的加工工艺分析	资料查阅能力、阅读能力、分析能力、空间思维能力	1. 锥面配合件加工工艺分析 2. 锥面配合件零件图和装配图的绘制 3. 工作页的填写	1. 展示锥面配合件零件实物 2. 组织学生分组 3. 布置锥面配合件相关信息收集任务 4. 讲解回转类零件剖视图和装配图的制图标准 5. 尺寸公差和几何公差的分析	1. 生产任务单 2. 零件图、加工工艺卡 3. 锥面配合件的用途 4. 回转类零件剖视图和装配图的制图标准 5. 尺寸公差和几何公差知识	1. 锥面配合件零件图、加工工艺卡 2. 机械手册 3. 国家标准	1. 资料查阅和信息收集 2. 专业术语的使用 3. 工作页的完成情况 4. 锥面配合件零件图和装配图的绘制 5. 尺寸公差和几何公差的标注	4	一体化教室
学习活动2：工具、量具、夹具、刃具的准备	资料查阅能力、协调能力、安全意识、统筹规划能力	1. 学习使用量块 2. 学习使用正弦规 3. 学习使用圆锥量规 4. 学习相关量具的基础知识 5. 工作页的填写	1. 演示量具的使用并组织学生观看 2. 组织学生使用量具	1. 量块的作用、常用规格、使用注意事项 2. 正弦规的作用、结构组成、使用注意事项 3. 圆锥量规的作用、结构组成、使用注意事项	1. 锥面配合件零件图 2. 加工工艺卡 3. 安全操作规程 4. 机械手册 5. CA6140型车床 6. 工具、量具、夹具、刃具	1. 工作页的完成情况 2. 量具的测量方法和使用注意事项	4	一体化教室、实习车间

续表

教学活动	关键能力	学生学习活动	教师活动	学习内容	资源	评价点	学时	地点
学习活动3：锥面配合件的加工	独立操作能力、规范养成意识、问题处理能力	1. 领取毛坯，测量毛坯外形尺寸，判断毛坯是否有足够的加工余量 2. 分组进行锥面配合件零件的加工 3. 检测锥面尺寸是否合格 4. 正确填写工作页	1. 发放锥面配合件毛坯和相应的工具、量具、夹具、刃具 2. 演示锥面的车削 3. 指导学生加工	1. 锥柄的加工方法 2. 锥套的加工方法 3. 锥柄加工工序卡的识读 4. 锥套加工工序卡的识读 5. 机床的规范操作	1. 锥面配合件零件图 2. 锥面配合件加工工艺卡 3. 锥面配合件加工工序卡 4. 刀具卡 5. 安全操作规程 6. 机械手册 7. CA6140型车床 8. 量具、辅具	1. 机床操作 2. 锥面精度的测量 3. 锥面配合件加工质量 4. 安全操作规范 5. 工作页的完成情况	30	实习车间
学习活动4：锥面配合件的测量及误差分析	问题分析能力	1. 小组讨论误差产生的原因和解决方法 2. 几何精度的检测 3. 正确填写工作页	1. 标准平板、V形架、杠杆百分表、磁性表座等工具、量具的准备 2. 讲解几何精度检测方法 3. 组织各小组进行锥面配合件零件误差的测量，引导学生分析产生原因	1. 锥面配合件零件几何精度的检测方法 2. 锥面配合件零件误差产生原因和解决办法	1. 锥面配合件质量检测表 2. 锥面配合件几何误差测量报告	1. 误差分析方法 2. 工作页的完成情况	4	检验室
学习活动5：工作总结与评价	总结能力、表达能力	1. 现场展示学习成果并总结 2. 讨论、评价锥面配合件车削过程的优缺点 3. 正确填写工作页 4. 自评、小组评价	1. 指导学生总结学习成果 2. 对学生学习环节进行综合评价 3. 指导学生完成工作页的填写	1. 自我总结 2. 表达方法	工作页	1. 总结 2. 表达方法 3. 工作页的完成情况	8	一体化教室

附录 9　台阶细长轴的普通车加工学习任务设计方案

专业名称	数控加工（数控车工）	一体化课程名称	零件普通车床加工
学习任务	台阶细长轴的普通车加工	学时	50
工作情境描述	某企业接到一个台阶细长轴零件（图 5–1）的加工订单，数量为 50 件，材料为 45 钢（调质），工期为 5 天，来料加工。现生产部门安排车工加工组完成此任务的车削加工		
学习任务描述	学生从教师处领取台阶细长轴生产任务单后，在教师指导下，识读台阶细长轴零件图，明确加工技术要求，学习台阶细长轴车削加工方法，在规定时间内规范地完成台阶细长轴零件的车削，并提交合格产品		
与其他学习任务的关系	在完成上一学习任务的基础上，进行此学习任务，为下一步学习任务的完成打下基础		
学生基础	能识读机械零件图；能刃磨外圆车刀、端面车刀和车槽刀；能规范使用常用量具；能规范操作车床；能严格执行企业操作规范、安全生产制度、环保管理制度以及“6S”管理规定		
学习目标	1. 能在班组长等相关人员指导下，正确阅读台阶细长轴生产任务单，明确工作时间、加工数量等要求，叙述所加工零件的用途、功能和分类 2. 能借助技术手册，查阅台阶细长轴的材料牌号、热处理要求和几何公差等，理解技术手册在生产中的重要性 3. 能识读台阶细长轴零件图和加工工艺卡，明确加工技术要求和加工工艺 4. 能正确绘制台阶细长轴零件图 5. 能根据台阶细长轴的特征，正确分析台阶细长轴加工难点 6. 能根据加工要求正确选择外圆车刀几何参数，并叙述车刀几何参数对加工的影响 7. 能根据零件特征，通过查阅切削手册，正确选择外三角螺纹车刀的材料和结构形式 8. 能根据加工要求正确刃磨、安装外三角螺纹车刀，明确外三角螺纹车削的加工方法 9. 能正确使用量具对台阶细长轴零件的螺纹进行测量 10. 能熟悉车间和工作区的范围及限制，理解企业对环境、安全、卫生和事故预防的标准 11. 能检查工作区、设备、工具、材料的状况和功能，并对车床进行点检操作 12. 能根据加工要求，合理选择切削用量和切削液 13. 能规范操作车床完成台阶细长轴的车削，并适时检测和调整切削要素 14. 能按车间现场管理规定和产品加工工艺流程的要求，正确放置台阶细长轴零件并进行质量检测和确认 15. 能按照国家环保相关规定和车间要求，正确处置废油液等废弃物 16. 能按产品加工工艺流程和车间要求，进行产品交接并规范填写交接班记录表 17. 能总结工作经验，优化加工策略 18. 能在作业过程中严格执行企业操作规范、安全生产制度、环保管理制度以及“6S”管理规定，严格遵守从业人员的职业道德，树立吃苦耐劳、爱岗敬业的工作态度和职业责任感 19. 能与班组长、工具管理员等相关人员进行有效的沟通与合作，理解有效沟通和团队合作的重要性		

续表

学习内容	1. 生产任务单、机械手册、零件图、加工工序卡、质量检测表和几何误差测量报告 2. 细长轴零件的绘制及尺寸公差、几何公差的标注方法 3. 普通外螺纹车刀的刃磨和安装 4. 三角形螺纹的车削加工方法 5. 螺纹千分尺和螺纹环规等量具的使用 6. 切削液的种类和切削用量的选择 7. 台阶细长轴质量检测方法 8. 企业操作规范、安全生产制度、环保管理制度和“6S”管理规定 9. 有效沟通与团队合作，工作总结与评价
教学条件	1. 教学场地：一体化教室、实习车间、检验室等 2. 设备：CA6140 型车床、多媒体教学设备等 3. 辅具：卡盘钥匙、刀架钥匙、垫刀片、切屑钩、莫氏圆锥夹头、划线盘、铜锤、标准平板、V 形架、中心架、顶尖、鸡心夹头等 4. 量具：钢直尺、游标卡尺、游标深度卡尺、千分尺、螺纹千分尺、螺纹环规、杠杆百分表等 5. 刀具：45° 车刀、90° 外圆车刀、中心钻、车槽刀、螺纹车刀等 6. 安全防护用品：护目镜、工作服、安全帽等 7. 资料：台阶细长轴工作页、生产任务单、零件图、领料单、刀具卡、机械手册、加工工艺卡、加工工序卡、质量检测表、任务评价表、安全操作规程等 8. 材料：毛坯材料（45 钢）、切削液等
教学组织形式	1. 根据学习任务内容，教师指定班组长和负责人，并提前备课 2. 教师组织学生穿戴好安全防护用品，符合企业技术安全要求后，对学生进行必要的安全教育 3. 教师根据学习任务环节进行小组分工，安排学生交叉进行作业，针对学习任务中的难点和要点进行现场指导、讲解和分析 4. 以情景模拟的形式，教师安排学生扮演角色，领取相关机械手册、领料单、刀具卡、加工工序卡、质量检测表等 5. 教师现场示范操作，演示普通外螺纹车刀的刃磨、螺纹千分尺等量具的测量操作及调整方法 6. 教师指导学生识读台阶细长轴零件图，帮助学生分析加工工艺，组织学生进行台阶细长轴零件的加工 7. 学生按台阶细长轴零件图要求，独立完成台阶细长轴的加工，教师对加工过程进行指导、评价 8. 教师组织学生以小组或个人形式，现场操作演示，展示并汇报学习成果 9. 教师组织学生按车间“6S”管理规定，整理工作场地，归还工具、量具等
教学流程与活动	1. 台阶细长轴的加工工艺分析（4 学时） 2. 工具、量具、夹具、刃具的准备（6 学时） 3. 台阶细长轴的加工（30 学时） 4. 台阶细长轴的测量及误差分析（6 学时） 5. 工作总结与评价（4 学时）
评价内容与标准	1. 能正确完成台阶细长轴工作页的填写 2. 能按国家标准完成台阶细长轴零件图的绘制 3. 能正确选择外圆车刀几何参数 4. 能正确刃磨、安装螺纹车刀 5. 能掌握螺纹千分尺的测量原理及调整方法 6. 能制定台阶细长轴的加工工艺 7. 能正确填写台阶细长轴质量检测表、几何误差测量报告等 8. 能自觉遵守企业操作规范、安全生产制度、环保管理制度以及“6S”管理规定 9. 能正确进行车床的清洁、维护和保养

附录 10　台阶细长轴的普通零件车加工教学活动策划表

教学活动	关键能力	学生学习活动	教师活动	学习内容	资源	评价点	学时	地点
学习活动1：台阶细长轴的加工工艺分析	资料查阅能力、阅读能力、分析能力、空间思维能力	1. 台阶细长轴加工工艺分析 2. 台阶细长轴零件图的绘制 3. 工作页的填写	1. 展示台阶细长轴零件实物 2. 组织学生分组 3. 布置台阶细长轴相关信息收集任务 4. 讲解长轴类零件制图标准 5. 尺寸公差和几何公差的分析	1. 生产任务单 2. 零件图、加工工艺卡 3. 台阶细长轴的用途 4. 长轴类零件的制图标准 5. 尺寸公差和几何公差知识	1. 台阶细长轴零件图、加工工艺卡 2. 机械手册 3. 国家标准	1. 资料查阅和信息收集 2. 专业术语的使用 3. 工作页的完成情况 4. 台阶细长轴零件图的绘制 5. 尺寸公差和几何公差的标注	4	一体化教室
学习活动2：工具、量具、夹具、刃具的准备	资料查阅能力、协调能力、安全意识、统筹规划能力	1. 刃磨三角形外螺纹车刀 2. 学习相关量具的使用 3. 工作页的填写	1. 制作课件 2. 演示刀具的刃磨并组织学生观看 3. 组织学生刃磨刀具	1. 三角形外螺纹车刀的分类、材料和几何形状 2. 三角形外螺纹车刀的刃磨、安装和车削方法	1. 台阶细长轴零件图 2. 加工工艺卡 3. 安全操作规程 4. 机械手册 5. CA6140型车床 6. 工具、量具、夹具、刃具	1. 工作页的完成情况 2. 刀具的刃磨方法和刃磨注意事项 3. 刀具的刃磨质量	6	一体化教室、实习车间

续表

教学活动	关键能力	学生学习活动	教师活动	学习内容	资源	评价点	学时	地点
学习活动3：台阶细长轴的加工	独立操作能力、规范养成意识、问题处理能力	1. 领取毛坯，测量毛坯外形尺寸，判断毛坯是否有足够的加工余量 2. 分组进行台阶细长轴零件的加工 3. 检测螺纹尺寸是否合格 4. 正确填写工作页	1. 发放台阶细长轴毛坯和相应的工具、量具、夹具、刃具 2. 演示螺纹的车削 3. 指导学生加工	1. 螺纹千分尺的结构和测量方法 2. 切削液的种类和选择原则 3. 螺纹尺寸的控制方法 4. 切削用量的合理选择 5. 机床的规范操作	1. 台阶细长轴零件图 2. 台阶细长轴加工工艺卡 3. 台阶细长轴加工工序卡 4. 刀具卡 5. 安全操作规程 6. 机械手册 7. CA6140型车床 8. 量具、辅具	1. 机床操作 2. 螺纹精度的测量 3. 台阶细长轴加工质量 4. 安全操作规范 5. 工作页的完成情况	30	实习车间
学习活动4：台阶细长轴的测量及误差分析	问题分析能力	1. 小组讨论误差产生的原因和解决方法 2. 几何精度的检测 3. 正确填写工作页	1. 标准平板、V形架、杠杆百分表等工具和量具的准备 2. 讲解几何精度检测方法 3. 组织各小组进行台阶细长轴零件误差的测量，引导学生分析产生原因	1. 台阶细长轴零件几何精度的检测方法 2. 台阶细长轴零件误差产生原因和解决方法	1. 台阶细长轴质量检测表 2. 台阶细长轴几何误差测量报告	1. 误差分析方法 2. 工作页的完成情况	6	检验室
学习活动5：工作总结与评价	总结能力、表达能力	1. 现场展示学习成果并总结 2. 讨论、评价台阶细长轴车削过程的优缺点 3. 正确填写工作页 4. 自评、小组评价	1. 指导学生总结学习成果 2. 对学生学习环节进行综合评价 3. 指导学生完成工作页的填写	1. 自我总结 2. 表达方法	工作页	1. 总结 2. 表达方法 3. 工作页的完成情况	4	一体化教室

附录 11　梯形螺纹丝杠的普通车加工学习任务策划表

专业名称	数控加工（数控车工）	一体化课程名称	零件普通车床加工
学习任务	梯形螺纹丝杠的普通车加工	学时	80
工作情境描述	某企业接到一批梯形螺纹丝杠零件（图 6-1）的加工订单，丝杠主要与螺母配合，带动小滑板做纵向移动，数量为 50 件，材料为 40Cr，工期为 20 天，来料加工。现生产部门安排车工加工组完成此任务的车削加工		
学习任务描述	学生从教师处领取梯形螺纹丝杠生产任务单后，在教师指导下，识读梯形螺纹丝杠零件图，明确加工技术要求，学习梯形螺纹丝杠车削加工方法，在规定时间内规范地完成梯形螺纹丝杠的车削，并提交合格产品		
与其他学习任务的关系	在完成上一学习任务的基础上，进行此学习任务，进一步提升技能水平		
学生基础	能识读机械零件图；能刃磨外圆车刀、端面车刀和三角形螺纹车刀；能规范使用常用量具；能规范操作车床；能严格执行企业操作规范、安全生产制度、环保管理制度以及“6S”管理规定		
学习目标	1. 能正确阅读生产任务单，明确工作时间、加工数量等要求，叙述所加工零件的用途、功能和分类 2. 能借助技术手册，查阅梯形螺纹丝杠的材料牌号、热处理要求和几何公差等，理解技术手册在生产中的重要性 3. 能识读梯形螺纹丝杠零件图和加工工艺卡，明确加工技术要求和加工工艺 4. 能识读和绘制螺纹类零件图及其表达方法，正确绘制梯形螺纹丝杠零件图 5. 能根据零件特征，查阅切削手册，正确选择梯形螺纹车刀的材料和结构形式 6. 能采用正确的装夹方法，保证零件的几何公差 7. 能根据加工技术要求正确刃磨、安装螺纹车刀，车梯形螺纹 8. 能采用正确的测量方法，对梯形螺纹丝杠进行测量 9. 能根据加工技术要求，合理选择切削用量和切削液 10. 能熟悉车间和工作区的范围及限制，理解企业对环境、安全、卫生和事故的预防标准 11. 能检查工作区、设备、工具、材料的状况和功能，并对车床进行点检操作 12. 能按车间现场管理规定和产品加工工艺流程的要求，正确放置丝杠类零件并进行质量检测和确认 13. 能按照国家环保相关规定和车间要求，正确处置废油液等废弃物 14. 能按产品加工工艺流程和车间要求，进行产品交接并规范填写交接班记录表 15. 能主动获取有效信息，展示工作成果，对学习与工作进行反思总结，并能与他人开展良好合作，进行有效的沟通 16. 能在作业过程中严格执行企业操作规范、安全生产制度、环保管理制度以及“6S”管理规定，严格遵守从业人员的职业道德，树立吃苦耐劳、爱岗敬业的工作态度和职业责任感 17. 能与班组长、工具管理员等相关人员进行有效的沟通与合作，理解有效沟通和团队合作的重要性		
学习内容	1. 生产任务单、机械手册、零件图、加工工序卡、质量检测表和几何误差测量报告 2. 螺纹类零件局部放大图的表达方法 3. 梯形外螺纹车刀的几何参数和刃磨方法		

续表

学习内容	4. 梯形螺纹公差相关知识 5. 梯形螺纹的车削加工方法 6. 梯形螺纹的测量 7. 梯形螺纹丝杠质量检测方法 8. 企业操作规范、安全生产制度、环保管理制度和“6S”管理规定 9. 有效沟通与团队合作，工作总结与评价
教学条件	1. 教学场地：一体化教室、实习车间、检验室等 2. 设备：CA6140 型车床、多媒体教学设备等 3. 辅具：卡盘钥匙、刀架钥匙、垫刀片、切屑钩、钻夹头、回转顶尖、对分夹板等 4. 量具：游标卡尺、千分尺、量针、杠杆百分表等 5. 刀具：45° 车刀、90° 外圆车刀、中心钻、车槽刀、三角形外螺纹车刀、梯形外螺纹车刀等 6. 安全防护用品：护目镜、工作服、安全帽等 7. 资料：梯形螺纹丝杠工作页、生产任务单、零件图、领料单、刀具卡、机械手册、加工工艺卡、加工工序卡、质量检测表、任务评价表、安全操作规程等 8. 材料：毛坯材料（40Cr）、切削液等
教学组织形式	1. 根据学习任务内容，教师指定班组长和负责人，并提前备课 2. 教师组织学生穿戴好安全防护用品，符合企业技术安全要求后，对学生进行必要的安全教育 3. 教师根据学习任务环节进行小组分工，安排学生交叉进行作业，针对学习任务中的难点和要点进行现场指导、讲解和分析 4. 以情景模拟的形式，教师安排学生扮演角色，领取相关机械手册、领料单、刀具卡、加工工序卡、质量检测表等 5. 教师现场示范操作，演示梯形外螺纹车刀的刃磨、梯形外螺纹的车削加工、梯形外螺纹相关尺寸的计算和测量 6. 教师指导学生识读梯形螺纹丝杠零件图，帮助学生分析加工工艺，组织学生进行梯形螺纹丝杠零件的加工 7. 学生按梯形螺纹丝杠零件图要求，独立完成梯形螺纹丝杠的加工，教师对加工过程进行指导、评价 8. 教师组织学生以小组或个人形式，现场操作演示，展示并汇报学习成果 9. 教师组织学生按车间“6S”管理规定，整理工作场地，归还工具、量具等
教学流程与活动	1. 梯形螺纹丝杠的加工工艺分析（8 学时） 2. 工具、量具、夹具、刀具的准备（8 学时） 3. 梯形螺纹丝杠的加工（48 学时） 4. 梯形螺纹丝杠的测量及误差分析（8 学时） 5. 工作总结与评价（8 学时）
评价内容与标准	1. 能正确完成梯形螺纹丝杠工作页的填写 2. 能按国家标准完成梯形螺纹丝杠零件图及螺纹局部放大图的绘制 3. 能掌握梯形螺纹的种类和作用 4. 能掌握梯形外螺纹车刀的几何参数、刃磨及安装方法 5. 能掌握梯形外螺纹相关尺寸的计算及测量方法 6. 能制定梯形螺纹丝杠的加工工艺 7. 能正确填写梯形螺纹丝杠质量检测表、几何误差测量报告等 8. 能自觉遵守企业操作规范、安全生产制度、环保管理制度以及“6S”管理规定 9. 能正确进行车床的清洁、维护和保养

附录 12　梯形螺纹丝杠的普通车加工教学活动策划表

教学活动	关键能力	学生学习活动	教师活动	学习内容	资源	评价点	学时	地点
学习活动 1：梯形螺纹丝杠的加工工艺分析	资料查阅能力、阅读能力、分析能力、空间思维能力	1. 梯形螺纹丝杠加工工艺的分析 2. 识读螺纹局部放大图 3. 工作页的填写	1. 展示梯形螺纹丝杠零件实物 2. 组织学生分组 3. 布置梯形螺纹丝杠相关信息收集任务 4. 讲解螺纹部分的表达方式 5. 尺寸公差和几何公差的分析 6. 热处理相关知识	1. 生产任务单 2. 零件图、加工工艺卡 3. 梯形螺纹丝杠的用途 4. 螺纹部分的表达方式 5. 尺寸公差和几何公差知识 6. 热处理知识	1. 梯形螺纹丝杠零件图、加工工艺卡 2. 机械手册 3. 国家标准	1. 资料查阅和信息收集 2. 专业术语的使用 3. 工作页的完成情况 4. 热处理知识的掌握情况 5. 尺寸公差和几何公差的标注	8	一体化教室
学习活动 2：工具、量具、夹具、刃具的准备	资料查阅能力、协调能力、安全意识、统筹规划能力	1. 学习使用梯形螺纹车刀 2. 学习刃磨梯形螺纹车刀 3. 学习量针的相关知识 4. 工作页的填写	1. 演示梯形外螺纹车刀的刃磨并组织学生观看 2. 组织学生刃磨车刀	1. 梯形外螺纹车刀的种类、几何参数 2. 梯形外螺纹车刀的刃磨方法 3. 量针的相关知识	1. 梯形螺纹丝杠零件图 2. 加工工艺卡 3. 安全操作规程 4. 机械手册 5. CA6140 型车床 6. 工具、量具、夹具、刃具	1. 工作页的完成情况 2. 刀具的刃磨方法和刃磨注意事项 3. 刀具的刃磨质量	8	一体化教室、实习车间

续表

教学活动	关键能力	学生学习活动	教师活动	学习内容	资源	评价点	学时	地点
学习活动3：梯形螺纹丝杠的加工	独立操作能力、规范养成意识、问题处理能力	1. 领取毛坯，测量毛坯外形尺寸，判断毛坯是否有足够的加工余量 2. 分组进行梯形螺纹丝杠零件的加工 3. 检测梯形螺纹尺寸是否合格 4. 正确填写工作页	1. 发放梯形螺纹丝杠毛坯和相应的工具、量具、刃具 2. 演示梯形螺纹丝杠的车削 3. 指导学生加工	1. 加工工序卡的识读 2. 梯形螺纹车削的进刀方法 3. 梯形螺纹公差知识及相关尺寸计算 4. 梯形螺纹的测量 5. 机床的规范操作	1. 梯形螺纹丝杠零件图 2. 梯形螺纹丝杠加工工艺卡 3. 梯形螺纹丝杠加工工序卡 4. 刀具卡 5. 安全操作规程 6. 机械手册 7. CA6140型车床 8. 量具、辅具	1. 机床操作 2. 梯形螺纹精度的测量 3. 梯形螺纹丝杠加工质量 4. 安全操作规范 5. 工作页的完成情况	48	实习车间
学习活动4：梯形螺纹丝杠的测量及误差分析	问题分析能力	1. 小组讨论误差产生的原因和解决方法 2. 几何精度的检测 3. 正确填写工作页	1. 游标卡尺、千分尺、量针、杠杆百分表等工具和量具准备 2. 讲解几何精度检测方法 3. 组织各小组进行梯形螺纹丝杠零件误差的测量，引导学生分析产生原因	1. 梯形螺纹丝杠零件几何误差的检测方法 2. 梯形螺纹丝杠零件误差产生原因和解决方法	1. 梯形螺纹丝杠质量检测表 2. 梯形螺纹丝杠几何误差测量报告	1. 误差分析方法 2. 工作页的完成情况	8	检验室
学习活动5：工作总结与评价	总结能力、表达能力	1. 现场展示学习成果并总结 2. 讨论螺纹丝杠车削过程的优缺点 3. 正确填写工作页 4. 自评、小组评价	1. 指导学生总结学习成果 2. 对学生学习环节进行综合评价 3. 指导学生完成工作页的填写	1. 自我总结 2. 表达方法	工作页	1. 总结 2. 表达方法 3. 工作页的完成情况	8	一体化教室